U0789853

国家级职业教育专业教学资源库配套教材
全国测绘地理信息类职业教育“十四五”规划教材
职业教育测绘地理信息类“中高本”一体化教材

测绘地理信息导论

主　编　何　宽　陈普智
副主编　曾晨曦
主　审　陈　琳　郭宝宇　陈济爱

本书立体化资源

黄河水利出版社
·郑州·

内 容 提 要

本书为职业教育国家级专业教学资源库配套教材、全国测绘地理信息类职业教育“十四五”规划教材，是测绘地理信息类专业学生的入门教材。全书共分为 7 个项目和附录，主要内容包括测绘行业应用、初识测绘、测绘技术发展认知、测绘岗位职业认知、测绘法律法规及政策认知、测绘职业素养教育和测绘安全生产教育等。

本书可作为测绘地理信息类及相关专业的专科生、本科生的入门教材，也可作为相关培训机构的教材或参考书籍，还可供相关专业从业者参考使用。

图书在版编目(CIP)数据

测绘地理信息导论 / 何宽，陈普智主编 . -- 郑州：黄河水利出版社，2025. -- (全国测绘地理信息类职业教育“十四五”规划教材). -- ISBN 978-7-5509-4156-4

Ⅰ. P208.2

中国国家版本馆 CIP 数据核字第 2025WL837 号

策划编辑：陶金志　电话：0371-66025273　E-mail：838739632@qq.com

责任编辑：贾会珍　　责任校对：王单飞
封面设计：黄瑞宁　　责任监制：常红昕
出版发行：黄河水利出版社
地址：河南省郑州市顺河路 49 号　邮政编码：450003
网址：www.yrcp.com　E-mail：hhslcbs@126.com
发行部电话：0371-66020550
承印单位：河南田源印务有限公司
开本：787 mm×1 092 mm　1/16
印张：17.25
字数：409 千字
版次：2025 年 8 月第 1 版　　印次：2025 年 8 月第 1 次印刷

定价：56.00 元

前 言

测绘地理信息作为现代科学技术的重要组成部分,已经成为推动社会经济发展、提升国家治理能力的关键力量。随着信息技术的飞速发展,测绘技术在各个领域的应用日益广泛,其重要性也愈发凸显。为了帮助读者系统地了解测绘行业及其应用,我们以习近平新时代中国特色社会主义思想为指导,全面贯彻党的二十大精神,落实立德树人根本任务,将党的二十大精神融入教学实践中,编写了这本《测绘地理信息导论》,旨在为从事相关专业的初学者提供测绘地理信息类职业岗位认知、技术发展和岗位生产实践指导。

本教材旨在为读者提供一个全面而系统的视角,深入探讨测绘地理信息技术的基本原理、发展历程及其在不同领域的具体应用。通过本教材的学习,读者不仅能够掌握测绘地理信息行业的基础知识,还能了解测绘地理信息技术在国土、水利、交通、农业、自然灾害勘测等领域的实际应用,以及在智慧城市建设中的重要作用。此外,本教材还涵盖了测绘地理信息类岗位的职业认知、法律法规及政策认知、职业素养教育和安全生产教育等内容,力求为读者提供一个完整的知识框架。

本教材适用于测绘地理信息类及相关专业的专科生、本科生,以及测绘工程技术人员和社会学习者。无论是初学者还是有一定基础的从业者,都能从中获得有益的知识和启发。同时,本书也可作为相关培训机构的教材或参考书籍,帮助读者系统学习测绘知识,提升专业素养。

本教材由多位专业人士共同编写完成,他们凭借自身的丰富经验和专业知识,确保了内容的准确性和实用性。无论是测绘地理信息类专业的学生,还是从事相关专业的人员,都能从本教材中获得系统而深入的知识,为在测绘地理信息领域的学习、工作和发展奠定坚实的基础。希望本教材能成为读者探索测绘地理信息世界的得力指南,助力大家在这个充满挑战与机遇的领域中茁壮成长。

本教材由黄河水利职业技术学院何宽、陈普智担任主编,自然资源部人力资源开发中心曾晨曦担任副主编,全书由何宽、陈普智和曾晨曦负责统稿。编写人员及分工如下:项目一的任务一至任务五由黄河水利职业技术学院陈普智编写,项目一的任务六由黄河水利职业技术学院王伟峰编写,项目二由黄河水利职业技术学院党争编写,项目三由黄河水利职业技术学院杜文志和广州南方测绘科技股份有限公司寻林辉高级工程师共同编写,项目四由黄河水利职业技术学院何宽、牛晓航和自然资源部人力资源开发中心曾晨曦共同编写,项目五由黄河水利职业技术学院赵柯柯编写,项目六由黄河水利职业技术学院胡泊编写,项目七由黄河水利职业技术学院赵雨琪编写,附录由河南省地图院曹源高级工程师和黄河水利职业技术学院王伟峰、胡泊共同编写。全书由黄河水利职业技术学院陈琳、广州南方测绘科技股份有限公司郭宝宇和福建金创利信息科技发展股份有限公司陈济爱担任主审。

本书在编写过程中参阅了大量的文献，引用了同类书刊中的部分内容，在此谨向有关作者表示衷心感谢。同时，得到了许多领导和课程团队的大力支持，在此致以诚挚的谢意！

由于编者水平有限，书中难免存在缺点和不足之处，恳请各位专家、读者批评和指正。

编　者

2025 年 7 月

目 录

项目一 测绘行业应用

测绘行业应用

【项目概述】

本项目系统阐述了3S(遥感RS、全球导航卫星系统GNSS、地理信息系统GIS)技术在国土、水利、交通、农业、自然灾害勘测及智慧城市等领域的核心应用。在国土管理中,3S技术实现土地动态监测、规划与变更调查;在水利领域,3S技术应用于工程测量、防汛减灾及水资源管理;在交通行业,依托高精度定位与GIS优化基础设施管理;在农业领域,3S技术支持精准耕作与灾害预警;在自然灾害勘测中,无人机遥感发挥应急先锋作用;在智慧城市建设中,则通过实景三维建模与LiDAR技术推动城市数字化。本项目凸显了测绘技术在现代社会治理、资源优化与灾害防控中的关键支撑作用,展现了其多学科融合与智能化发展趋势。

【学习目标】

知识目标:

1.掌握测绘技术的基本概念及其在智慧城市建设中的重要性。

2.学习3S技术在国土资源管理、灾害监测、智慧城市建设等方面的应用。

3.理解测绘技术在提高城市公共服务效能和政府治理能力中的作用。

技能目标:

1.能够应用测绘技术解决实际问题。

2.提升使用3S技术进行资源管理和灾害监测的能力。

3.培养项目管理与协调沟通的技能。

思政目标:

1.培养社会主义核心价值观,强化课程思政教育。

2.增强法治观念,树立正确的职业伦理。

3.培养服务国家和人民的使命感。

任务一 在国土行业中的应用

在国土资源管理中,测绘技术的运用非常关键,可以为管理人员提供准确而详细的土地数据,是管理人员进行决策的指南针。随着高科技的发展与更新,各种技术都逐渐步入数字化与电子化进程,3S技术的有效结合使用,可以自动进行实时数据的采集、处理、利用与更新,并通过信息化系统完成数据的智能分析,帮助管理者作出合理的决策;还可以通过建立相应的应用软件系统,实现其他管理功能。

一、遥感(RS)技术在国土资源中的应用

(一)在土地利用动态监测中的应用

伴随着城市化进程的加速,越来越多的农村人口涌向城市,使原本有限的城市土地资源变得更加紧张,因此需要科学地管理和利用土地资源。卫星数据分辨率较高,可以有效管理和监测土地的实际利用情况。对占用耕地情况和新增用地情况的详细调查,可为进一步开展国土资源调查奠定基础。与此同时,遥感技术的应用改善了生态环境和土地资源管理,为相关国土工作的开展提供了有效数据,促进了国土资源调查的顺利开展。

(二)在土地利用总体规划中的应用

国家土地资源规划时,都要事先制定相应的规划方案。利用遥感技术,能有效地提高规划设计的真实性,帮助工作人员获取更准确的数据信息。同时,由于土地利用规划也在不断地变化,利用遥感技术进行影像制作,可以实现最新的土地利用规划、传统影像基础图件的修编,有效避免传统影像制图中存在的比例尺缩小、影像数据差距等缺陷,进一步提高了数据的准确性,为工作人员顺利开展工作提供了基础和前提。

(三)在土地变更调查中的应用

在城市化进程影响下,城镇、农村土地利用变更更加频繁。采用遥感监测技术,可以及时掌握不同年份、不同时间的土地变化情况,制作更清晰的遥感影像图,在为工作人员提供准确信息的同时,也为今后的土地资源调查工作提供数据信息支持。同时,可以把不同时期的遥感影像图结合起来,更详细地了解土地资源的利用状况,通过对比及时发现土地的变化情况,避免利用过程中出现的不合理问题。

二、全球导航卫星系统(GNSS)技术在国土资源中的应用

全球导航卫星系统(GNSS)具有全球性、全天候、持续性以及及时性功能。同时,其还具有优良的抗干扰和防盗功能,可以为客户提供准确的位置、时速信息,被广泛应用在土地勘测、项目测绘、太空摄像、交通运输导航、地震预测、考古等各种领域。

载波相位实时动态差分定位(RTK)是全球定位系统的最新技术。精确度可以达到厘米水平,可以达到勘测界定位置与相近图根点误差小于或等于 10 cm 的精密要求。RTK 定位放样,采用坐标直接放样,并且同时可以量测放样区域范围面积。

连续运行卫星定位服务系统(CORS)是将电子通信技术、GNSS 技术等深度结合的现代技术。CORS 系统可以准确、迅速地得到土地的性质以及三维数据,实现全面数据测量绘制,并且是非静态的、完整的。因此,能够 24 h 自动为客户提供准确、可信赖的时间空间信息,大大减少了测绘的人力、物力,效率和准确度反而得到提升。与 RTK 技术相比,大约能节省三分之一的费用。

三、地理信息系统(GIS)技术在国土资源中的应用

随着金土一期工程、全国第三次土地调查、地质调查、矿产资源相关数据调查等专项工程的实施,GIS 在国土资源行业各应用系统建设中发挥了重要作用。

（一）建立大国土业务总体技术框架

以国土资源基础空间数据库为核心，基于软件、硬件和网络支撑体系，实现国土基础空间数据的统一管理、维护、更新、服务，着重实现空间数据更新维护和信息发布，支持与国家、省、市、县等多级数据中心间的数据交换和数据协作，为业务办公、业务审批系统提供 GIS 应用服务。

大国土业务总体技术框架，采用三层技术架构：数据层、服务层、应用层。

1.数据层

数据层是数据中心建设的核心内容，包括基础地理数据库、土地调查数据库、遥感影像数据库以及统计和资料数据库。基础地理数据库直接使用现有成果，包含基础地理信息、DEM 数据等。土地调查数据库用于保存土地调查成果，包括土地利用数据、土地权属数据、基本农田数据等；遥感影像数据库用于保存经过正射纠正的调查地图 DOM 数据；统计和资料数据库用于保存专项统计数据和调查相关资料文档。所有的数据同时包含元数据信息。

2.服务层

国土业务中数据并不是封闭的，除在国土业务流程中流转外，还可以向外提供数据服务及接收数据更新。使用 GIS 提供的服务发布功能可以将数据中心中的数据以服务的形式供用户访问及使用。

3.应用层

应用层是国土资源数据中心管理功能的最终实现。实现基于 B/S 应用的统一门户服务，包括单点登录、用户认证、安全管理、统一权限应用、个性化内容服务等功能。通过细粒度权限管理机制，实现对用户需办理的业务类型和业务活动的配置，实现角色与功能、权限的组合，实现真正的国土政务系统的一体化。

大国土业务总体技术框架基于强健的总体架构设计、应用层的搭建，同时支持 B/S 和 C/S 架构体系，既可以灵活地实现省级国土资源厅内部信息化的流转与办结，也可以实现省、市、县多级土地业务垂直管理、业务联动审批，还可以灵活地实现与规划、环保等相关委办单位间的联合办公与资源共享。

（二）地籍管理

地籍是反映土地及地上附着物的权属、位置、质量、数量和利用现状等，有关土地的自然、社会、经济和法律等基本状况的资料，亦称为土地的户籍。

地籍管理以土地产权为核心，依法实行土地登记制度、土地权属争议调处制度、土地调查制度、土地统计制度、土地动态遥感监测制度。地籍管理，无论是在国内还是在国外，都有很长的发展历史。地籍管理的手段，也已从最初的手工模式，发展到如今全面借助于计算机技术的地籍管理系统模式。

GIS 可以提供二维、三维地籍管理技术服务。GIS 的三维地籍管理信息系统有效解决了地籍管理中权属空间的表达问题。GIS 在土地登记、土地信息管理、土地统计、土地评价等方面已经有了许多实用的信息系统。

（三）土地规划

土地规划是对一定区域未来土地利用超前性的计划和安排，是依据区域社会经济发展和土地的自然历史特性,在时空上进行土地资源分配,合理组织土地利用的综合技术经济措施。

GIS 可以对土地规划的业务内容提供全程化的技术支撑,主要包括以下三个方面:①规划方案的编制和修编;②规划成果、文档等资料的管理;③规划成果展示与发布。

(四)土地利用动态监测及执法监察

土地利用动态监测是指为确保土地利用合理高效,掌握土地利用变化趋势,应用包括土地调查、统计分析和动态监测在内的各种有效手段,对土地利用的发展变化及时加以调查分析。

GIS 是实现土地利用动态监测的有效技术手段,可以基于 GIS 时空数据库,有效管理土地资源状况、土地利用状况、土地权属状况、土地条件状况、土地质量和等级状况等信息。

土地利用动态监测的主要方式是:土地利用变更调查、遥感动态监测方法。

(五)国土电子政务

国土电子政务系统建设和城乡一体化地籍管理信息系统建设是国土资源部门重要工作内容。

国土电子政务系统的主要功能是将管理信息系统(MIS)、办公自动化系统(OA)、地理信息系统(GIS)功能及技术集成为一体,在整合了基础、专题和业务空间数据的基础上,将业务审批与空间数据应用有机结合,实现国土资源业务网上审批、带图作业、决策分析,为实现国土资源业务的精细化管理提供了统一技术平台。

【知识拓展】

房地一体航测介绍

北斗地基增强系统 CORS 的原理

北斗地基增强系统 CORS 发展与应用

北斗地基增强系统 CORS 国内发展背景介绍

北斗地基增强系统 CORS 组成与产品介绍

北斗地基增强系统 CORS 建设流程

任务二　在水利行业中的应用

在进行水利工程的建设时,运用现代数字化测绘技术可以对各个要素进行数据的加工和处理,形成各种用途的图件产品,满足不同用户的需求;可以提高产品的精度,保证测量工作的准确性。数字化测绘技术的发展、更新极大地推动了水利工程测量工作的准确性和可靠性。

一、全球导航卫星系统(GNSS)技术在水利行业中的应用

(一)在基础测量工作中的应用

在水利工程建设中,对地基基础的测量尤为重要。其测量的准确性是保障工程施工质量的基础。水利工程项目施工环境较为恶劣,传统的测量方式较难实现,也无法保证测量数据的准确性。运用 GNSS 测量技术可以保证测量数据信息的准确程度,更能够避免因为测量数据不准确而影响工程建设质量。

RTK 实时动态测量法能够直接影响测量数据定位的准确性,特别是针对测点定位测量工作。在水利工程地基测量施工之前,施工人员要根据实际测量要求与实际施工环境,选择较为合适的测量方案。施工人员选择合适的基站地点,在基站安装 GNSS 接收机,利用 GNSS 卫星对测量地基进行实时动态检测,利用无线电传输设备将其数据传输到总控制系统。

技术人员根据数据信息内容进行计算,并根据计算结果确定位置,实时判断测量位置是否准确,有效节约测量时间与观测精力。

(二)在大断面测量中的应用

在水利工程施工测量环节中,大断面测量极为广泛,也是常见的施工测量内容。

传统的测量方式主要以钢尺、经纬仪、全站仪、水准仪进行测量,测量过程、测量操作较为复杂,且需要 3 名以上的测量人员共同完成测量作业。对于较为复杂的施工测量环境,如丛林、河道、山坡等位置,上述测量设备难以完成测量工作,且测量数据精度也难以保障。

利用 GNSS 技术可以完成大断面的实时动态化测量。1 名测量人员就能完成测量工作内容,在降低测量难度的同时,测量数据的准确性也能够得到保证。

(三)在水下地形测量工作中的应用

水下地形测量工作极为重要,会直接影响施工质量。水下地形复杂,导致测量工作环境恶劣,限制了测量范围。

运用 RTK 技术进行水下地形测量工作,测量人员只需利用笔记本电脑、探测仪器等工具,通过导航软件定位测量位置,使用探测仪器获取水下地形数据,传输到笔记本电脑中进行处理分析,最终形成完整的水下地形图或三维模型,展示在技术人员面前。

二、地理信息系统(GIS)技术在水利行业中的应用

GIS 技术在水利行业中的应用,由早期的查询、检索和空间可视化,到 GIS 分析、决策、模拟甚至预测的工具,已经成为水利综合应急系统的重要组成部分。其应用领域包括防汛减灾、水资源管理、水土保持监测、水环境与水资源监测、水利工程规划、水文地质、农田灌溉等。

(一)防汛减灾

20 世纪 80 年代中后期,我国就开展了洪水管理与灾情评价信息系统、国家防洪遥感信息系统等信息化建设工作。进入 21 世纪初期,启动了七大江河流域的水利信息化建设项目,如数字黄河、长江水利信息化、珠江水利信息化等,主要应用包括灾害预测、灾害现场指挥、灾情评估和灾后重建、防汛减灾信息系统建设等。

1.灾害预测方面

将 DEM 数据与水情、雨情和所在地区的人文与经济信息结合,用于预测全国或局部

流域的洪水发展趋势、洪水淹没范围、淹没损失等。

2.灾害现场指挥方面

将各种有关的空间数据和实时数据进行管理、处理和可视化，为指挥决策者提供直观的辅助决策支持，包括：城镇分布、道路、铁路、人口分布、经济、设施分布、水利设施等人文空间数据；气象、洪水水位、洪峰位置、雨情等实时数据；帮助决策者作出人员撤退、安置区域设置、撤退路线规划、救援调度等决定。

3.灾情评估和灾后重建方面

利用 GIS 的统计与分析功能，快速准确地计算灾区面积、受灾人数、灾害损失等。GIS 通过模拟分析不同重建方案的环境影响和社会经济效益，为制定科学合理的重建计划提供决策支持。

4.防汛减灾信息系统建设方面

设计开发实时信息接收处理系统（各部门的水情、雨情、工情、灾情等信息汇集与处理）、气象产品应用系统、信息服务系统（气象、水情、雨情、工况、洪水预报、防洪调度和灾情评估结果等）、汛情监视系统、洪水预报系统、防洪调度系统（洪水仿真、模拟等）、灾情评估系统、防汛会商系统和防汛指挥管理系统等。

（二）水资源管理

水资源管理主要针对水资源开发利用的组织、协调、监督和调度，包括：建立水资源管理的空间数字模型，模拟各种水资源的管理情况，如模拟水资源的分配等；建立水资源管理数据库；建立水资源管理和决策支持系统等。

（三）水土保持监测

水土流失的类型多样且复杂，包括水蚀、风蚀、冰川侵蚀、冻融侵蚀、重力侵蚀等，会造成大量的滑坡、泥石流、崩塌等灾害。

利用 GIS 和遥感技术可以对水土流失的信息进行统一管理，对水土流失进行动态监测分析、预测、生态环境效益分析、侵蚀评估等。典型应用包括：针对各类信息的查询和制图；对土地结构、地表覆盖、土地利用、区域分布特征的统计分析等。

（四）水环境与水资源监测

水环境与水资源监测是水利信息化的重要组成部分。只有掌握了供水、需水信息和水质变化信息，才能科学准确地进行水资源的有效分配和调度。

利用 GIS 技术可以对水质信息进行管理，帮助规划部门选择地表水和地下水监测点的位置；可以对水量进行估算，对水流演进和水资源调度进行空间分析建模和仿真模拟。

（五）水利工程规划

GIS 技术可以用于水利工程规划的制图、调水路线规划、水库选址规划、库区建设评估和工程设施监测等。如我国南水北调、鄂北水资源配置等，都采用了 GIS 技术辅助规划设计和工程管理，对各种选线因子进行建模，用于线路的选线工作。利用 GIS 的三维功能对设计成果进行三维可视化展示和评估。

在水库选址方面，利用 GIS 技术可以建立淹没模型、进行灌区面积估算、模拟水库水位、库容估算等，估算水利工程的工程量，如土石方工程量计算等。

利用 GIS 技术还可以对水利工程变形监测数据进行管理和分析，用于水利工程维护。

【知识拓展】

BIM+AR 技术让施工协作更轻松

BIM+AR+GIS 技术在地下综合管廊的应用

BIM+AR 技术在地下管网的操作应用

BIM+GIS 技术在珠江三角洲水资源配置工程中的应用

任务三 在交通运输行业中的应用

一、高精度定位与高精度地图的应用

随着国家支持力度的加大,国内交通运输领域高精度导航与位置应用在公路、水路等领域得到了一定程度的发展,包括营运车辆精细化监管等。同时,新兴的交通运输形式及交通智能化已将高精度定位导航作为重要的支撑技术之一。交通强国建设,也要求在交通运输过程中,具备更高精度、更高可靠性的时间、空间信息辅助。

高精度电子地图发展与应用

(一)交通基础设施精细化管理

在高速公路全生命周期精细化管理方面,依托高精度地理信息地图,快速采集道路设施环境信息、道路设施模型。通过设施数字化升级改造,形成一个交通基础设施的数字孪生体,实体路与数字化虚拟路同步映射、相互验证、同步应用,实现交通设施多维虚拟化呈现、智能化管理和数字化控制,满足交通设施规划、设计、建设、运营、维护全生命周期精细化管理需求。

在公路高精度勘察、数字化施工、高速养护及应急救援等方面,卫星导航应用具有全天候、全天时、连续、动态监控的优势。

在公路基础设施建设管理应用方面,高精度卫星导航定位已广泛应用于公路工程测量、公路工程施工机械控制、桥梁和边坡变形监测、公路收费等领域。全国很多省、市、地区相继开展了基于高精度卫星导航定位的公路边坡变形监测,如天津永和大桥、江苏苏通大桥、江苏润扬大桥、浙江金塘大桥、温州绕城高速、宜昌神农溪大桥、南平高速公路、川藏318 国道和铜黄高速公路等。

(二)交通基础设施健康监测

运用北斗高精度定位和短报文技术,可以在没有 4G 信号的情况下,针对中大型桥梁、高危边坡等重大交通基础设施,实现 7×24 h 智能化、信息化、自动化在线监测,全面掌握运营的安全状况,在交通基础设施建设、日常养护、管理和突发事件应急处置方面,发挥巨大作用。

(三)服务大众便捷出行

在公路收费方面,卫星导航定位技术的应用,可以解决运行轨迹多义性问题,减少车辆停车收费的时间,提高车辆通行效率。

自2018年,中国交通通信信息中心一直致力于北斗系统在公路收费领域的应用研究工作,持续开展了利用车辆北斗定位轨迹还原途经ETC门架站信息、辅助收费稽查、按里程收费等技术研发,并在江西、海南、广东、云南等省份进行了试点验证,还原ETC门架站准确率可超过99%,为北斗辅助公路半自动车道收费系统(MT3)车辆精准计费工作奠定了良好的基础。

北斗自由流收费管理服务平台与出行导航系统结合,利用收费站区的高精度地图与高精度定位数据实现收费站无感通行,为未来智能驾驶、便捷出行提供技术支撑。

基于高精度交通专题地图,可以汇聚道路养护、占路施工、交通管制、道路拥堵、公路事故多发点段等交通动态环境信息,建立公益性精准出行信息。将这些高精度信息实时推送至营运车辆和私家车,发布安全预警提示:一是提醒驾驶人员安全谨慎驾驶,提高群众出行安全感;二是提示驾驶人员合理规划出行路径,引导避开拥堵路段,提升出行体验。

(四)公路精准管控

基于高精度地图、高精度定位技术,从车辆"断面级管理、车流级控制"提升为"车道级管理、车辆级控制",使交通更加智慧高效。

(五)自动驾驶货车编队服务

货车编队行驶,又称货车队列行驶、队列跟驰。运用高精度定位,可以为车辆自动行驶提供决策辅助,可有效降低成本。

(六)水上航运

在水路及港口应用方面,高精度定位主要应用于船舶管理、航道测绘、船舶安全进港引航、航道疏浚和智能港口改造等。

随着"基于北斗的内河船舶航行运输服务监管示范工程"的实施,在内河运输重点船舶上推广应用5 000套北斗高精度定位终端,实现内河航运船舶的亚米级定位监管服务。

在航道工程应用方面,早在20世纪90年代中期,我国内河管理相关部门就引进GPS运用于航道建设与管理领域,包括航道测绘、航道疏浚和航标精细遥测遥控等应用。

在船舶管理方面,通过加装北斗定位终端,结合高精度地图,实现船舶智能化管理,有效防止意外事故发生,如拥堵、撞船、搁浅等。

航道测绘应用主要是通过高精度卫星导航定位技术,为电子航道图、航道建设工程等提供高精度航道地理信息,包括航道、水深、河床地形等。在疏浚过程中,疏浚船舶需要实时导航与定位,以对航道疏浚过程进行精细化管理。

二、GIS技术在交通行业中的应用

GIS技术在交通行业中的应用具体体现在以下几个方面:

(1)在公路中的应用。主要是公路设计、公路建设和公路维护等。

(2)在交通规划中的应用。GIS技术的线性参考系统、动态分段技术等是建立交通规划信息系统的基础。货物密度模型的可视化表达、道路交通量和拥挤度的建模、货物的运输模拟等，都需要 GIS 技术支持。

(3)智能交通应用。包括路况交通信息实时监控、车辆跟踪养护巡视、应急抢险指挥、公众出行服务等。

(4)高速公路管理。包括高速公路结构物和业务数据的组织管理、三维构筑物建模与显示、无线传感器网络集成和信息采集传输等。

(5)水运交通应用。主要包括航标及其动态监控、船舶动态监测、船舶导航、航道疏浚、水运安全、内河航道规划等。

(6)城市交通应用。主要包括城市交通线路规划与分析、公交车辆的调度和应急事故处理、车站和道路设施管理等。

【知识拓展】

什么是高精地图

百度自动驾驶的厘米级高精度地图

任务四 在农业领域中的应用

数字农业空间信息平台是将遥感(RS)、全球导航卫星系统(GNSS)、地理信息系统(GIS)、计算机、自动化、通信和网络等技术，与地理学、农学、生态学、植物生理学、土壤学等基础学科紧密地结合起来，形成一个包括对农作物、土地、土壤从宏观到微观的监测，农作物生长发育状况及其环境要素的现状进行定期的信息获取，以及动态分析和诊断预测耕作措施及管理方案等在内的信息系统。

数字农业空间信息平台的最终目标是将传统的农业生产管理提高到一个以快速调查和监测、适时诊断和分析、高效决策和管理为标志的、全新的、与信息时代相适应的现代化农业的新阶段。

一、遥感航测技术在农业领域中的应用

遥感航测技术涉及航空摄影、航测测图等方面。在进行土地测绘时，能够精准地得出三维地形图像，通过后续运算，得到最终数据。遥感航测数据的应用能够有效减小系统误差，消除了气候及地势环境产生的负面因素，使得测绘质量得到有效提升。另外，遥感航测技术成本低，降低了资金成本及资源投入。

农业遥感应用

基于上述优势，此技术将会在农业领域得到全面化、全方位的应用。

（一）在农业资源调查中的应用

遥感航测技术具有土地覆盖面积大、循环周期短的优点。在国内农业资源调研项目中，因农业资源数量多，土地覆盖面积广，调研工作存在一定的困难。通过遥感航测技术，采用动态监测的方案，对农业资源分布与数量变化的图像进行多方位探讨，可以解决水土流失、土壤侵蚀和环境污染等一系列问题，为农业领域的长足进步带来保障。

（二）在农作物估产中的应用

通过遥感航测技术，对农作物的种植面积、生长状态及产量进行系统化分析，合理估算小麦、棉花、玉米以及辣椒等作物的产值，已成为国内农作物产量评估工作的重要方案之一。

可以利用遥感航测技术，建立健全农业化生产体系，实时监控并预估农作物阶段性的产量变化，通过整合并计算年度平均单值产量信息，合成单值产量信息分布图。

（三）在农业灾害预警中的应用

在国内几千年的农业发展中，始终伴随着各种自然灾害。通过遥感航测技术，对农业灾害开展系统化监测工作，对农作物种植区域开展阶段性调研，得到实时确切的信息，可以有效服务于农业灾害预测工作，起到防范或减小自然灾害的作用。

二、全球导航卫星系统（GNSS）技术在农业领域中的应用

现代农业发展的最终目的是提高农作物的产量和经济效益、改善农田种植环境。为了有效实现这一目标，不但需要对优质高产的新品种进行研究和引种、调整农业生产结构、强化田间作物管理、制订科学施肥策略等，还应该从科学发展的角度规划农业资源，进行系统、有效的调配和管理，从而达到资源的全面开发与利用，有效提高资源利用率和可持续发展效益，为农业生产增收增效助力。因此，需要对现代农业的各项资源信息进行准确、及时的获取和利用。

（一）农田电子地图的制作

手持 GNSS 接收设备围绕农田走一圈，即可实现对农田边界位置的限定。进一步对农田内部的作物生长情况、土壤养分分布情况、水土流失情况以及作业情况进行及时更新和调查。对农田地形中变化较大的地方进行完善，包括对农田中分布的道路、水库、房屋、沟渠等重要因素，做到准确记录和卫星定位。

在农田现场记录好各项数据后，利用下载记录的农田边界和地形数据，并应用相关软件制成农田电子地图，以供后期使用。

（二）土壤养分的精确调查

通过土壤采样可以获取土壤养分的分布情况，为科学施肥提供依据，实现肥料使用效率的最大化。

利用 GNSS 取样器在农田中采集土壤样本，每个样品点的定位可利用差分 GNSS 技术完成。再根据样品中养分的含量和调查地区的地形图，结合 GIS 技术，将该地区的土壤养分含量分布图绘制出来，为农民科学施肥、合理布局作物种植提供可靠依据。

在作物生长期间，可以使用 GNSS 定位来采集数据，对农田的土壤样品和作物样品进行对比分析，绘制农作物在不同时期的成长情况图和土壤在不同时期的养分含量状况图，

用于指导科学管理、精确调控的现代化农业生产。

(三)现代农业机械

GNSS 接收机可以与农田机械紧密联系,在各项农田作业中,实现对农田的精确定位、地形测量和自动导航,构建现代精细农业。

1.无人驾驶拖拉机

通过 GNSS 和近地面系统导航,结合无人驾驶技术开展农田作业。

无人驾驶拖拉机能够解放农民劳动力,不需要驾驶员操作,可连续 24 h 进行精细作业,内部空间也可全部用于安装农具,提高了整体机组的工作效率。

2.联合收割机

安装了 GNSS 接收机和地理信息系统的联合收割机,在进行作物收获时,可通过产量传感器与 GNSS 技术,获取农田内部各作物产量的分布数据,并将这些数据录入计算机,制成产量分布图;然后将影响作物产量的各因素输入计算机进行对比,分析产量出现差异的具体原因,从而采取相应措施予以解决,以达到提高田间作物产量的目的。

利用农业机械的智能控制软件可以根据实际需要投入各种机械来增加农作物产量,如播种机械、植保机械、施肥机械等;每年通过产量数据的对比,制订新一年的田间作物种植计划,达到精细种植的现代化农业种植目标。

3.变量施肥

根据作物需求量进行施肥,利用自动变量施肥机来完成。首先,利用 GNSS 接收机完成农作物种植面积的边界划定,得到农作物种植面积的轮廓数据,并将该数据录入计算机中制成电子地图。其次,经过地理信息系统的数据处理,采集该区域农田的土壤养分信息并制作数据库。最后,在变量施肥机的控制系统中,录入工作地块的数据和决策数据,使施肥机在农田内部进行施肥作业。利用 GNSS 接收机接收卫星的各项定位数据,判断各个农田操作单元的肥料决策信息,控制施肥机的排肥,达到对相应土壤自动调节施肥的目的。

4.病虫害调查

病虫害发生的特点是传染时间短、传播面积大,对农作物危害极为严重。利用 GNSS 技术采集病虫害发生区域的相关信息,通过互联网上传至病虫害防治部门进行决策工作。防治部门可根据 GNSS 技术收集到的实际信息,在计算机中绘制出病虫害的传播途径和区域以及蔓延趋势。根据这些信息制订有关的防治措施,减少病虫害给农田种植带来的经济损失。

三、地理信息系统(GIS)技术在农业领域中的应用

20 世纪 70 年代,GIS 技术开始应用于农业,在土地资源调查、土地资源评价和农业资源管理、规划等方面取得重大进展。

随着 20 世纪 90 年代计算机技术的发展和农业信息化程度的提高,GIS 技术在农业领域的应用不断普及和深入,广泛应用于区域农业可持续发展研究、土地的农作物适宜性评价、农业生产管理、农田土壤侵蚀与保护研究、农业生产潜力研究、农业系统模拟与仿真研究、农业生态系统监测,以及区域农业资源调查、规划、管理及农业投入产出效益与环境

保护、病虫害防治。

GIS 技术在农业方面的应用主要体现在以下几个方面。

(一)农业资源管理与区划

农业资源包括自然资源和社会经济资源,可分成土地、水、气候、人口和农业经济资源五大类。GIS 技术可以实现指定区域农业资源的可视化管理,包括报表定制与查询、专题图显示与打印输出、基本统计与趋势模型分析和基本辅助决策等功能,以及资源调查评价、产业布局划分等。

(二)种植业管理

GIS 强大的海量空间数据管理能力,可以实现粮食、棉花、油料等种植业信息的管理,可以实现耕地质量管理,指导科学施肥,监测植物疫情、种植业产品供求信息分析与发布等,还可进行耕地质量管理(研究土壤养分空间分布规律、进行耕地地力评价、制作耕地资源专题图)、作物监测与估产、病虫草害防治等。

(三)畜牧、草原管理与应用

主要有畜禽养殖管理、动物防疫、草原建设等。

(四)渔业水产管理与应用

GIS 和 RS 技术主要应用于渔业资源动态变化的监测、渔业资源管理、海洋生态与环境、渔情预报和水产养殖等方面。

GIS 具有独特的空间信息处理和分析功能,如空间信息查询、量算和分类、叠加分析、缓冲区分析等,利用这些技术可以从原始数据中获得新的经验和知识。

RS 技术具有感测范围广、信息量大、实时、同步等特点。利用遥感信息可以推理获得影响海洋理化和生物过程的一些参数,如海表温度、叶绿素浓度、初级生产力水平的变化、海洋锋面边界的位置以及水团的运动等。通过对这些环境因素的分析,可以实时、快速地推测、判断和预测渔场状况。

(五)精准农业

精准农业也称为精确农业、精细农作,是近年来国际上农业科学研究的热点领域。其含义是:按照田间每一操作单元的具体条件,精细准确地调整各项土壤和作物管理措施,最大限度地优化使用各项农业投入,如化肥、农药、水、种子和其他方面的投入量,以获取最高产量和最大经济效益,减少化学物质使用,保护农业生态环境,保护土地等自然资源。

(六)环境监测、农产品安全

农产品质量与安全问题已经成为新阶段我国农业发展的瓶颈之一,不仅影响了我国农产品的质量,也削弱了我国农产品在国际市场上的竞争力,影响人民群众的身体健康和生活质量。基于 GIS 的农产品安全生产管理与溯源信息子系统,可以加强对农业生态地质环境的调查、监测与综合性评价研究,以及农产品的安全管理。

(七)农业灾害预防

农业灾害主要是指气象灾害、地质灾害、生物灾害和其他自然灾害。

我国地域面积广阔,农业灾害频频发生,洪涝、干旱、暴雪、干热风等灾害,对农业生产和社会安定造成了严重影响。基于 GIS 的灾害监测预警子系统,可以实现最新灾害显示、逐日灾害显示、灾害年对比显示、灾害累积显示、背景数据查询等功能，对防灾减灾有重要作用。

任务五 在自然灾害勘测领域中的应用

重大自然灾害发生以后，常诱发原生灾害、次生灾害和衍生灾害，形成灾害链，造成重灾区通信中断，大量建筑物等瞬间倒塌，山体崩塌形成滑坡造成交通中断，导致灾情传递受阻，甚至导致抢险救灾盲目部署，继而造成更大的损失和次生灾害。

应急救灾之前，必须先调查摸底灾区范围面积、灾情程度等。常规方法一般采用人工调查，但效率低、局限性大，而且面临着次生灾害发生的危险。因此，快速有效获取灾情对指挥决策、生命救援至关重要，是重大自然灾害抢险救灾的首要问题。

无人机低空遥感技术已经成为自然灾害应急救援的急先锋。无人机具有灵活机动、操作简单、成本低、风险小等独特优势，可以搭载光学、激光雷达或多（高）光谱传感器，快速获取现势性强、高分辨率的遥感影像数据，既能弥补卫星因天气、时间无法实时获取目标区遥感影像的空缺，又能克服航空及航天遥感空间低分辨率、长航时、大机动、恶劣气象条件、危险环境等影响，为地面灾情解译提供丰富的数据源，为确定受灾位置和范围、了解灾区实情、指挥组织救援工作及时提供真实可靠的图件和数据，在灾害应急、灾情评估等诸多领域得到广泛应用。

一、无人机遥感在重大自然灾害中的应用实例

（一）在汶川地震中的应用

2008 年 5 月 12 日，汶川地震。

极重灾区北川县城出现大范围建筑物倒塌和重大人员伤亡事故，通信和交通系统遭到毁灭性破坏。5 月 15 日上午，“千里眼”无人机航空遥感系统，采用低空（相对高差 200 m 左右）云下飞行方式，获取了北川县城南部地区高分辨率影像（0.1～0.2 m）和视频数据。“千里眼”无人机航空遥感系统立即将航测影像提供给现场指挥部，并用随身携带的 BGAN 卫星通信系统将影像发回民政部，为评价北川县城受灾情况、制订抗震救灾方案提供科学依据。之后，利用该系统采集了唐家山堰塞湖的航空遥感影像数据，对堰塞湖抢险和监测发挥了重要作用。

利用 11 架飞机（含无人机或飞艇）获取汶川地区的多源高分辨率航空遥感数据，开展了灾后地质灾害信息快速勘测中信息提取研究，快速确定滑坡、泥石流等地质灾害体空间位置，对及时快速了解震后灾区的房屋、道路等损毁程度与空间分布及地震次生灾害（如滑坡、崩塌以及由此而形成的堰塞湖的分布状况与动态变化等）发挥了重要作用。

采用飞象 1 号低空无人机及直升机开展基于无人机的地震灾区遥感影像获取与处理工作研究。用 5 月 22 日获取的唐家山堰塞湖区域及灾区其他堰塞湖实时高分辨率光学影像数据与其他同期多源空间信息数据进行集成，首次构建了汶川地震应急三维可视化遥感影像管理系统，为抗震救灾提供了直观可靠的实时灾情信息和分析手段。

(二)在玉树地震中的应用

2010 年 4 月 14 日,玉树地震。

利用雨燕Ⅲ型电动无人机和白鹭油动无人机参加玉树震后航测任务,2 个月内三进玉树,实现了高原灾区无人机首次航拍,获取的高分辨率遥感影像(0.15~0.20 m),为划分灾区范围提供了重要依据。

利用震前与震后高分辨率多光谱遥感数据(0.6 m 分辨率的 QuickBird,2 m 分辨率的 Formosat-2 和 2.5 m 分辨率的 SPOT-5 等),结合震后 0.2 m 分辨率遥感影像,针对玉树地震极重灾区、重灾区和一般灾区,开展了玉树地震灾区的遥感监测与评估工作,成为监测区详细评估的重要依据。

利用结古镇及周边地区 496 景高分辨率卫星遥感数据,结合无人机数据开展灾情精细评估,包括平房与楼房建筑面积监测、居民户数监测、帐篷安置进度监测、灾民紧急转移安置区规划等,为开展灾害损失全面评估和灾后恢复重建工作提供了重要依据,尤其是对灾区帐篷合理安置决策起到关键作用。

(三)在盈江地震中的应用

2011 年 3 月 10 日,云南盈江地震。

利用 LTBT"测绘鹰"系列 150 型无人机,3 月 11 日 10 时获取了盈江县城 14 km^2 范围内 0.1 m 空间分辨率的遥感影像,选用 2011 年 2 月 8 日获取的 Worldview-Ⅱ全色和多光谱融合 0.5 m 空间分辨率遥感影像作为灾前的本底影像,对灾前卫星影像和灾后无人机影像进行配准,对震后房屋损毁、安置点救灾帐篷、道路损毁与交通拥堵进行监测与评估。

(四)在雅安市芦山地震中的应用

2013 年 4 月 20 日,雅安市芦山地震。

四川省测绘地理信息局测绘应急保障中心在震后 7 h 内,成功获取地震灾区 222.5 km^2 范围内 0.05~0.3 m 分辨率的无人机影像,第一时间实现了地震灾区高分辨率影像全覆盖。

在抢险生命干道省道 210 线芦山至宝兴段、百丈湖水库排险及冷木沟和教场沟泥石流、天全县老场乡大庙村干沟头泥石流隐患排查等工作中,无人机高分辨率遥感影像发挥了重要作用,为次生地质灾害排查、评估、监测、预警和治理,快速开展沿线次生地质灾害排查提供了强有力的技术支撑。

采用芦山灾区无人机遥感影像(以 0.2 m 分辨率为主)和有人机遥感影像(以 0.6 m 分辨率为主、部分为 0.4 m)对覆盖范围内约 126 个主要居民点的建筑物单体和群体震害程度进行了快速定量解译,基于提取的建筑物震害等级计算确定了每个居民点的遥感震害指数或倒塌率,通过建立震害遥感定量评估模型,快速高效地完成了地震烈度分布遥感评估图的绘制。

(五)在鲁甸县地震中的应用

2014 年 8 月 3 日,云南昭通市鲁甸县地震。

云南省测绘地理信息局于 8 月 4 日利用固定翼无人机获取主要震区 30 km^2 范围内 0.2 m 分辨率的遥感影像;利用四旋翼无人机获取鲁甸牛栏江堰塞湖局部地区影像和高

清视频数据，采用连续几天的无人机航测数据对比分析监测堰塞湖水位变化及局部居民点和道路的淹没情况。

其后，完成了龙头山镇、李家山镇等灾区高分辨率航测数据采集。相关单位立即组织开展了数据处理，对灾区（部分地区）房屋震害、地震滑坡、堰塞湖等灾害及道路损毁等情况进行了快速评估，为应急指挥决策、抢险救援、震害与地震烈度调查评定等提供参考依据。

二、无人机遥感在单体灾害中的应用

（1）2014 年 8 月 31 日至 9 月 2 日，三峡库区重庆段普降大到暴雨，造成大量道路损毁、房屋倒塌、山体滑坡、泥石流、堰塞湖等灾害。其中，奉节、巫山、巫溪、云阳、开县（现开州区）等地受灾严重。

原重庆市国土资源和房屋管局组织多支无人机组第一时间进入灾区，对体量 1×10^6 m^3 以上地质灾害点进行应急航测。采用多轴旋翼无人机和 PhotoScanPro 相结合，克服了群发地质灾害点多面散、地形与气象条件复杂的困难，4 个工作组同时作业，在 1 周内，完成了奉节、巫山、巫溪共计 74 个地灾点的航摄，并确保在航摄当日夜间向指挥部提交快速监测 DOM。对重要的大型灾害点后期进行了精细化处理，配合相关部门开展灾情评估、灾体量算等工作，较好地完成了应急监测任务，有力地支持了应急抢险工作。

（2）2015 年 4 月，采用六轴旋翼无人机对位于映秀至汶川路段老虎嘴滑坡至都汶高速银杏乡入口约 5 km^2 区域开展航测，影像分辨率为 0.2 m。老虎嘴三维真实场景分析所得结果与野外现场调查结果一致，表明无人机低空航测可以满足强震区地质灾害精细调查研究及建立地质灾害空间属性数据库的精度要求。

（3）2016 年 9 月 28 日，浙江省丽水市遂昌县北界镇苏村发生一起山体滑坡灾害。滑坡塌方量 40 余万 m^3，约 20 幢居民楼被泥石流冲毁，死亡和失联人员达到 27 人。

浙江省测绘大队立即启动无人机航测应急预案，采用智能鸟 KC1600（电动固定翼无人机）采集滑坡区域正射影像，采用多旋翼无人机单镜头刷面方式采集了顶部地区重点倾斜数据并采集滑坡区顶部的高清视频，用以测量灾害点面积和估算土石方量，获取的遥感影像分辨率高、覆盖范围全、信息量大、方便实用，快速向现场救灾指挥部和当地政府部门提供了准确、可靠的地理信息数据。

（4）2017 年 6 月 24 日凌晨 5 时 45 分，四川茂县叠溪镇新磨村新村组富贵山突发高位垮塌。滑坡体最大落差约 1 250 m，最大水平滑动距离约 2 800 m，堆积体体积达 1.637×10^7 m^3，灾害共造成约 2 km 河道被堵塞，62 户 83 人死亡或失踪。

灾情发生后，当地紧急启动Ⅰ级特大型地质灾害险情和灾情应急响应。四川省地质调查院作为国土资源部地质灾害应急技术指导中心航测应急支撑单位，紧急赶赴灾区。

6 月 25 日上午，采用八旋翼无人机开展高精度倾斜航摄作业，因灾区坡源顶部距底部高差达 1 118 m，远远超出了旋翼机的飞行高度，为获取滑坡区域高精度遥感影像，无人机组采用两级梯度航测方式，完成了地面分辨率为 5 cm 的倾斜摄影数据采集。利用高性能便携式工作站，当天晚上完成了灾区高精度的 DOM 制作。

通过影像发现，在坡源顶部西北角位置（海拔 3 065 m 处）有一条明显的滑坡裂缝条带，长度近 600 m，最大裂缝宽度达 26 m，该地段推测为一滑坡隐患。同时，滑坡体中部右侧发现一处不断扩大的渗水区，可能诱发次生灾害。

灾情形势严重，技术人员及时将影像判评结果、预测危险区和应急建议汇报给现场指挥部。领导小组认为，此发现为现场抢险工作提供了重要决策依据。

6 月 27 日 11 时 2 分，该滑坡隐患体部分发生二次滑塌，由于人员及时撤离，成功避免了人员生命财产的损失。

任务六　智慧城市

随着城市的快速发展，逐渐暴露出了交通拥堵（见图 1-1）、环境污染（见图 1-2）、资源消耗大、信息孤岛和教育医疗问题等一系列社会问题。为了破解“城市病”困局，智慧城市的概念（见图 1-3）逐渐引起国内外管理者的更多关注，越来越多的城市开始积极开展智慧城市发展思路的理论研究及实践探索。过去十几年间，全球各国相继启动了建设智慧城市的计划。

图 1-1　交通拥堵

图 1-2　环境污染

图 1-3　智慧城市概念图

传统意义上的智慧城市更加侧重技术层面的问题，其主要内容为构建基础信息网络与云计算平台、配置全方位的感知设备、整合基础信息资源等。

新型智慧城市则是在智慧城市发展到一定阶段后更高级的一种城市建设发展的形态。其更强调新一代信息通信技术与城市现代化的深度融合与迭代演进，进一步提升智慧城市的公共服务效能与政府治理能力，更好地为人民服务，提高城市管理精准化、高效化与透明化水平。

在建设智慧城市的进程中，新型测绘技术推动现代城市向多功能方向发展，充分满足不同人群、不同行业的实际需求，为居民提供更加优质的服务。在测绘技术的支撑下，城市的信息化及智能化水平不断提升，有助于城市经济与社会的协同发展。

一、基于倾斜摄影测量和纹理映射技术构建的实景三维模型

与数字城市三维仿真模型相比，基于倾斜摄影测量和纹理映射技术构建的实景三维模型，具有生产与更新效率高、位置与几何精度高、结构与纹理还原度高、成果利用度高等特点，正逐步应用于我国城市规划选址、方案设计、执法监察、数字档案建设等领域。

根据智慧城市建设需求，以实景三维模型为基础底图，将时空大数据各类基础地理信息数据（DEM、DOM、DLG、DRG、地下空间数据、室内地图数据、地理国情普查数据、城市地质调查数据）叠加于实景三维模型之上，成为智慧城市建设的地理底图。

同时，基于智慧城市的规划、建设和监管等专项应用，将各类专题数据（规划成果数据、全景地图数据、视频监控数据、BIM 模型数据和各类实时传感数据）融入城市实景三维模型中，真正实现二三维一体化、室内室外一体化、静态实时一体化、地上地下一体化的智慧透明城市。

基于实景三维模型的多源数据集成架构如图 1-4 所示；基于实景三维模型的城市地理数据交互融合表达如图 1-5 所示。

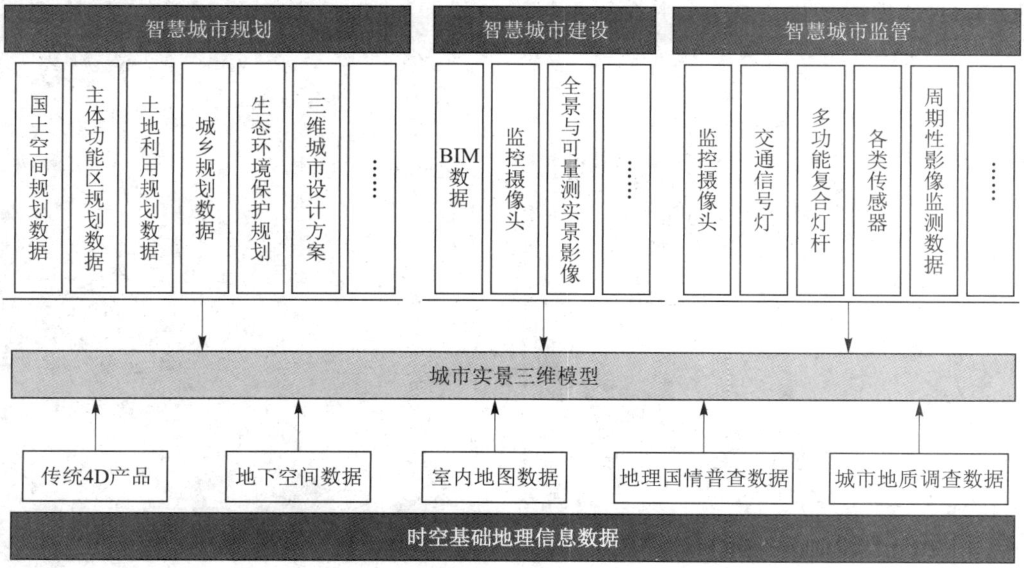

图 1-4　基于实景三维模型的多源数据集成架构

图 1-5　基于实景三维模型的城市地理数据交互融合表达

二、基于 LiDAR 技术的智慧城市应用

激光雷达(Light Detection and Ranging,LiDAR)是一种主动式的现代光学遥感技术,是传统雷达技术与现代激光技术相结合的产物。LiDAR 系统往往集定位系统(GPS 或北斗)、惯性导航系统(INS)和激光扫描仪于一体,用于获得所扫描物体和环境的三维数据及空间信息。

LiDAR 系统可以非常精确地定位激光束打在物体上的光斑,达到厘米级的测距精度,其突出的应用优势是精准、快速、高效。对所获取数据信息进行处理分析,不仅能够满足测绘要求,还能够满足许多行业的应用分析业务需求。

机载 LiDAR(见图 1-6)作为三维激光扫描中的一种技术手段,以飞机、无人机等飞行器作为载体,通过扫描得到瞬时扫描点与目标地物间的位置、距离、角度等信息,快速、准

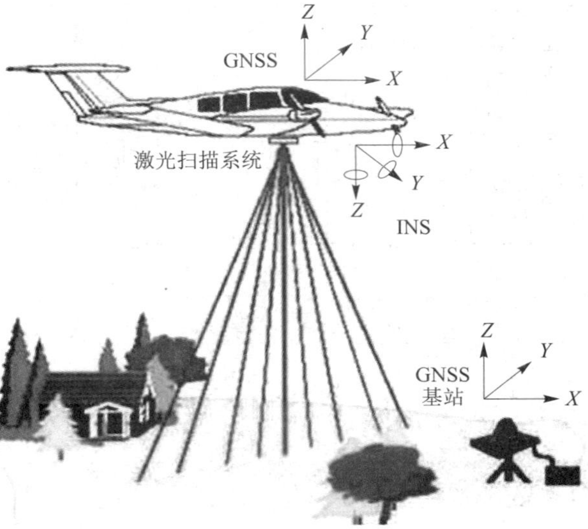

图 1-6　机载 LiDAR

确、无接触地获得地物表面的三维信息；结合获得的目标地物高分辨率影像信息，能够得到精确的三维数字模型，完成三维场景构建。机载 LiDAR 获取的城市数据如图 1-7 所示。

图 1-7　机载 LiDAR 获取的城市数据

三、基于 3S 技术的智慧城市应用

作为智慧城市的基础部分，城市空间数据包含地理空间信息、交通控制信息、现状构筑物信息、土地开发信息、各种资源利用以及数字高程模型信息（DEM）等。

在城市空间数据框架中，GNSS 可为城市的空间、地下管道及地下资源等收集数据。在计算机软件和硬件的支持下，GNSS 运用系统工程和信息科学的理论科学管理与综合分析具有空间内涵的地理数据，以提供科学性的管理、决策及规划等所需的信息。

例如，随着城市化进程的推进，未开发土地的面积也随时发生改变，因而往往会按照相关要求对土地进行变更。可以利用动态 GNSS（RTK）技术，对原有土地的地理坐标、权属及类型等数据进行变更。把变更的数据共享纳入 GIS 系统，在数字地图上显示出变更的各要素，为土地的管理提供方便、及时的查阅。

又如，3S 技术在城市园林绿化信息采集中的应用，可以采用手持 GNSS 调用 RS 数据地图进行绿化调查，并以 GIS 为绿化信息建库平台实现 3S 技术集成，提高绿化信息的精确度，通过流程再造，可以更高效地完成绿化调查工作。

3S 技术在智慧城市建设中的应用如图 1-8 所示。

（a）　　　　（b）

图 1-8　3S 技术在智慧城市建设中的应用

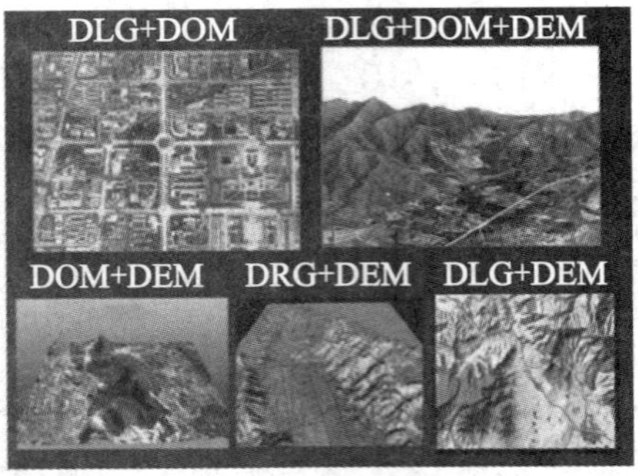

(c)

续图 1-8

四、测绘技术在智慧城市建设中的发展趋势

自动化测绘技术是智慧城市发展的必然趋势。

随着计算机、网络技术、物联网技术、智能机器人以及测量仪器系统的更新换代，自动化测绘技术将向着 5G 技术、大规模集成系统自动化技术、数字化、三维可视化技术及人工智能化的方向迈进，甚至足不出户便可完成测绘测量的工作。

【测绘故事】

故事一：无人机在地质灾害中的应用

2017 年 6 月，四川省茂县发生特大山体滑坡灾害。项目组成员赶赴灾害现场，首先利用微型无人机进行了全景拍摄，生成并发布地质灾害全景图。其次，技术人员对灾害体上部关键部位进行了正摄拍摄，对灾害体下部进行了倾斜拍摄，制作完成灾害体三维建模，协助完成对滑源区、变形区、堆积区的测量估算，及时为国土资源部应急专家组作出科学判断提供了数据支撑。

故事二：3S 技术助力空气质量监测

北京市自 2013 年起启动了大规模的空气质量改善计划，利用 3S 技术进行精细化管理。通过遥感卫星(如 MODIS、VIIRS)获取大气污染物分布数据，结合地面监测站的 GNSS 定位数据，建立了高分辨率的空气质量模型。GIS 平台整合了气象、交通流量、工业排放等多源数据，实时预测污染扩散路径，并为政府决策提供科学依据。通过这些措施，北京市的 PM2.5 浓度从 2013 年的 89.5 $\mu g/m^3$ 下降到 2020 年的 38 $\mu g/m^3$，空气质量显著改善。

项目小结

本项目系统介绍了测绘技术在国土、水利、交通、农业、自然灾害勘测及智慧城市等领域的应用。在国土管理中，3S(RS、GNSS、GIS)技术实现了土地资源的动态监测与规划；在水利领域，通过 GNSS 和 GIS 技术提升了工程测量与灾害预警能力；在交通行业，依托高精度地图与定位技术优化了基础设施管理与出行服务；在农业领域，无人机与 GIS 技术助力精准农业与灾害防控;在自然灾害勘测中,无人机遥感技术为灾情评估与救援提供了高效支持;在智慧城市建设中,则通过实景三维模型与 LiDAR 技术推动城市数字化与智能化发展。这些应用充分展现了现代测绘技术在各行业中的核心作用与广阔前景。

思考题

1. 简述测绘技术在智慧城市建设中的主要应用。
2. 结合实际案例,说明 3S 技术在灾害监测中的应用。
3. 如何通过思政故事增加课程思政融入,并谈谈你的感想。

项目二　初识测绘

初识测绘

【项目概述】

本项目从时空维度梳理测绘技术发展脉络，系统阐述从原始测绘工具到现代数字技术的演变历程。世界部分聚焦古埃及土地丈量、希腊地理学奠基、大航海时代制图突破及卫星定位技术革命；中国部分呈现《禹贡》地图雏形、裴秀“制图六体”、郭守敬天文测量等古代智慧，重点解析现代珠穆朗玛峰（简称珠峰）高程测量、北斗卫星导航系统等创新成果。通过对比中外测绘发展特征，揭示技术革新与社会需求的互动关系，展现测绘学科在文明演进中的基础性作用，强调中国从传统测绘大国向现代测绘地理信息强国的转型路径。

【学习目标】

知识目标：

1.了解世界测绘史重大里程碑事件与中国古代重要测绘成就。

2.掌握测绘技术三次革命的特征。

3.熟悉珠峰高程测量的测绘贡献与精神价值。

技能目标：

1.绘制测绘技术发展时间轴线。

2.分析技术变革对地理信息产业的影响。

3.提升北斗卫星导航系统的应用能力。

思政目标：

1.认知中华测绘文明传承，培养文化自信。

2.培育科技报国情怀，树立家国使命感。

3.强化法治意识，提升职业道德素养。

任务一　世界测绘发展史

测绘学有着悠久的历史。测绘技术起源于社会的生产实践，并随着社会的进步而不断发展。对于人类生活来说，测绘是一切工作的根基，万物未动、测绘先行。

一、人类对地球的认知过程推进了测绘学的发展

测绘学的主要研究对象是地球。

人类对地球形状的认识，经历了“圆球→椭球→大地水准面→真实地球自然表面”的

过程，真实地球形状如图 2-1 所示。这一认识过程，促进了测绘学理论和技术的发展，如距离、角度、弧度测量技术的进步，以及确定地球形状理论的创立。

图 2-1　真实地球形状

人类最早对地球的认识为：天圆、地方。公元前 6 世纪，古希腊毕达哥拉斯提出地球为球形的概念；2 个世纪后，亚里士多德对此作了进一步论证，称为“地圆说”；又 1 个世纪后，古希腊的埃拉托斯特尼，采用在两地观测日影的方法，首次推算出地球子午圈的周长和地球的半径，证实了“地圆说”。这是测量地球大小的“弧度测量”方法的初始形式。而世界上最早的实地弧度测量，是公元 8 世纪南宫说，在张遂（僧一行）的指导下，在今天的河南境内进行的：根据测绳丈量的距离，以及由日影长度测得的纬度，推算出了纬度为 1°的子午弧长。

埃拉托斯特尼测量地球周长

17 世纪末，为了用地球的精确大小定量证实万有引力定律，英国的牛顿和荷兰的惠更斯首次依据力学原理，提出地球是两极略扁的椭球，称为“地扁说”。18 世纪中叶，法国科学院在南美洲的秘鲁和北欧的拉普兰进行实地弧度测量，证实了“地扁说”。

19 世纪初，随着测量精度的提高，通过对各处弧度测量结果的研究，法国的拉普拉斯和德国的高斯相继指出地球的“非椭球性”。

1849 年，英国的斯托克斯提出由重力测量资料确定地球形状的完整理论和实际的计算方法，称为“斯托克斯理论”。

1873 年，利斯汀首次提出“大地水准面”概念，即与包围全球的静止海水面相重合的一个重力等位面，并以此“大地水准面”表示地球形状。

1945 年，苏联的莫洛坚斯基创立了用地面重力测量数据直接研究真实地球自然表面形状的理论，称为“莫洛坚斯基理论”。

二、地图的演变及其制作方法的进步是测绘学发展的重要标志

测绘学的主要研究成果之一是地图。

公元前 25 世纪至公元前 3 世纪，出现了雕刻或绘制在陶片、铜板等材料上的地图。这些原始地图，只是根据文字记述或见闻绘成的极为简单的略图。

公元前 3 世纪，古希腊的埃拉托斯特尼最先在地图上绘制经纬线。

公元 2 世纪，古希腊的托勒密在他的巨著《地理学指南》里，汇集了当时已明确的有关地球的一般知识，阐述了编制地图的方法，并提出将地球曲面表示为平面的“地图投影”问题。

中国长沙马王堆汉墓出土的绘在帛上的地图，证实在公元前 168 年，中国就有了带有方位和比例尺的地图，且具有一定的精度。

公元 3 世纪，中国西晋的裴秀总结前人和自己的制图经验，创立了“制图六体”的制图原则，即分率、准望、道里、高下、方邪、迂直，使地图制图有了标准，提高了地图的可靠程度。

16 世纪，荷兰墨卡托的《世界地图集》和中国明代罗洪先的《广舆图》为代表分别总结了 16 世纪以前西方和东方地图学的历史成就，如图 2-2 和图 2-3 所示。

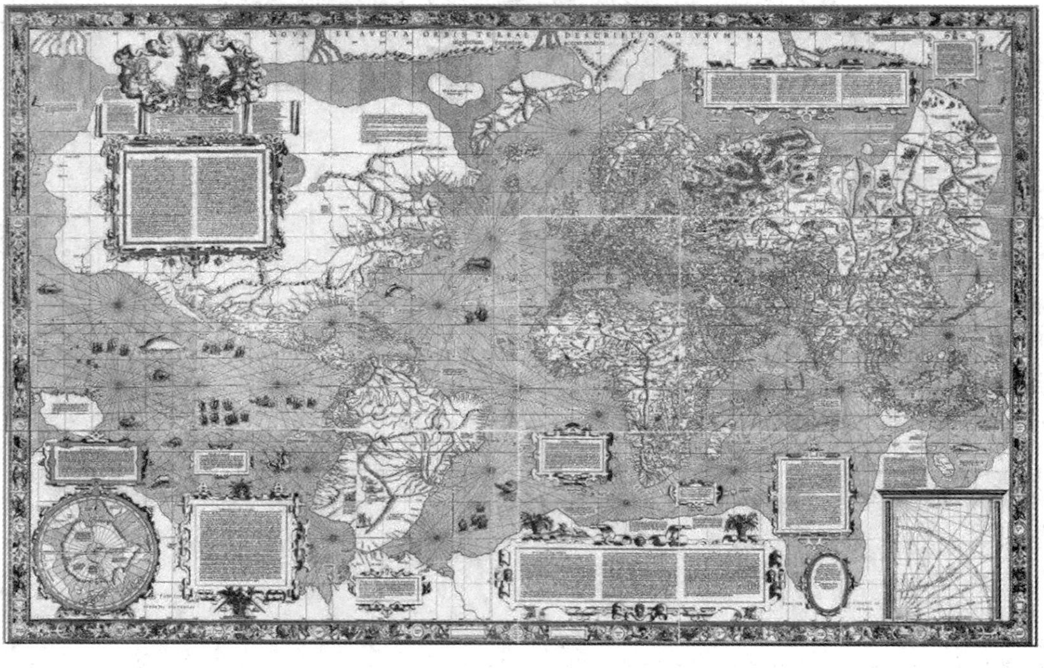

图 2-2　荷兰墨卡托的《世界地图集》

从这一时期起，新的高精度测绘仪器相继被发明，测绘精度大为提高，可以根据实地测量结果绘制国家规模的地形图。这种地形图不仅有方位和比例尺，精度较高，而且能在地图上描绘出地表形态的细节，并按不同用途将实测地形图缩制编绘成各种比例尺的地图。

中国历史上，首次使用这样的方法用于国土测绘的地形图，是清康熙年间完成的《皇舆全览图》，如图 2-4 所示。这次地形图的测绘任务奠定了中国近代地图测绘的基础。

图 2-3　中国明代罗洪先的《广舆图》

图 2-4　清康熙《皇舆全览图》(部分)

20 世纪 50 年代,地图制图方法出现了巨大的变革。计算机辅助制图的研究经历了原理探讨、设备研制、软件设计,到 20 世纪 70 年代已由实验试用发展到较为广泛的应用阶段。这不仅使地图制图的精度和速度都有了很大的提高,而且制图理论不断丰富。

进入 20 世纪 80 年代,开始应用一些高速度、高精度新型机助制图设备,配备辅助制图软件,建立地图数据库。在此基础上,逐步由单一的机助制图系统,发展为多功能、多用途、综合性的地图信息系统。如图 2-5 所示为现代地图示意。

长江三角洲地区区域图

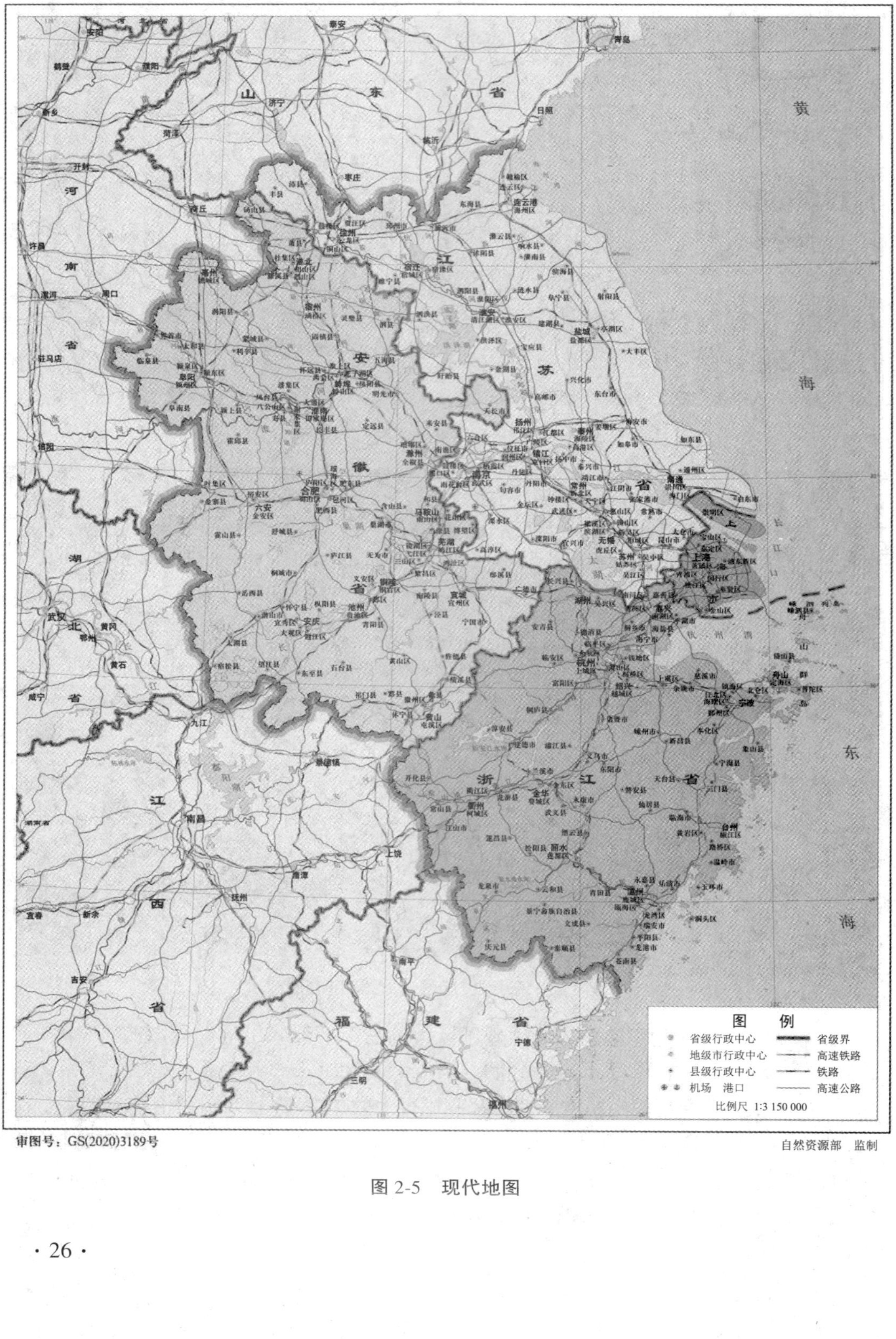

审图号：GS(2020)3189号

自然资源部 监制

图 2-5 现代地图

三、测绘学的形成和发展，很大程度上依赖测绘方法和测绘仪器的创造和变革

测绘学获取观测数据的工具是测量仪器。

有明确证据表明，早在公元前 1400 年的埃及，就已有了地产边界的测定工作。公元前 3 世纪，中国人开始有磁罗盘的制作。司马迁在《史记·夏本纪》中记载，禹受命治理洪水：左准绳，右规矩，载四时，以开九州、通九道、陂九泽、度九山。

17 世纪前，人们使用简单的工具进行测量，以量测距离为主。如中国的步弓、矩尺，欧洲的绳尺、木杆尺等。

16 世纪，地理大发现时代开启，为了开辟新航路，欧洲的探险船队出现在世界各地的海洋上，寻找新的贸易路线和贸易伙伴。许多国家相继出现了海上测定经纬度的方法，以确定船位，如航海星盘、八分仪、六分仪等。这一时期，航海术、地图学、造船术都取得了可观的进步，大大促进了海洋测绘的发展。

17 世纪初，欧洲发明了望远镜。1640 年，英国的加斯科因在望远镜透镜上加十字丝，用于精确瞄准，这是光学测绘仪器的开端。

1617 年，荷兰的斯涅耳首创三角测量法，以代替在地面上直接测量弧长，从此测绘工作不仅只是距离测量，而且开始了角度测量。1730 年，英国的西森(Sisson)制成测角用的第一台经纬仪，促进了三角测量的发展。随后，陆续出现小平板仪、大平板仪以及水准仪，用于野外直接测绘地形图。

17 世纪，荷兰人发明了时钟。有关经纬度的测定，尤其是经度测定方法得到圆满解决，从此人类开始了大地天文学的系统研究。

随着测量仪器和方法不断改进，测量数据精度的提高要求有精确的计算方法。1806 年和 1809 年，法国的勒让德和德国的高斯分别提出了最小二乘法准则，为测量平差奠定了基础。

19 世纪 50 年代，法国的洛斯达首创摄影测量方法；到 20 世纪初，形成了地面立体摄影测量技术。随着航空技术的发展，1915 年制造出自动连续航空摄影机，可以将航摄像片在立体测图仪上加工成地形图，形成了航空摄影测量方法。

在这一时期，又先后出现了测定重力值的摆仪和重力仪，使陆地和海洋上的重力测量工作得到迅速的发展，为研究地球形状和地球重力场提供了丰富的实测重力数据。可以说，从 17 世纪末到 20 世纪中叶，以欧洲为主导的光学测绘仪器领域得到蓬勃发展，测绘学传统理论和方法也已发展成熟。

20 世纪 50 年代，测绘仪器朝着电子化和自动化的方向发展，不仅提高了测绘工作的效率和成果质量，而且使传统的测绘学理论和技术发生了巨大的变革。测绘的对象也由地球扩展到月球和其他星球。

1948 年出现了电磁波测距仪，可精确测定远达几十千米的距离。大地测量定位方法除采用三角测量外，还可采用精密导线测量和三边测量。

随着电子计算机的出现和广泛应用，发明了电子设备与计算机控制相结合的测绘仪器设备，如摄影测量中的解析测图仪等，使测绘工作更为简便、快速和精确。20 世纪 60 年代，出现了计算机控制的自动绘图仪，实现了地图制图的自动化。

1957 年，苏联第一颗人造卫星发射成功，使测绘工作出现了新的飞跃，在测绘学中开

辟了卫星大地测量学这一新领域,就是使用人造地球卫星观测,用以研究地球形状和重力场,测定地面点的地心坐标,建立全球统一的大地坐标系统。此后,卫星定位技术和遥感技术在测绘学中得到广泛的应用,形成了航天测绘。

在这个时期里,还出现了惯性测量系统,可以作为卫星定位技术的补充,在GPS信号弱或不存在时,继续提供准确的位置信息,辅助完成实时定位和导航,成为加密陆地控制网和海洋测绘的有力工具。

随着脉冲星和类星体的发现,可以利用这些射电源发出的射电脉冲,进行无线电干涉测量,用以测定相距很远的地面点的相对位置。

任务二　我国测绘发展史

测绘作为一门古老的学科,在我国源远流长,自有文字记载起,就有了关于测绘的记述。

一、我国古代测绘史

黄帝时代,发生了中国历史上有文字记载的第一次战争——涿鹿之战,从中能够看出古代测绘技术的萌芽。据《宋史·舆服志》记载:“黄帝与蚩尤战于涿鹿之野,蚩尤起大雾,军士不知所向,帝遂作指南车。”成功解决了军队的行进路线问题。黄帝为打败蚩尤,命仓颉制作地图,初步勘察战场地形,为今后作战打好了基础,这就是传说中的“史皇作图”。

《史记·夏本纪》记载,公元前2 200多年,夏禹治水“左准绳,右规矩,载四时,以开九州、通九道、陂九泽、度九山”。《山海经》记载,夏禹派大章和竖亥两位徒弟步量世界大小(大范围测绘)。这说明4 000多年前,我们的祖先为发展农业,在与洪水的斗争中,就已经开展过规模较大的测绘工作。上面提及的“准”是测高低,“绳”是量距,“规”是画圆,“矩”是画方形和三角形;还有个“步”,是计量单位,折三百步为一里。

禹治水成功,促进了农业发展,夏代进入盛世。各部族和九州首领向大禹进贡图画、金属等物品,禹命工匠铸成九鼎,并刻上图,记载九州的山川、草木、道路以及禽兽的分布情况。这就是古代的原始地图。

《晋书》记载:夏、商、周三代,已设置了“地官司徒”官职,专司管理全国地图。可见,远在3 500多年前,我国就已经测绘了相当数量的地图,以至需专人管理。《左传》记有“武王克商,迁九鼎于雒邑”“成王定鼎于郏鄏”。《史记·周纪》记述武王展九鼎分封等,都说明了统治者进一步把地图视为国家权力的象征。《诗经》有“堕山乔岳,允犹翕河”,武王巡视四方,按山川之图循序祭祀高山大川。《宜侯夨毁铭》记周康王观看武王伐商图及东国图,《夨人盘铭》记封疆测量及地图绘制的过程,说明西周统治者重视使用地图,实现王者的统治和军事讨伐。

春秋战国时,地图已普遍用在军事上。《管子·地图篇》记有:“凡主兵打仗,必须先看图,知地形,才不致失利。”《孙子兵法·地形篇》记有:“夫地形者,兵之助也。”没有地图、不知地形,必败。当时的地图,都刻在木板上,包括山脉、河川、城镇、道路等相关位置,具有一定的比例。在这一时期,指南针也得到了广泛的应用。

秦汉时期,统治者已把地图视为权力的象征,极为重视,以至有“图穷匕见”的传奇故事。

地图的品种逐渐增多，有土地图、户籍图、矿产图、天下图、九州图等。秦始皇统一中国后，立即收集各类地图，“掌天下之图，以掌天下之地”，思路、观念极其明确。到了刘邦打进咸阳，萧何立即把秦代的地图全部安置于坚固的资料库里，给汉代后来的社会治理带来很多好处。

地图资料的积累促进了天文测量的进步。西汉时期，人们运用勾、股、弦和相似三角形推算距离，促进了测绘技术的发展。最能体现当时高超水准的是长沙马王堆一号汉墓出土的地形图。该图在2 100多年前随葬入土，而绘制的年代肯定更早。图的比例尺约1∶18万，相当于古代1寸折10里的比例。地图内容详尽，山川走向、居民地的位置与现代地图比较吻合，符号设计也有一定的原则，是世界上保存得最早的古代地图，比古埃及最早出现的地图至少要早300年，图的内容和适用性更是远胜埃及的古地图。

东汉初期，著名科学家张衡经长期观测发现：地球是圆的，并沿南北极轴旋转；黄道是太阳运行轨道，与赤道交角为24°，即为黄赤交角。公元117年，张衡制造了浑天仪。这是一件成就空前的铜铸仪器：其主体是几层均可运转的圆圈，最外层周长一丈四尺六寸，各层分别刻着内、外规，南、北极，黄、赤道，二十四节气，二十八列宿，还有“中、外”星辰和日、月、五纬等天象，仪上附着两个漏壶，壶底有孔，滴水推动圆圈，圆圈按照刻度慢慢转动，于是各种天文现象便赫然展现在人们眼前。

浑天仪

之后，中国发明了计里鼓车。这是使用齿轮等机械原理制作的测量距离和确定方位的工具：车每行一里，木偶击鼓一下；行十里，敲铃一次；车上的指南针随时指示车子行走的方向。

这些重要的科学概念，为天文大地测量和大范围的地图测绘提供了理论基础。

计里鼓车

三国之后，晋王朝建立，天下又出现统一的局面。

著名的制图学家裴秀，在总结前人经验的基础上，创造了“制图六体”，即分率(比例尺)、准望(测量方法)、道里(测量距离)、高下(测量高低)、方邪(测量角度)、迂直(测量曲线与直线)。除经纬线和投影外，这六条测制地图的原则，几乎把现代地图的测制原则全都提到了，在中国制图发展史上具有划时代的意义，对后代测制地图也有着深远影响。

制图六体

此外，在裴秀的指导下，朝廷组织大批测量和制图人员，编制了著名的《禹贡地域图》计十八篇，缩编了《天下大图》和《方丈图》。这些地图内容详尽，判读方便，流传了数百年。

公元589年，隋王朝实现了中国历史上的第二次大统一，形成了经济文化和科技空前繁荣的局面。均田亩、筑长城、凿运河、垦田地、建大兴和洛阳、大规模征集和整理图书、统一度量衡、创制《皇极历》等，推动了天文学、地学，以及工程测绘、土地测量、地图、图经、图志的发展。隋代在兵部尚书下设有职方侍郎，主管测绘。另外，工部屯田、虞部、金部、水部、都水台、鸿护、将作等监寺和秘书省等部门，都与测绘有或多或少的联系。

通过仪器测绘制图六体

《隋书·地理志》提及的“体国经野”和“分疆画界”体现了进行疆域和土地测量的内涵，详细记述的垦田面积、四方距离、四至疆域、政区设置变动等，数字精度以“里”“顷”度量表述。虽未直接述及测量，但从“统一尺度、以均田度地”“穷究测度山海之术”来推断，隋代是进行了大面积疆域和土地测量的，而且其方法也不只是一般简单的丈量。

唐代初期，中国疆域辽阔，为了便于统治，皇帝曾规定全国各州府每年要修测地图一次。可见当时已建立起地图的实时概念。德宗皇帝曾令制图学家贾耽绘制全国大地图。贾耽组织人员，依据“制图六体”，历时十六年完成《海内华夷图》。图的范围东西三万里，南北三万五千里，是中国当时疆域的范围，相当于当代一幅亚洲地图。可惜该图失传。宋代人曾参照原图缩制《华夷图》和《禹迹图》，刻在石碑上，现保存在西安碑林。

唐代著名天文学家僧一行主张在实测的基础上编订历法。首先需要有测量天体位置的仪器。他于公元 721 年，率府兵曹参军梁令瓒设计黄道游仪，如图 2-6(a)所示，并于公元 723 年铸造完毕。这架仪器的黄道不是固定的，可以在赤道上移位，以符合岁差现象。后来，又设计制造了水运浑象仪，如图 2-6(b)所示，改进了汉代张衡的设计：注水激轮、令其自转、昼夜一周，除表现星宿的运动外，还能表现日升月落，并附有报时装置，可以自动报时，称为“水运浑天”或“开元水运浑天俯视图”。

水运浑象仪

(a)黄道游仪

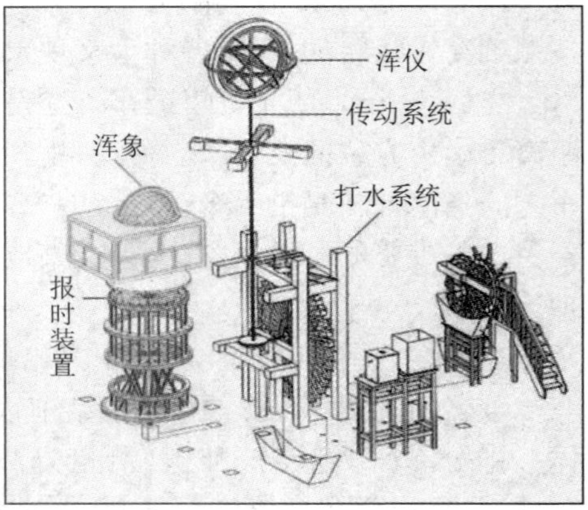

(b)水运浑象仪

图 2-6　黄道游仪和水运浑象仪

宋代王安石变法时，开展了大规模的农田水利建设，兴修水利十万余处，灌田三千多万亩，涉及大量的勘察与测绘工作。大科学家沈括编绘了“二寸折百里”(相当于 1∶90 万比例尺)的《天下州县图》，首次把全部相邻州县间的方位和距离，以数据文字形式记录编册。他发明了许多精密易行的测量技术，如使用“分级筑堰法”测量了汴渠 400 多公里沿河段的高差；使用水平尺、干尺和罗盘测量地形，并在世界上最早发现了磁针偏角；他制造的地图模型，是我国制图史上有记载地图模型的创始；他的不朽著作《梦溪笔谈》，是我国古代少有的百科全书之一。

苏颂是宋代另一位著名的测量学家和测量仪器制造专家。宋哲宗元祐年间(1086—1094)，他在北宋都城东京(今河南开封)，建造了一台高约 12 m、宽约 7 m、重 20 多 t 的“水运仪象台”，如图 2-7 所示。这是一种把浑仪、浑象和报时装置结合在一起的大型天文测量仪器，能用多种形式反映及观测天体的运行，既能演示天象、观测天象，又能计时、报时。它是中国古代的卓越创造,与500年后欧洲的锚状擒纵器非常相似。英国著名科学家李约瑟认为:水运仪象台可能是欧洲中世纪天文钟的直接祖先。

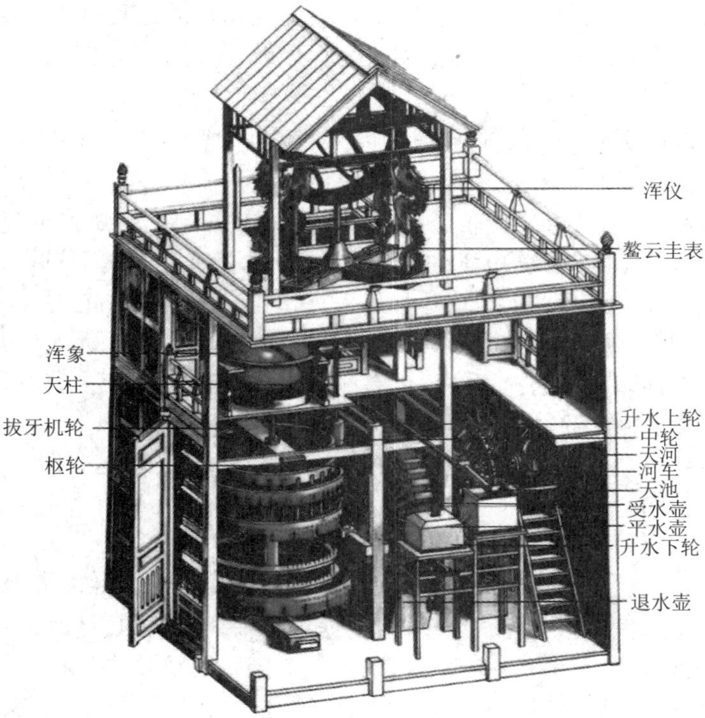

图 2-7 水运仪象台复原图

辽国对测绘从未关注,地图来源主要靠战时缴获和属国献图,除在战时和城建过程中进行过一些零星的测绘外,无甚建树。

金代为分配土地,曾进行过多次地籍测量、城建测量、疆界勘测。通过勘测,在旧图的基础上改绘过各种地图。

元代对测绘比较重视,天文大地测量的范围和数量超过了唐代、精度超过了宋代,取得了举世瞩目的辉煌成就。

元代科学家郭守敬在天文、历算、地理、测绘、水利等领域,均有突出成就。在中国乃至世界历史上,郭守敬是第一位用平均海水面作为高程起始面的人。他以我国沿海海平面作为水准测量基准面,并创立"海拔"这一科学概念。直到今日,世界各国的区域性测量,其水准测量成果均归化到以海岸某点的平均海水面作为基准面的高程系统中去。我国在青岛设有水准原点,以黄海平均海水面作为高程基准面。这一科学方法,仍将继续被沿用。

另外,郭守敬使用自制的仪器观测天文,发现黄道平面与赤道平面的交角为23°33′05″,而且每年都在变化。按照现代理论推算,当时这个角度是23°31′58″,而之前的张衡认为这个角值是24°,在延续千年之后精度提高近30′。

朱思本,元代著名地理学家、地图制图学家。在1311—1320年间,主持绘制《舆地图》,是汉代以来地学成就的科学总结,与元代现势资料、实地调查相结合的产物。其内容非常丰富,既有国内疆域,又有域外地区;既含传统的陆地,又含海洋海岛,并且采用“计里画方”的方法绘制(按比例尺绘制地图),精确性超过前人且真实可靠,是我国制图史上的杰出成就。按此法绘制的地图沿用了500余年,直到清初,在我国和世界制图学史上具有重要意义。

明代郑和先后7次率领27 000多人的庞大船队下西洋,最远到达非洲的索马里、阿拉伯、红海一带,使明初的海疆超过了汉代和唐代。

在航行中,他采用古代天文定位技术(观测恒星高度来确定地理纬度)来导航,并根据7次下西洋积累的经验和资料编制成世界著名的《郑和航海图》。这是我国古代地图史上又一杰出的成就。全图包括亚、非两洲,地名500多个;所有图幅都采用“写景”画法表示海岛,形象生动、直观易读;在许多重要的地方还标注有测量数据,有的还注有一地到另一地的“更”数(航海距离)。

郑和航海图和杨子器跋舆地图

《郑和航海图》一直保存到现代,是我国最著名的古海图,也是我国最早的一幅亚非地图。

康熙皇帝在测绘发展史上是位有作为的领导人物。

康熙出生于指挥战争和巩固政权需要的年代,他领导了全国性的大地测量和地图测绘工作。他统一了全国测量中的长度单位,依据对子午线弧长的测量结果,亲自决定“以二百里合地球经线一度,每里长一千八百尺,每尺为经长的百分之一秒”。他还利用传教士培训测绘人才,购置测绘仪器,从北京附近开始,先后测绘了华北、东北、内蒙古、东南、西南、西藏等地区的地图,然后编绘《皇舆全览图》。该图于1718年编制完成,其覆盖面积、测绘精度、完成速度等内容在中国史无前例,在当时世界上也是首屈一指。世界著名学者李约瑟说:“《皇舆全览图》不但在亚洲是当时所有地图中最好的一幅,而且比当时所有的欧洲地图更好更精确。”

乾隆即位后,编绘了《西域图志》和《亚洲全图》。这些图都是当时世界上极为重大的测绘成果,标志着中国测绘科技曾一度走在世界的前列。

纵观中国古代测绘史,可以看到,中国古代测绘技术的进步发展几乎不具系统性和连贯性,也缺少完整的记载。在数以千年的历史长河中,它的进步与发展,基本上是以朝代为单元,以个人出众的勤奋和才华推进的。但是,以史为鉴的测绘成果,全都熠熠生辉、璀璨炫目,包括出土的测绘文物,面积巨大的地下宫殿、城廓和城池遗址,而为其规划设计建设付诸的大量测绘、放样工作,更是隐匿其后、鲜为人知。

台湾省首幅山水画地图

测绘在中国是门古老的科学,尽管在历史上缺少应有的系统性和连贯性,但绝不是某些人所说的,它是从希腊、埃及传进来的。它是我们的祖先在屯田、垦殖、兴修水利,以及古城建筑规划设计的生产实践中产生的,是随着政治、经济、军事的需要得以发展和提高的。测量学一直伴随着中国科技发展,在天文、地理、工程、军事、历法等诸多方面发挥其影响。古代许多测绘科技成果,在当时的世界上都是处于领先地位。只是,从清代末期到民国时期,由于军阀割据和政府腐败,才使我国测绘科学落后于西方。

二、我国近代测绘史

从清代末期到民国时期，由于历史原因，我国的测绘科学渐渐落伍于世界测绘科技发展水平。

魏源，近代爱国思想家、文学家和著名地理学家。他编纂了《海国图志》100卷。该图集共有各种地图74幅，其中有中国历史沿革图8幅，《汉西域沿革图》《北魏与西域沿革图》《唐西域沿革图》《元西北疆域沿革图》等；外域有《东南洋各国沿革图》《西南洋与印度沿革图》《小西洋利未利亚洲沿革图》《大西洋欧罗巴各国沿革图》。还有东西两半球图、亚细亚洲图及25幅各国图，利未利亚洲图及23幅各国图，亚墨利加州国及11幅各国图等。该图集系统介绍了各国历史沿革、地理、政治等情况，特别是主要图幅上表示的山川、城镇，基本轮廓和地理位置都比较准确，其精度大大超过利马窦翻译的《世界地图》。

总之，《海国图志》是我国自编的第一部世界地图集，是中国编制世界地图的一个里程碑。

民国时期（1912—1949年），测绘工作受到制约，大地测量仅在部分地区进行，成果也不多。

1914年《陆军测量标条例》公布。其后随着测绘工作的开展，一系列测绘规章制度先后出台，至1943年各方面的测绘规章才大体完备。据不完全统计，共制定各种规章制度50多个。虽然测绘规章制度逐步建立，但由于多种原因执行效果并不太好。

基本控制测量方面。1912—1928年，政府系统没有建立全国性的控制测量队伍。各省根据测图计划的需要，在清末已做成的控制点基础上，加做一些补充控制点来施测。测量基准不统一，各省自设起算点及假定高程。

地图制图方面。1914年，政府编制了“十年速测计划”，要求各省测制全国1:5万比例尺地形图、勘测1:10万地形图、编绘1:100万中国舆图、培养测量人才等。这一计划实施并不顺利。据统计，至1929年，共完成1:5万图3 595幅，仅占计划数的11.7%，此外编绘了1:20万和1:100万图。

1929年后，在原“十年速测计划”的基础上，政府重新制定了“全国陆地测量十年计划”。除增强基本控制、决定采用航空摄影测量技术等措施外，还改用按经纬度统一分幅的新图廓以取代旧图廓。

此计划刚开始，因急需开展全国土地测量，遂于1933年将该计划修改为《完成全国军用、地籍图测量计划纲要》，把地籍测量纳入计划与军用图统一组织实施。除各省组织力量施测外，中央也组成了陆地测量总局直属的测量队伍重点进行测量。但这项计划虽较以往的计划考虑更全面些，仍由于实力与计划要求悬殊，经费不足，许多地区无法及时开展。

至抗日战争爆发前，鉴于以往成图质量差的教训，开展了规模较大的基本控制测量，但已测的地区大多偏于中国东南部。其发展情况虽较快，但远未完成其所订计划，而且系统也未完全统一。其后抗日战争期间，大规模基本控制测量无法继续进行，仅在中国西部的部分地区，在特别急用的情况下做一些低等级的控制测量。

1929—1939年，共计施测1:5万地形图2 377幅，加上其他比例尺地形图共施测5 587

幅,其中用航测方法完成 1:5万 96 幅;共编绘地图 4 765 幅,印刷地图 8 651 张(幅)。

抗日战争开始后,一些省逐渐沦陷,只能在中国本部的军事或经济建设急需地区临时测绘局部地形图。

1944 年,中美合作航空测量队成立,对中国自东北至西南一线以东的广大地区进行了航空摄影,制成了 1:25 万彩色地图。总的实测地图不多,但编绘地图却继续取得较好的效果,其中 1:100 万中国舆图大多进行了第三次重编。

界线、地籍、工程、海洋测绘等方面。尽管大体上以清乾隆年间的中国疆界为应有疆域,但自清代后期以来领土的实际丧失很多,没有进行国界勘测的条件。仅进行过一些零星的国界测绘。其中主要的是:中英对滇缅南段边界的会勘(1935 年)及该地区的再次联勘(1947 年);抗日战争胜利后,中国宣布收复台湾及日本侵占的其他地区;1946 年收复西沙群岛和南沙群岛,向全世界宣布中国对这些岛屿恢复行使主权,并在永兴岛和太平岛上施测了 1:1万比例尺地形图。此外,民国期间曾对部分省界做过少量勘测,地图上省界的绘制和表示多以申报馆所绘为依据,对省界实际存在争议之处,暂行搁置。

1912—1949 年,政府都重视土地税收,并设有土地或地政机构,以管理各省进行的地籍测量。甚至在 1947 年,政府还设立地政部主管地籍工作。但各地开展地籍测量的效果很不一致,只有少数地区使用航测,大多数仍用平板仪测量。抗日战争开始后,沦陷地区的地籍测量完全停顿。据抗日战争后统计,仅完成原来总计划的 3%。

在工程测绘方面,首先是城市测绘。先后对一批大城市,如北京、南京、重庆、上海、天津、成都、西安、广州、昆明、杭州等进行过不同规模的控制及测图工作。昆明还采用过航测,大多采用城市独立坐标系统。1946 年,政府下令“全国旧日府城以上城市必须测绘万分之一地图”并公布了“实测办法”等,但并未全部执行。

其次是地质测绘。先后有中央地质调查所和江西、四川、福建等地质调查所,在一些局部含矿地带和资源调查地区进行过实地测绘,并编绘了矿产图、地质图剖面图以及中国地图集等。地质研究所以李四光为主,研究地质构造及地质理论,绘制过一批地质图件,并为地质图书绘制过上万幅地形图。

水利测绘方面。先后对长江、黄河、淮河以及运河等部分地区进行过控制测量和测图,以施测三、四等三角和二、三等水准为多。浙江省水利局于 1930 年与德国汉莎公司合作,在钱塘江地区进行航空摄影,这是中国开展航测之始,此后长江、黄河的一些重要地段均进行过航摄成图。

交通工程方面。中国自行设计和勘测的线路主要有:张家口至包头、台儿庄至枣庄、广州至韶关、叙府(今宜宾)至昆明、漳州至龙岩等,其中部分线路使用航测,但真正动工修筑的极少。公路勘测主要有:云贵、包头至石嘴山、中缅、中印青新等线路或路段,也多未实修。此外,各部门还根据需要编绘过专题地图,如地质图、邮政地图、交通图、旅游图、疆域图等。

海洋测绘方面。1919 年,在英国伦敦召开的国际海道测量大会,中国派驻英海军武官陈绍宽出席。为适应国际需求,划定领海界线、培训人才,遂筹办海军海道测量局。该局于 1922 年建立,至 1949 年,共测海图 90 幅,测探 4 万多 km,并测量部分江河湖泊。此外,通过派人出国学习、考察、聘请外国专家来华群授等办法,培养了一些海测人才,为后来新中国开展海测起到了促进作用。

三、我国当代测绘史

从清代末期到民国时期,我国的测绘科学渐渐落伍于世界测绘科技发展水平。新中国成立初期,百废待兴。测绘科技是国家经济建设和国防建设不可缺少的基础工作,从整体规划设计到具体建设,都离不开准确的测绘数据资料和精确的地图资料。但当时,测绘装备落后,资料匮乏,物质条件非常艰苦,难度之大可想而知。广大测绘工作者以大无畏的革命精神,克服重重艰难险阻,在一张白纸上绘出新中国建设的美丽蓝图,在各个方面取得了辉煌成绩,全国测绘工作取得累累硕果。

(一)构建测绘基准体系

建立了 1954 北京坐标系。

1966 年,基本完成全国大陆范围内的国家天文大地网、精密水准网、重力网布测。

截至 1973 年,全国共测定 10 个天文基本点,构成了第一个全国天文经度基本点网。

1985 国家高程基准

1982 年,建立了 1980 国家大地坐标系统——西安坐标系,精度更高。

1984 年,建成国家一等水准网,1988 年建成总里程 13.6 万 km 的国家二等水准网,并建立了 1985 国家高程系统。

1984—1985 年,建成 1985 国家重力基本网,密度和精度大幅提高。1998 年开始布设新一代国家重力网。

2002 年,2000 国家重力基本网项目完成,我国建成新一代重力基本网。

2003 年,2000 国家 GPS 大地控制网通过验收,我国建立新一代地心坐标系统。

2008 年 7 月,2000 国家大地坐标系正式启用。

2012 年 6 月,国家现代测绘基准体系基础设施建设一期工程启动,现已建成国家卫星导航定位基准站网和最高等级的大地基准框架;布设了卫星大地控制网,观测了 12.2 万 km 一等水准路线,国家高程控制网精度和现势性显著加强。

在 20 世纪 80 年代中期,国家测绘局着手建立数字化测绘技术体系,提出了建设国家基础地理信息系统的整体部署。1985 年,国家计委、国家科委和国家测绘局将国土基础信息系统(后定名为国家基础地理信息系统)作为“七五”攻关项目立项,1986 年正式启动。经过近 20 年的建设,信息化测绘基础设施更加健全,具备了天空地一体化的数据获取能力。测绘科技创新能力稳步提升,机载雷达测图系统、大规模集群化遥感数据处理系统、无人飞行器航摄系统等方面建设取得重要突破,研制的 30 m 分辨率全球地表覆盖数据产品在国际上产生重要影响。

我国已经初步建成三维、动态、地心、几何基准与物理基准相统一的现代测绘基准体系,测绘基准体系的成果精度和数据现势性全面提升,步入世界先进行列。

(二)国家基本地形图和基础地理信息数据库建设

1958—1969 年,国家测绘局累计完成 1∶1万比例尺地形图 15 020 幅,面积达 38 万多

km^2;1973 年,国家测绘总局重建后又陆续测绘 14 429 幅,面积约 37 万 km^2。此外,还测绘了大量 1∶1 000、1∶2 000、1∶5 000 和 1∶2.5 万地形图。

1982—1986 年,国家测绘局出版 1∶100 万地形图简化版,1987 年再次改编。1989 年,完成编制、印刷全国第二代 1∶100 万地形图工作,标志着我国基本比例尺地形图编制达到新的水平。

1989 年全国 1∶25 万地形图编制完成,国家测绘局又据此编制成全国第三代 1∶50 万地形图。

1994 年,国家基础地理信息系统全国 1∶100 万地形数据库、1∶100 万地名数据库和 1∶100万数字高程模型库、1∶400 万地形数据库和实验性重力数据库通过专家鉴定。

为进一步满足我国在解决资源、环境、人口、防灾减灾、可持续发展等重大问题方面的需求,国家测绘局 1993 年启动 1∶25 万数据库建库工程,1996 年 4 月开始全面建库,1998 年 11 月通过国家验收和专家鉴定。全国 1∶25 万数据库覆盖整个国土范围,可以实现在全国范围对居民地及地名、县级以上(含县级)行政境界、国家级干线公路、铁路、5 级以上(含 5 级)河流及大型湖泊等逐个实体地进行快速查询检索,为国民经济信息化提供了数字化空间信息平台。

1995 年,国家决定在全国范围内对基础测绘实行分级管理,这是一个具有重要意义的事件。

1990—1997 年,国家测绘局系统共完成 1∶5万地形图更新测图 6 184 幅;1990—1998 年,共完成 1∶1万地形图更新测图 38 070 幅。2003 年,推出新版 1∶100 万比例尺数据库。2006 年,建成国家基础地理信息系统 1∶5万数据库,并开始实施数据库更新。

国家西部测图工程竣工。首次实现 1∶5万基础地理信息对陆地国土的全覆盖,标志着数字中国地理空间框架初步建成。2011 年,完成 1∶5万基础地理信息数据库更新工程,建成覆盖我国国土面积比例尺最大、精度最高的基础地理信息数据库,标志着我国基础地理信息数据库建设进入世界先进行列。

"十二五"期间,共完成 3 次 1∶5万数据库重点要素更新和 1 次全要素更新,完成 2 次 1∶25 万数据库更新和 1 次 1∶100 万数据库更新,更好地满足了各行各业和社会公众对基础地理信息的需求。

"天地图"实现 30 个省级节点、205 个市(县)级节点与国家级主节点服务聚合,形成网络化地理信息服务合力。

(三)卫星大地测量

1979—1989 年,国家大规模开展多普勒卫星定位测量。

1988 年,国家测绘局利用多普勒卫星定位技术,开展了南沙群岛定位网与全国天文大地网之间的联测工作。同年,中国大陆架 GPS 卫星定位网开始布设。这是我国首次应用 GPS 于大地测量,填补了我国卫星大地测量定位的空白。

2004 年 8 月,测绘队员在北极黄河站建立了我国第一个北极 GPS 卫星常年跟踪站。

2009 年,成立国家测绘局卫星测绘应用中心。2012 年 1 月 9 日,我国首颗高分辨率民用立体测绘卫星资源三号 01 发射成功,卫星影像全球有效覆盖达 7 万多 km^2。2016 年 5 月 30 日和 2020 年 7 月 25 日,先后发射资源三号 02 星和资源三号 03 星,构成三星组网体系。航空航天遥感资料获取发展迅猛，完成大量国家基础航空摄影，陆续覆盖全国，逐步建成国家航空航天遥感影像数据库。

“十二五”期间，测绘地理信息部门累计获取航空摄影资料 375 万 km^2、5 m 分辨率卫星影像 102 万 km^2、优于 2 m 分辨率卫星影像 244 万 km^2，数据内容不断丰富，现势性整体提升，为经济社会发展提供了及时有效的遥感影像保障服务。

（四）地理信息覆盖范围从陆地向海洋拓展

“十二五”期间，海岛（礁）测绘工程一期工程初步建立了陆海一致的高精度海岛（礁）测绘基准体系，查明了海岛（礁）的数量、位置及分布，完成了 6 000 余个重点海岛（礁）测图，建立了海岛（礁）基础地理信息数据库和应用系统，还完成了 190 万 km^2 覆盖近海海域航天影像获取和 6 万 km^2 重点近海海域航空影像获取，丰富了海岛（礁）测绘影像数据资料，为摸清我国海岛（礁）数量及位置、准确掌握海岛（礁）基础地理信息提供了支撑。

此外，极地测绘也取得了非常大的成绩。

（五）法律法规建设

1992 年，《中华人民共和国测绘法》发布；2002 年完成第一次修订；2017 年完成第二次修订。

1997 年，基础测绘正式列入国家国民经济和社会发展年度计划，为测绘事业长期稳定的发展奠定了基础，基础测绘经费投入逐年增长。

2001 年，基础测绘经费管理办法发布。

2005 年，国务院印发《全国基础测绘中长期规划纲要（2006—2020 年）》，明确了全国基础测绘的七项主要任务。

2007 年，国务院印发《关于加强测绘工作的意见》（国发〔2007〕30 号），基础测绘战略地位进一步夯实，中央及地方财政对基础测绘建设的投入大幅增长。

2015 年，国务院批复《全国基础测绘中长期规划纲要（2015—2030 年）》，明确了全国基础测绘的五项任务。

（六）重大测绘工程项目

1975 年，我国测绘工作者对珠峰进行了高程测量，海拔 8 848.13 m 这一数据得到全世界的认可。

2005 年，国家测绘局组织开展珠峰高程复测，获取了珠峰岩石面精确海拔8 844.43 m，标志着人类对地球的认识达到新的高度。

2020 年，国测一大队进行第七次珠峰高程测量。2020 年 12 月 8 日，国家主席习近平同尼泊尔总统共同宣布珠峰最新高程——8 848.86 m。

“十二五”期间，全国测绘地理信息部门开展了农村基础地图测制、区域地图编制、实用专题地图制作、县域基础地理信息平台建设、涉农地理信息服务系统开发工作，推出了大量适农惠农地理信息产品，农村地区测绘成果短缺的问题得到缓解，一县一图、一乡一图、一村一图计划顺利推进，为新农村建设规划、农村基础设施建设、自然生态保护、土地资源管理、农村信息化建设提供了有力保障。

“十二五”期间，完成了第一次全国地理国情普查，初步构建起支撑常态化地理国情监测的生产组织、技术装备、人才队伍等体系。

2020 年 7 月，北斗三号全球卫星导航系统完成组网，北斗卫星导航系统正式开通运营。这是由我国自主发展、独立运行的卫星导航系统，可以为全球用户提供全天候、全天时、高精度的定位、导航和授时服务，使我国成为世界上继美国、俄罗斯之后第三个拥有自主卫星导航系统的国家，打破了国外卫星导航领域的垄断。

（七）"十三五"期间基础地理信息服务能力不断提升

"十三五"期间我国测绘地理信息发展在基础测绘与地理信息数据建设、地理信息公共服务平台与技术创新、地理国情监测与应急测绘、法规制度建设、标准化工作与科技创新等方面都取得了显著成果。

基础测绘与地理信息数据建设方面。基础地理信息数据库建设取得新突破，实现了我国陆地国土 1∶5万基础地理信息全部覆盖和重点要素年度更新、全要素每 5 年更新。省级 1∶1万基础地理信息数据库建设基本完成。覆盖全国的 1∶5万、1∶25 万、1∶100 万基础地理信息数据库已实现动态更新和联动更新，每年更新一次、发布一版。全球地理信息资源建设持续推进，国家基础地理信息中心不断推进全球地理信息资源建设，形成了覆盖全球的地理信息数据。2020 年 9 月 15 日，自然资源部发布 2020 版 30 m 全球地表覆盖数据，并向联合国捐赠数据。卫星导航定位基准站网建设持续扩大，统筹建成 2 200 多个站组成的全国卫星导航定位基准站网，基本形成全国卫星导航定位基准服务系统。

地理信息公共服务平台与技术创新方面。"天地图"平台建设不断完善，国家地理信息公共服务平台"天地图"开通至今，已形成拥有 1 个主节点、31 个省级节点和 314 个市（县）级节点的服务聚合、互联互通和联动更新的全国一体化在线服务格局，形成了 1 000 多个基于"天地图"的业务化应用。

技术创新与装备提升取得新突破，测绘科技创新能力稳步提升，在机载雷达测图系统、大规模集群化遥感数据处理系统、无人飞行器航摄系统等方面取得重要突破。无人飞机航测遥感、地理信息应急监测、合成孔径雷达测图等方面的装备能力获得极大提高。

地理国情监测与应急测绘保障能力显著提升。地理国情监测方面，在第一次全国地理国情普查基础上，建立了地理国情常态化监测技术体系，形成地理国情时空变化信息数据。地理国情监测与经济社会发展深度融合，实现监测业务常态化。应急测绘保障方面，应急测绘保障能力建设项目获得国家发展改革委批准立项，航空应急测绘、应急现场勘测、影像快速处理等方面的能力得到大幅提高。2020 年底，国家应急测绘保障能力建设项目 36 个单项工程全部完成验收。

法规制度建设与标准化工作进一步完善。法规制度建设方面，《地图管理条例》修订完成，《中华人民共和国测绘法》得到修订，测绘地理信息法规制度进一步完善。标准化工作方面，制修订并发布了多项国家标准、行业标准、计量检定规程和地方标准。初步形成了由多项国家标准、行业标准、计量检定规程和地方标准等组成的较为完善的测绘地理信息标准体系。

（八）面向高质量发展新要求，全面推进测绘地理信息事业转型升级

测绘地理信息是重要的战略性数据资源和新型生产要素。党中央、国务院加快布局数字中国建设和数字经济发展，对测绘地理信息工作提出新的更高要求。为加快推进测绘地理信息事业转型升级和产业发展，激活测绘地理信息数据要素潜能，更好服务、支撑高质量发展，2023 年 8 月，自然资源部印发了《自然资源部关于加快测绘地理信息事业转型升级 更好支撑高质量发展的意见》(简称《意见》)(自然资发〔2023〕158 号)，对新时代新征程加快推进测绘地理信息工作转型升级作了总体部署，确定了“四个为”的工作方向，确立了主要目标、明确了重点任务，以更好地支撑高质量发展这一首要任务。

当前数字化、网络化、智能化融合发展，面对高分辨率卫星影像和人工智能、大数据以及自动驾驶技术发展的态势，既要推动测绘技术融合创新，又要防范新技术给国家安全带来的影响，传统的测绘管理方式和手段难以适应。面对新形势、新需求，问题和挑战越发突出，测绘地理信息转型升级的理念和思路需要进一步明确，服务经济社会高质量发展尤其是服务数字中国建设、数字经济发展的能力亟待提升，测绘地理信息行业管理改革需进一步深化，行政推动力需进一步强化。

《意见》完整、准确、全面贯彻新发展理念，认真落实党中央、国务院关于数字中国、数字经济等战略部署，加快构建新发展格局，着力推动高质量发展，坚持守正创新，统筹发展和安全，加快推进测绘地理信息事业理念创新、管理创新、技术创新、服务创新，立足新型基础测绘体系建设试点所取得的实践成效，深入探索积累转型升级实践经验，破解多年来制约测绘地理信息管理的顽瘴痼疾和历史难题，充分总结先行先试的成熟做法、可行经验，积极将基层创新上升到测绘地理信息管理政策层面，逐步转化为行政管理的制度机制，进一步提升测绘地理信息支撑能力和水平，为经济社会高质量发展提供可靠的时空数据要素保障。《意见》的出台有利于测绘地理信息事业转型升级和产业健康快速发展，有利于推动发挥测绘地理信息数据要素对高质量发展的支撑作用。

以支撑高质量发展为主题，《意见》确立了推进测绘地理信息事业转型升级的指导思想：以习近平新时代中国特色社会主义思想为指导，深入贯彻党的二十大精神，以转型升级为主线，以高质量发展为主题，准确把握新时代新征程测绘地理信息“两支撑、两服务”工作定位，坚持守正创新，坚持统筹发展和安全，充分发挥测绘地理信息数据要素保障作用，促进地理信息产业健康快速发展，为数字中国建设打造统一的时空基底、为高质量发展提供丰富的数据要素保障、为地理信息产业发展营造优良环境，为构建新安全格局严守测绘地理信息管理底线，全面赋能高质量发展，助力中国式现代化建设。《意见》明确了推进测绘地理信息事业转型升级必须遵循“坚持系统观念、注重统筹推进；坚持应用导向、丰富数据供给；坚持创新驱动、提升保障能力；坚持底线思维、强化安全监管”基本原则。《意见》确定了推进测绘地理信息事业转型升级的两步走主要目标：从新型基础测绘体系建设、实景三维中国建设、新一代地理信息公共服务平台(天地图)建设、测绘地理信息数据基础制度建设和地理信息产业发展等方面提出了到 2025 年发展目标，并展望了到 2030 年中长期目标。

强化测绘地理信息数据要素保障。《意见》从加快建立新型基础测绘体系、夯实时空信息定位基础、丰富基础时空数据资源、推进行业和企业数据供给等 4 个方面对强化测绘地理信息数据要素保障进行总体部署。在建立新型基础测绘体系方面，强调建立以现代测绘基准、实景三维中国、时空大数据平台为主要内容的新型基础测绘业务格局，加快基础测绘产品、技术、生产组织、服务方式转型。在夯实时空信息定位基础方面，突出强调构建基于北斗的全国卫星导航定位基准站“一张网”，探索测绘基准产品和服务新模式。在丰富基础时空数据资源方面，对推进实景三维中国建设、国家基本比例尺基础地理信息数据建设与更新、航空航天遥感影像统筹获取和共享，以及全球地理信息公共产品建设进行了布局。在推进行业和企业数据供给方面，强调加强行业地理信息数据的共享与利用，充分发挥市场在资源配置中的决定性作用。

拓展测绘地理信息赋能应用。《意见》从支撑自然资源管理、赋能政府管理决策、助力数字经济发展、服务百姓美好生活等 4 个方面对促进地理信息赋能应用进行总体谋划。在支撑自然资源管理方面，强调发挥空间定位技术、航空航天遥感技术、遥感影像智能解译技术、测绘质量控制技术等优势，全面支撑自然资源"两统一"职责履行，以实景三维中国为时空基底，建设完善自然资源三维立体"一张图"和国土空间基础信息平台，推动时空大数据与自然资源管理深度融合。在赋能政府管理决策方面，强调发挥实景三维中国、时空大数据平台的基础性、通用性作用，支撑政府各部门信息化建设及治理模式创新，全面推进智慧省区、智慧城市时空大数据平台建设，加快建成数字中国时空大数据平台。在助力数字经济发展方面，强调加工和编制多尺度、多类型的公众版测绘成果，大力促进地理信息在位置服务、精准农业、平台经济、智能网联汽车等数字经济新业态发展中的应用。在服务百姓美好生活方面，突出强调依托建设新一代地理信息公共服务平台（天地图），推动平台由单一地理信息服务向综合地理信息服务转型，打造智慧便民生活圈，丰富购物消费、居家生活、养老托育、家政服务等数字化应用场景。

构建测绘地理信息新安全格局。《意见》从加强地理信息安全监管、提升行业监管和服务能力、强化测绘地理信息安全技术支撑等 3 个方面对保障测绘地理信息数据安全进行了总体安排。在加强地理信息安全监管方面，强调以安全应用为核心，完善测绘地理信息法规政策，建立测绘地理信息数据分类分级保护制度，推进保密处理技术研发应用，加强卫星导航定位基准站安全管理。在提升行业监管和服务能力方面，完善测绘地理信息质量管理制度，优化地图审核事权配置，构建以信用为基础的测绘地理信息行业新型监管体系，强化测绘资质、质量、地图市场的监督检查，加强测绘成果汇交和提供使用管理。在积极应对新技术、新业态风险挑战方面，顺应新技术、新业态发展，调整完善管理政策、应对策略和技术手段，规范众源测绘活动管理。研发使用地理信息安全防控新技术，形成涉密测绘地理信息可信分发、可控使用和过程溯源技术体系，包容审慎支持新技术、新业态健康发展，建立以"清单"和"信用"为重点的多级协同联动机制。

优化事业和产业发展环境。《意见》从促进地理信息产业发展、健全测绘地理信息管理体制机制、加强科技创新引领和重大工程牵引、健全技术标准体系、优化生产组织结构等 5 个方面对测绘地理信息事业和产业发展环境建设提出总体要求。在促进地理信息产业发展方面，强调建立健全测绘地理信息公共数据有偿使用和收益分配机制，推动地理信息产业向价值链高端迈进，促进北斗导航定位、数字地图、遥感等地理信息与实体经济深度融合，营造地理信息产业良好生态，支持测绘地理信息企业拓展国际业务。在健全测绘地理信息管理体制机制方面，强调加快构建"统筹规划、分级实施、资源共享"的全国基础测绘管理制度，坚持"只测一次、多级复用"原则，健全完善规划引领、计划约束、协同建设、资源共享、信息统计等相关制度机制，探索建立测绘地理信息数据产权登记、流通交易、安全治理等基础制度。在加强科技创新引领和重大工程牵引方面，强调支持理论研究和原始创新，着力开展关键核心技术攻关和重大装备研发，加强测绘地理信息技术与新一代信息技术的应用研究和融合创新，发挥企业作为技术创新主体作用，强化测绘地理信息创新平台建设。在健全技术标准体系方面，强调重点研制现代测绘基准、实景三维中国、时空大数据平台、测绘成果管理、地理信息安全等方面的标准，加强测绘地理信息在数字经济等新业态应用方面的标准化建设。在优化生产组织结构方面，强调加强基础测绘队伍建设，推进相关业务板块的统筹协作，推进基础测绘单位业务组织体系重构，加强测绘质量检验测试、地图技术审查、仪器检定检校等队伍建设。

加强组织实施保障。《意见》明确从加强组织领导、探索多元投入、加强宣传引导等 3 个方面对相关重点任务实施进行保障。突出强调各地要站在全局和战略高度，深化测绘地理信息工作是自然资源部门核心职能的认识，担负起测绘地理信息主管部门的职责和使命，树立测绘地理信息数据与土地、矿产、海洋等资源共同构成自然资源保障要素的理念，切实强化行政推动力。积极争取各级财政支持，建立持续稳定投入机制，发挥资金使用最大效益。拓宽投资渠道，探索多元化投入模式，鼓励社会资本投入测绘地理信息工作。丰富创新宣传方式和渠道，鼓励引导大专院校、研究机构、社会企业等共同参与测绘地理信息转型升级研究，开展相关重大理论、关键技术和实践创新。

党的二十届三中全会提出，“推动生产要素创新性配置，催生新产业、新模式、新动能，发展以高技术、高效能、高质量为特征的生产力”。测绘数据作为重要的战略性数据资源和新型生产要素，与土地、矿产、海洋资源一样，是自然资源部门统一配置的保障要素，已经成为新质生产力的加速器，在推进数字中国、数字政府、数字经济建设等方面发挥着不可替代的重要作用。把“推动生产要素畅通流动、各类资源高效配置、市场潜力充分释放”放在中国式现代化建设的战略全局中统筹谋划，为建设美丽中国、加快经济社会发展全面绿色转型、促进人与自然和谐共生锚定了新坐标、作出了新部署、提出了新要求，充分体现了以习近平同志为核心的党中央对中国式现代化建设中数据要素的支撑保障作用和发展规律的深刻把握，为新时代、新征程做好测绘地理信息工作提供了根本遵循。

【测绘故事】

故事一：珠峰之巅的精度传奇

2020 年，国测一大队第七次测量珠峰高程。现代测绘装备虽已迭代升级，但 8 848.86 m 的数据背后，是测绘人攀登绝壁、对抗缺氧的坚守。工程师任秀波在 7 500 m 海拔摘下手套操作设备，手指险些被冻伤截肢，却将重力测量推至 7 790 m，刷新世界纪录。这份执着，与 1975 年郁期青在珠峰测量中累至体重减半、牙齿脱落的牺牲一脉相承，诠释了“差之毫厘，谬以千里”的职业信仰。

故事二：深海隧道的科技报国

2024 年，中国工程院院士李清泉团队攻克外海深水沉管隧道安装难题。面对传统卫星测量塔因水深变形导致的误差，他们创新提出“声学引导光学对接”的分级定位策略，将对接精度控制在 2 cm/100 m，助力深中通道等超级工程。与此同时，年轻工程师们运用无人机测绘、数字孪生技术在雄安新区建设中构建智慧城市模型，将测绘数据转化为高质量发展的新质生产力。

故事三:匠心精神的时代对话

在一场“大国工程测量工匠”报告会上,90后学生问:“现代技术已如此先进,为何仍需强调工匠精神?”首届“工程测量工匠”获得者林鸿以广州东塔施工监测为例回答:“超高层建筑监测需毫米级精度,风力会导致建筑周期性摆动,唯有‘人机协同’的极致专注,才能保障安全。”他展示了一张泛黄的图纸——那是吴昭璞小组1960年的手绘测量记录,与现代三维点云模型并列,“工具在变,但‘测天量地、求真唯实’的匠心从未改变”。

结语:测绘精神的薪火相传

从戈壁风沙中的生死抉择,到北斗卫星的全球组网;从珠峰之巅的肉身丈量,到行星遥感的深空探索,测绘人用生命与科技共同书写了“精测天地、服务民生”的壮丽篇章。正如李德仁院士所言:“测绘人要‘想国家所想,急国家所急’。”这种精神跨越时空,激励着一代代青年将个人理想融入国家需求,以科技报国之志,续写新时代的匠心传奇。

项目小结

本项目通过纵向历史梳理与横向国际比较,构建了测绘技术发展的立体认知框架。世界测绘史印证了人类突破认知边界的不懈追求,中国测绘史则彰显了“天人合一”的东方智慧与现代科技创新的完美融合。重点解析了测绘技术从经验积累到数学建模,再到数字智能的3次范式转变,揭示了学科交叉融合的发展规律。课程思政元素贯穿始终,通过古代测绘仪礼的文化基因解码、现代重大工程的技术攻坚案例,深化学生对“精测天地、服务民生”职业使命的认知。最后通过北斗组网等当代成就,引导学生思考测绘技术在数字经济时代的战略价值,为后续专业学习奠定历史纵深与价值坐标。

思考题

1.简述中国古代测绘史的发展脉络及特点。

2.简述中国近代测绘史的发展历程。

3.结合当前信息技术革命和人工智能发展畅想未来测绘地理信息的发展趋势。

项目三　测绘技术发展认知

测绘技术
发展认知

【项目概述】

本项目系统阐述测绘学科体系与装备技术的协同演进。测绘学科体系初识，以地球及外层空间为研究对象，从学科定义、研究内容与分支体系（大地测量、工程测量、摄影测量与遥感、海洋测绘、地图制图与GIS）展开，解析测绘学从几何测量到地理信息科学的转型逻辑，并展望大数据、人工智能驱动的智能化测绘发展趋势。现代测绘装备的发展聚焦“空天地海”一体化技术体系：地面装备（全站仪、三维激光扫描仪）实现高精度数据采集；航空装备（无人机倾斜摄影、机载LiDAR）支撑三维建模；航天装备（北斗卫星、遥感系统）赋能全球监测；水下装备（回声测深仪、水下机器人）突破海洋测绘瓶颈。通过装备功能与场景的对比，揭示技术革新对测绘学科边界扩展的支撑作用，凸显多源数据融合与智能化处理的核心地位。

【学习目标】

知识目标：

1.掌握测绘学科的研究内容与学科体系。

2.理解从传统测量到现代地理信息科学的发展脉络。

3.学习现代测绘装备的分类、原理及应用场景。

技能目标：

1.分析测绘技术在智慧城市、自然资源管理等领域的应用价值。

2.提升对现代测绘装备的操作与维护能力。

3.培养实际案例分析能力。

思政目标：

1.培养科技报国情怀，增强国家战略意识。

2.树立精益求精的工匠精神与严谨求实的职业态度。

3.强化团队合作意识，提升职业责任感。

任务一　测绘学科体系初识

一、测绘学简介

测绘学是以地球为研究对象，对其进行测量和描绘的科学。所谓测量，就是利用测量仪器测定地球表面自然形态的地理要素和地表人工设施的形状、大小、空间位置及其属性等；所谓描绘，则是根据观测到的这些数据，通过地图制图的方法，将地面的自然形态和人工设施等绘制成地图。

测绘是什么

在一般情况下，这种概念的测绘工作限于较小区域的测量和制图。这时，可以将地面当成平面。但事实上，地球表面并不是平面，测绘工作的范围也不仅限于较小的区域。尤其是测绘科学技术的应用领域不断扩大，其工作范围不仅是一个国家或一个地区，有时甚至需要进行全球的测绘工作。在这种情况下，对地球的测量和描绘，就不像上面所说的那样简单，而是变得复杂多了。此时，需要把地球作为一个整体，除研究获取和表述其自然形态和人工设施的几何信息外，还要研究地球的物理信息，如地球重力场的信息，以及这些几何信息和物理信息随时间的变化。

随着科学技术的发展和社会的进步，测绘学的研究对象不仅是地球，还需要将其研究范围扩大到地球外层空间的各种自然和人造实体，甚至地球内部结构等。因此，测绘学的一个比较完整的基本概念应该是：研究测定和推算地面及其外层空间点的几何位置，确定地球形状和地球重力场，获取地球表面自然形态和人工设施的几何分布及与其属性有关的信息，编制全球或局部地区的各种比例尺的普通地图和专题地图，为国民经济发展和国防建设及地学研究服务。

随着科学技术的发展，出现了许多现代测绘新技术，使得测绘学的理论和方法及其应用范围发生了巨大的变化。与此相应地，测绘学又有了新的概念和含义。从上面测绘学的基本概念可以看出，测绘学主要研究反映地球多种时空关系的地理空间信息，同地球科学的研究有着密切的关系。测绘学是地球科学的一个分支学科。

二、研究内容

从测绘学的基本概念可知，其研究内容涉及许多方面，现仅就测绘地球来阐述其主要内容。测绘学的主要研究对象是地球及其表面的各种自然和人工形态。为此：

带你了解测绘工程学什么

第一，要研究和测定地球的形状、大小及其重力场，在此基础上建立一个统一的地球坐标系统，用以表示地球表面及其外部空间任一点在这个地球坐标系中准确的几何位置。

第二，有了大量的地面点的坐标和高程，就可以此为基础进行地表形态的测绘工作，其中包括地表的各种自然形态，如水系、地貌、土壤和植被的分布，也包括人类社会活动所产生的各种人工形态，如居民地、交通线和各种建筑物等。

地球的形状和大小

第三，以上用测量仪器和测量方法所获得的自然界和人类社会现象的空间分布、相互联系及其动态变化信息，最终要以地图制图的方法和技术将这些信息以地图的形式反映和展示出来。

第四，在各种经济和国防工程建设的规划、设计、施工和建筑物建成后的运营管理中，都需要进行相应的测绘工作,并利用测绘资料引导工程建设的实施,监测建筑物的变形。这些测绘工程往往要根据具体工程的要求,采用专门的测量方法、使用特殊的测量仪器去完成相应的测量任务。

第五,地球的表层不仅有陆地,还有70%的海洋。因此,不仅要在陆地上进行测绘,而且面对广阔的海洋也有许多测绘工作。在海洋环境(包括江河湖泊)中进行测绘工作,同陆地测量有很大的区别。主要是测量内容综合性强,需多种仪器配合施测,同时完成多种观测项目;测区条件比较复杂,海面受潮汐、气象因素等影响起伏不定,大多数为动态作业;观测者不能用肉眼透视水域底部,精确测量难度较大。这些海洋测绘的特征,要求研究海洋水域的特殊测量方法和仪器设备与之相适应。

第六,从以上的研究内容看出,测绘学中有大量各种类型的测量工作。这些测量工作都需要有人用测量仪器在某种自然环境中进行观测。由于测量仪器构造上有不可避免的缺陷、观测者的技术水平和感觉器官的局限性以及自然环境的各种因素(如气温、气压、风力、透明度、大气折光等)变化,对测量工作都会产生影响,给观测结果带来误差,因此在测量工作中,必须研究和处理这些带有误差的观测数据,设法消除或削弱其误差,以便提高被观测量的质量,这就是测绘学中的测量数据处理和平差问题。

第七,测绘学的研究和工作成果最终要服务于国民经济建设、国防建设以及科学研究。因此,要研究测绘学在社会经济发展的各个相关领域中的应用。不同的应用领域对测绘工作的要求也不相同,要求依据不同的测绘理论和方法,使用不同的测量仪器和设备,采用不同的数据处理和平差,最后获取符合不同应用领域要求的测绘成果。

三、学科基本体系

随着测绘科学技术的发展和时间的推移,测绘学的学科分类方法是不相同的。下面介绍传统测绘学科分类。

(一)大地测量学

大地测量学主要研究地球表面及其外层空间点位的精密测定,地球的大小、形状和重力场,地球整体与局部运动,以及它们的变化的理论和技术。

测绘类
专业介绍

在大地测量学中,测定地球的大小是指测定与真实地球最为密合的地球椭球的大小(指椭球的长半轴);研究地球形状是指研究大地水准面的形状,或地球椭球的扁率;测定地面或空间点的几何位置是指测定以地球椭球面为参考面的地面点位置,即将地面点沿椭球法线方向投影到地球椭球面上,用投影点在椭球面上的大地经纬度表示该点的水平位置,用地面至地球椭球面上投影点的法线距离表示该点的大地高程(H)。通常在一般应用领域,例如水利工程,都是以平均海水面(大地水准面)为起算面的高度,即通常所称的海拔。如图3-1表示地球椭球的大小(长半轴 a)、扁率($\frac{a-b}{a}$,b 为短半轴)和点的几何位置(B,L,H)。研究地球重力场是指利用地球的重力作用研究地球形状等。

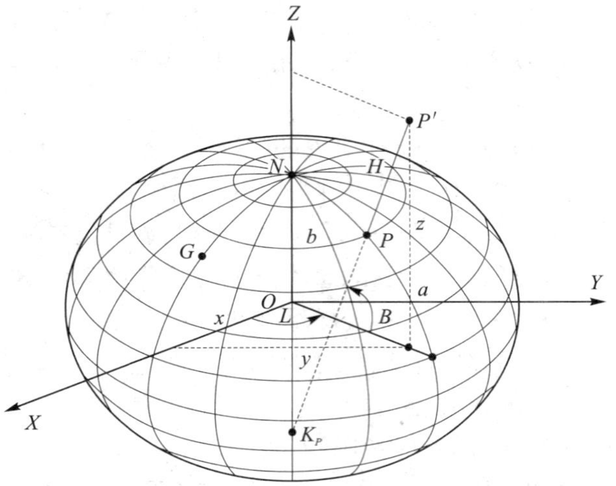

图 3-1　地球椭球大小、扁率和点的几何位置

解决大地测量学所提出的任务，传统上有几何法和物理法两种方法。

(1)所谓几何法，是指使用几何观测量(距离、角度、方向)通过三角测量等方法，建立水平控制网(见图 3-2)，最后推算出地面点的水平位置；通过水准测量方法，获得几何量高差，建立高程控制网，提供点的海拔(见图 3-3)。

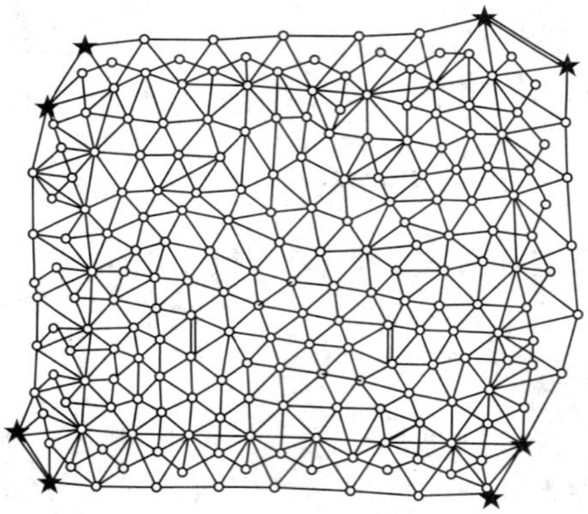

图 3-2　水平控制网

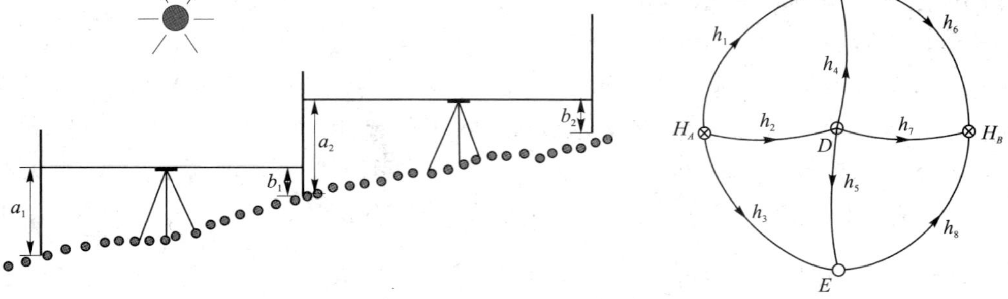

图 3-3　水准测量和高程控制网

(2)所谓物理法,是用地球的重力等物理观测量,通过地球重力场的理论和方法,推求大地水准面相对于地球椭球的距离(称为大地水准面差距)、地球椭球的扁率(地球形状)等。如图 3-4 所示为大地水准面差距(见图中 N),其中 H^r 表示正常高,H^g 表示正高。

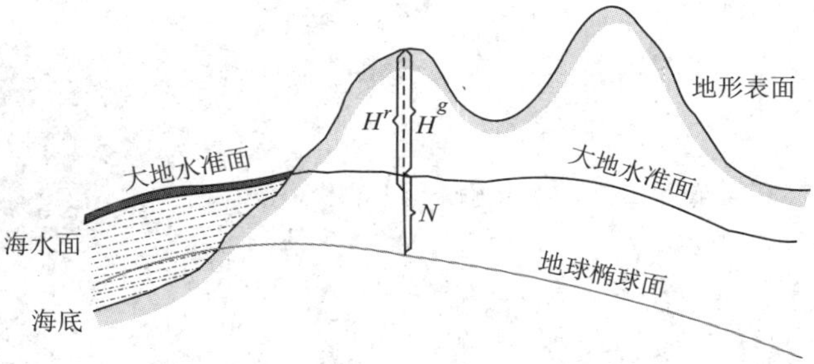

图 3-4　大地水准面差距

(二)工程测量学

工程测量学主要研究在工程建设和自然资源开发各个阶段,进行测量工作的理论和技术。它是测绘学在国民经济、社会发展和国防建设中的直接应用。其包括:规划设计阶段的测量、施工建设阶段的测量、运行管理阶段的测量。每个阶段测量工作的重点和要求各不相同。

规划设计阶段的测量主要是提供地形资料和配合地质勘探、水文测量所进行的测量工作。

施工建设阶段的测量主要是按照设计要求,在实地准确地标定出工程结构各部分的平面位置和高程作为施工和安装的依据,如图 3-5 所示。

运行管理阶段的测量是指工程竣工后为监视工程的状况和保证安全所进行的周期性重复测量,即变形监测,如图 3-6 所示。

图 3-5　施工测量

图 3-6　变形监测

(三)摄影测量学与遥感技术

摄影测量学主要利用摄影手段获取被测物体的影像数据,对所获得的影像进行量测、处理,从而提取被测物体的几何的或物理的信息,并用图形、图像和数字形式表达测绘成果。主要研究内容有:获取被测物体的影像并对影像进行量测和处理,将所测得的成果用图形、图像或数字表示。

摄影测量学包括航空摄影、航空摄影测量、地面摄影测量等。

航空摄影是在飞机或其他航空飞行器上利用航摄机摄取地面景物影像的技术。

航空摄影测量是指根据在航空飞行器上对地面摄取的被测物体的影像、与被测物体间的几何关系以及其他有关信息，来测定被测物体的形状、大小、空间位置和性质的技术，一般用来测绘地形图，如图 3-7 所示。

图 3-7　航空摄影测量

地面摄影测量是指利用安置在地面上基线两端点处的专用摄影机（摄影经纬仪）拍摄同一被测物体的像片（称立体像对），经过量测和处理后，对所摄物体进行测绘的技术。其可用来测绘地形图，也可用于工程、工业、建筑、考古、医学等，后者通常又称为近景摄影测量。

遥感技术（Remote Sensing，RS）是指不接触物体本身，使用传感器采集目标物的电磁波信息，经处理、分析后识别目标物，揭示其几何、物理性质和相互联系及其变化规律的现代科学技术。

一切物体，由于其种类及环境条件不同，因而具有反射或辐射不同波长的电磁波特性。遥感技术就是利用物体的这种电磁波特性，通过观测电磁波，从而判读和分析地表的目标及现象，达到识别物体及物体所在环境条件的技术。

由于遥感技术的出现，测绘学科中又出现了航天摄影和航天测绘。

航天摄影是在航天飞行器（卫星、航天飞机、宇宙飞船）中，利用摄影机或其他遥感探测器（传感器），获取地球的图像资料和有关数据的技术。它是航空摄影的发展，如图 3-8 所示为使用航天遥感获取的卫星影像。

航天测绘是基于航天遥感影像进行的测量工作。

如图 3-9 所示为卫星遥感技术。

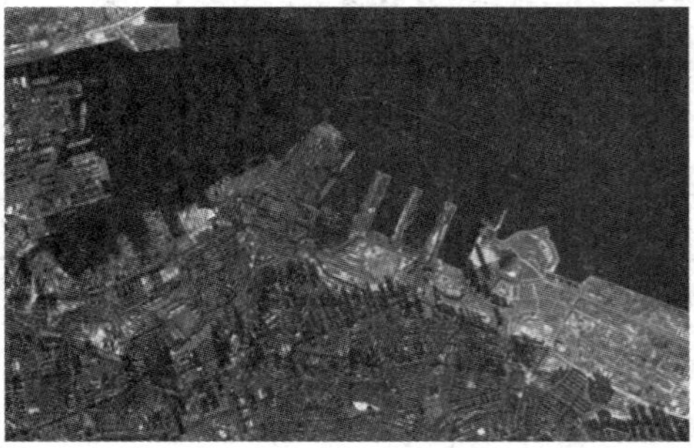

图 3-8　使用航天遥感获取的卫星影像

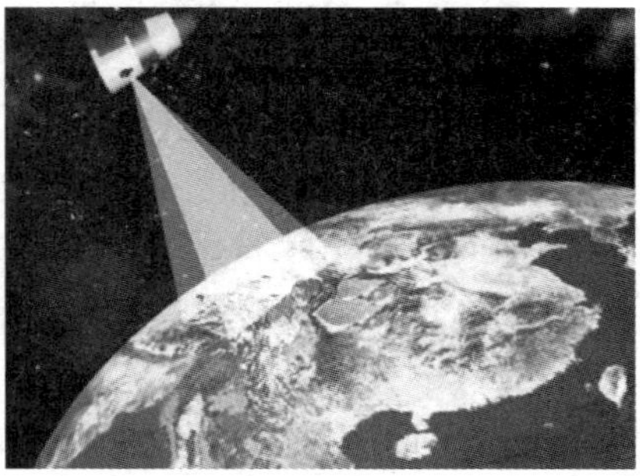

图 3-9　卫星遥感技术

（四）海洋测绘学

海洋测绘学是以海洋及其邻近陆地和江河湖泊为研究对象，进行测量和海图编制的理论和方法。主要包括海洋大地测量、海道测量、海底地形测量、海洋专题测量，以及航海图、海底地形图、各种海洋专题图和海洋图集的编制。

海洋大地测量是在海面、海底所进行的大地测量工作。

海道测量是指以保证航行安全为目的，对地球表面水域及毗邻陆地所进行的水深和岸线测量以及底质、障碍物的探测等工作。

海底地形测量是测定海底起伏、沉积物结构和地物的测量工作，如图 3-10 所示。

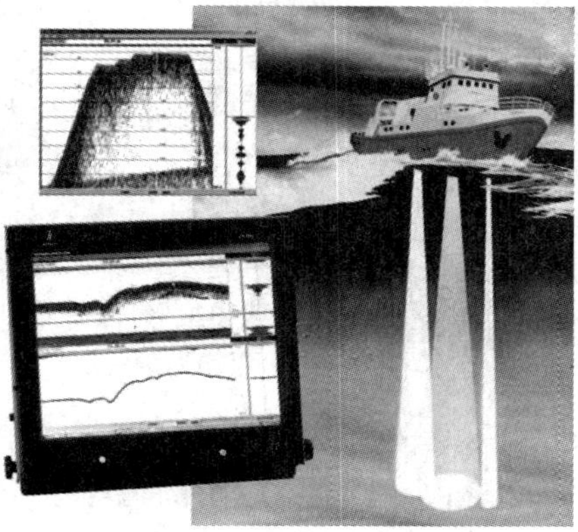

图 3-10　海底地形测量

海洋专题测量是以海洋区域与地理位置相关的专题要素为对象的测量工作，如海洋重力、海洋磁力、领海基线等。

海图制图是设计、编绘、整饰和印刷海图的工作，同陆地地图制图方法基本一致。

（五）地图制图学与地理信息系统技术

地图制图学是研究地图及其编制和应用的学科，具体研究内容如下所述。

1.地图设计

地图设计是指通过研究、实验，制定新编地图的内容、表现形式及其生产工艺程序的工作，如图 3-11 所示。

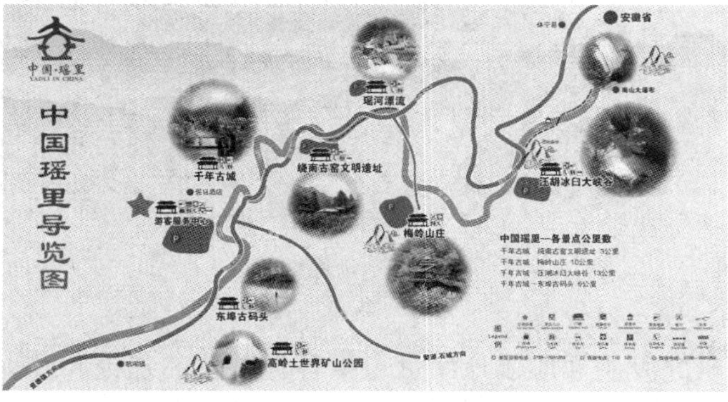

图 3-11　地图设计

2.地图投影

地图投影是指依据一定的数学法则,建立地球椭球表面上的经纬线网与在地图平面上相应的经纬线网之间函数关系的理论和方法,也就是把不可展曲面上的经纬线网描绘成平面上的经纬线网,所产生各种变形的特性和大小,以及地图投影的方法等,如图 3-12 所示。

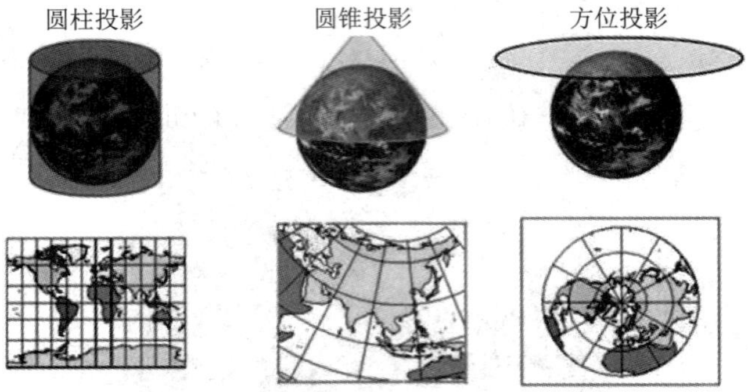

图 3-12　地图投影

3.地图编制

地图编制是指研究制作地图的理论和技术,即从领取制图任务到完成地图原图的制图全过程,包括制图资料的分析和处理,地图原图的编绘以及图例、表示方法、色彩、图型和制印方案等编图过程的设计,如图 3-13 所示。

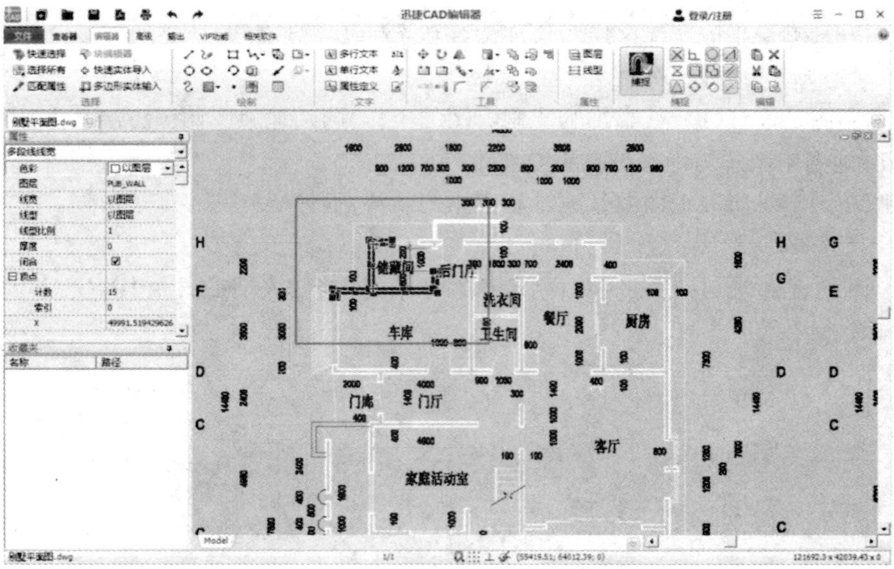

图 3-13　地图编制

4.地图制印

地图制印是研究复制和印刷地图过程中各种工艺的理论和技术方法,如图 3-14 所示。

图 3-14　地图制印

5.地图应用

地图应用包括地图分析、地图评价、地图阅读、地图量算和图上作业等。

地理信息系统技术(Geographic Information System,GIS)是指在计算机软件和硬件支持下,把各种地理信息按照空间分布及属性以一定的格式输入、存储、检索、更新、显示、制图和综合分析应用的技术,如图 3-15 所示。

学习 GIS 需知道的四件事

GIS 将计算机技术与空间地理分布数据相结合,通过一系列空间操作和分析方法,可以为地球科学、环境科学和工程设计,乃至政府行政职能和企业经营提供有用的规划、管理和决策信息,解决用户面对的诸多问题。

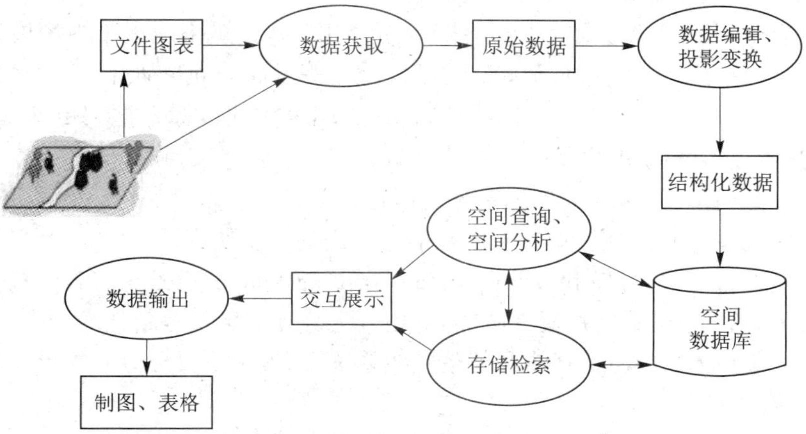

图 3-15　GIS 系统原理

四、现代学科的发展与展望

如今,以大数据、智能制造、移动互联、云计算等为代表的新技术快速发展,我们进入了密集的创新时代,全球新一轮科技革命和产业变革正在孕育兴起,科技创新已经成为全球经济社会发展的主要推动力。测绘科技融合了信息科学、空间科学、高性能计算和网络通信等领域的先进技术,是以 3S 技术(GNSS、RS、GIS)为核心的高新技术,测绘科技水平在很大程度上体现了国家高新技术水平与综合国力。

随着地理空间信息资源的深度融合和地理信息产业的蓬勃发展,测绘对象的范畴也将扩大到陆、海、空,甚至互联网络及社会服务领域。测绘及地理信息工作与政府管理决策、企业生产运营、人民群众生活的联系将更加紧密,各方面对测绘科技服务保障的需求更加旺盛,测绘科学与技术正面临全面的转型升级。

可以预知,在云计算、物联网、大数据、人工智能等新一代信息技术快速发展和推动下,地理信息数据获取、处理、管理、应用的能力,相较信息化测绘下的能力将得到大幅提升,将逐步实现智能化。多尺度、个性化、智能化、全天候的测绘服务型需求会越来越多,将会产生诸如统一时空基准的四维地理信息服务,无时不有、无处不在的泛在位置服务,室内外一体、智能无缝的协同精密定位服务等新职能。地理信息数据获取将不仅仅是立体化、实时化,而且是基于物联网,以智能化的方式,时刻获取海量多源异构地理空间数据,地理信息数据源得到极大的丰富。地理信息数据处理将由初级别的自动化、智能化迈向全自动化、全智能化,在云计算强大的计算能力、大数据强大的分析能力、人工智能的深度学习和演绎分析能力等支撑下,实现海量多源异构地理空间数据的智能化处理。

根据原国家测绘地理信息局《测绘地理信息科技发展“十三五”规划》(2016 年发布),未来 5 年、10 年甚至 20 年内,我国测绘科技创新发展的主要方向仍将定位于测绘基准的现代化水平,以及地理信息数据获取能力、处理能力、管理能力、应用能力等的快速提升,主要表现是逐步由信息化测绘迈向智能化测绘时代,并将在以下核心理论与关键技术方面取得突破。

(一)测绘基准与导航定位方面

(1)开展全国厘米级似大地水准面模型,高精度、高分辨率地球重力场模型,高精度、高分辨率全球平均海面高模型,全球高程基准统一等方面的理论研究。

(2)开展全国 GNSS 基准站网的维持与服务、国家大地坐标系框架更新、国家垂直基准框架维护、国家重力基准更新等关键技术研究。

(3)开展高精度、四维大地坐标系统的构建。

(4)开展卫星重力、航空重力、时空基准等方面的技术研究。

(5)开展综合定位、导航和授时(positioning, navigation and timing, PNT)核心技术的开发研究,尤其是量子导航定位、泛在测绘、室内外无缝导航定位等新技术研究。

(6)开展集成 GNSS 与长基线和超短基线系统,开展水下目标分米级导航和厘米级定位识别技术研究。

(7)开展深地、深海、深空大地测量技术与保障体系研究。

(二)地理信息数据获取方面

(1)开展空天地一体化的多源遥感数据快速获取、新型数字摄影测量和遥感机制、地理空间信息网格理论与技术、计算机视觉与数字摄影测量技术统一方法等研究。

(2)研究泛在模式下的新型地理信息数据采集、地理空间传感网技术等。

(3)研究移动传感器的快速网络互联及信息交换接入技术、智能空间传感器网构建及应用,开发移动物联网地理信息采集与应用服务系统。

(4)研究激光雷达装备、干涉测量、三维精细重构与摄影测量集成等技术。

(5)开展超高速、超精细、超大尺度、超复杂(简称“四超”)状态下的测量技术研究。

(6)研究组合导航、穿戴式设备集成与显示、远程移动目标监控与数据传输等增强现实地理信息技术与系统平台构建。

(7)研究地下空间移动测量关键技术。

(三)地理信息数据处理方面

(1)开展多模、多频 GNSS 数据融合和全球多源影像的联合平差关键技术研究。

(2)开展超算技术研究,构建超算云平台。

(3)研究遥感影像自动去云处理、要素快速自动解译及三维地理信息数据快速表达与更新、传感器时空标签、时空关联、联合语义理解、关联数据快速检索等关键技术,构建时空数据模型和数据库模型。

(4)研究地理信息数据的泛在网接入、时空大数据的时空检索、多源异构数据的同步和同化等技术,建立超大规模分布式时空数据管理平台。

(5)研发集航空、GNSS/连续运行参考站(Continuously Operating Reference Stations, CORS)、卫星影像、干涉雷达、激光雷达数据处理于一体的多源对地观测数据处理平台。

(6)研究室内外一体化地图快速建模、泛在位置数据的时空特征提取方法。

(7)研究极区冰雪演变、全球环境变化耦合机制以及多源数据、跨学科信息融合。

(四)数据管理与服务方面

(1)开展时空大数据科学理论体系、计算系统、时空大数据驱动的颠覆性应用模型探索等基础研究,构建时空大数据基础理论与方法体系。

(2)开展时空地理信息分析与统计、全球变化模拟分析等研究。

(3)开展自然资源生态环境评价及可持续发展指标体系研究,推进自然资源资产精细化管理。

(4)开展云环境下分布式、多尺度、多时相巨量地理信息的冗余存储、加密互联网传输、并行处理、在线同步、增量更新与泛在服务等方面的技术研究。

(5)开展泛在网络地理语义挖掘、空间序化、信息融合与可视化技术研究,建立时空大数据管理系统。

(6)开展多源海量综合信息快速集成与融合、分布式多维空间信息高效索引、网络关联地理信息数据挖掘、在线动态地图制图与渲染以及基于众包和自发性地理信息技术的地理信息补充与增值、室内外三维快速建模、大数据环境下的空间知识地图服务等技术产品研发。

(7)开展公益性地理信息数据的管理与发布平台、公益性地图服务产品体系与分发平台研发,推进地理信息公共服务平台建设与应用服务。

(五)社会化应用方面

(1)开展地理信息网络安全监管技术研究,形成国家智慧政务地理信息融合与智能服务能力;开展矿产资源勘查与地质灾害监测、土地资源遥感监测、自然资源综合管理等国土资源领域的测绘技术与地理信息应用服务研究,为“深地探测、深海探测、深空对地观测和土地工程”(简称“三深一土”)提供测绘地理信息科技支撑。

(2)开展精准扶贫、智慧城市的精细化管理与动态监测等地理信息应用服务技术研究。

(3)开展 GIS 与 BIM 建筑信息模型融合(GIS+BIM)关键技术研究。

(4)开展大数据环境下的超大规模城市时空模拟过程、实时模拟系统研究,提供面向互联网用户的动态实时数据库系统服务,研发"多规合一"规划信息平台。

(5)开展变形监测、智慧矿山、地下管线探测等工程测量、矿山测量、地下水下测绘以及不动产测绘方面的应用研究。

(6)开展测绘地理信息系统测试技术研究。关键技术的突破主要集中在地理国情动态监测关键技术、应急测绘与服务保障关键技术、全球地理信息资源开发利用关键技术、新型多传感器数据采集与融合处理技术、地理信息安全监管与安全态势服务技术、测绘卫星后续星关键技术、现代测绘基准维持与服务关键技术、海洋及内陆水下地形测绘关键技术、室内外无缝定位与智慧时空技术、时空大数据跨界融合关键技术和新型测绘装备研发与检测检校技术等方面。

任务二　现代测绘装备的发展

一、地面测绘装备

当前测绘行业常用的地面测绘装备包括全站仪、水准仪、网络 RTK、三维激光扫描仪、陀螺仪、测距仪等。

(一)全站仪

全站仪即全站型电子测距仪(electronic total station),是一种集光、机、电于一体的高技术测量仪器,是集水平角、垂直角、距离(斜距、平距)、高差测量功能于一体的测绘仪器系统。因其一次安置仪器就可完成该测站上全部测量工作,故称全站仪。全站仪被广泛应用于地面大型建筑和地下隧道施工等精密工程测量或变形监测领域。

1.全站仪分类

1)按测距分类

按测距长短分类,全站仪可以分为以下三类。

(1)短距离测距全站仪:测程小于 3 km,一般精度为$\pm(5\ \mathrm{mm}+5\times10^{-6}D)$,主要用于普通测量和城市测量。

(2)中测程全站仪:测程为 3~15 km,一般精度为$\pm(5\ \mathrm{mm}+2\times10^{-6}D)$,通常用于一般等级的控制测量。

(3)长测程全站仪:测程大于 15 km,一般精度为$\pm(5\ \mathrm{mm}+1\times10^{-6}D)$,通常用于国家三角网及特级导线的测量。

2)按测量功能分类

按测量功能分类,全站仪可分成以下四类:

(1)经典型全站仪(classical total station)。

经典型全站仪也称为常规全站仪(见图 3-16)。具备全站仪电子测角、电子测距和数据自动记录等基本功能,有的还可以运行厂家或用户自主开发的机载测量程序。

(2)机动型全站仪(motorized total station)。

在经典型全站仪的基础上安装轴系步进电机,可自动驱动全站仪照准部和望远镜的旋转。在计算机的在线控制下,机动型系列全站仪可按计算机给定的方向值自动照准目标,并可实现自动正、倒镜测量。

(3)无合作目标型全站仪(reflectorless total station)。

无合作目标型全站仪是指在无反射棱镜的条件下,可对一般的目标直接测距的全站仪,即免棱镜全站仪。对不便安置反射棱镜的目标进行测量,无合作目标型全站仪具有明显优势。如南方测绘 NTS-382R20 系列全站仪(见图 3-17),无合作目标距离测程可达 2 000 m,可广泛用于地籍测量、房产测量和施工测量等。

图 3-16　科力达全站仪

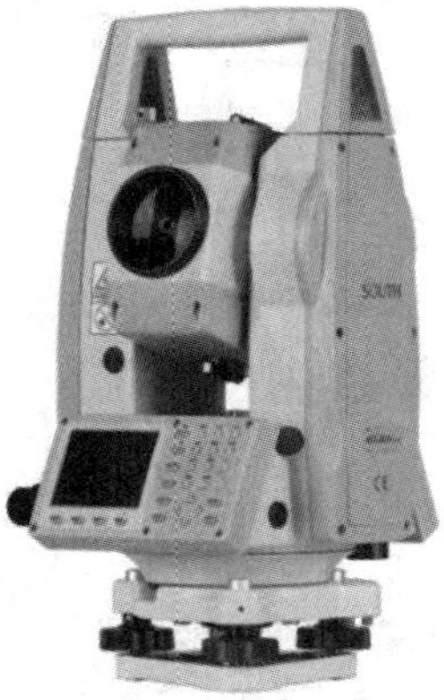

图 3-17　南方测绘 NTS-382R20 超长测程全站仪

(4)智能型全站仪(robotic total station)。

智能型全站仪在自动化全站仪的基础上,增加自动目标识别与照准的新功能。在相关软件的控制下,智能型全站仪克服了需要人工照准目标的重大缺陷,可以在无人干预的条件下,自动完成多个目标的识别、照准与测量。因此,智能型全站仪又称为"测量机器人"。其典型的代表有南方测绘 NTS-591/592 智能测量自动全站仪(见图 3-18)、徕卡测量自动全站仪(见图 3-19)等。

新型基础测绘仪器应用——智能全站仪

图 3-18　南方测绘 NTS-591/592 智能测量自动全站仪

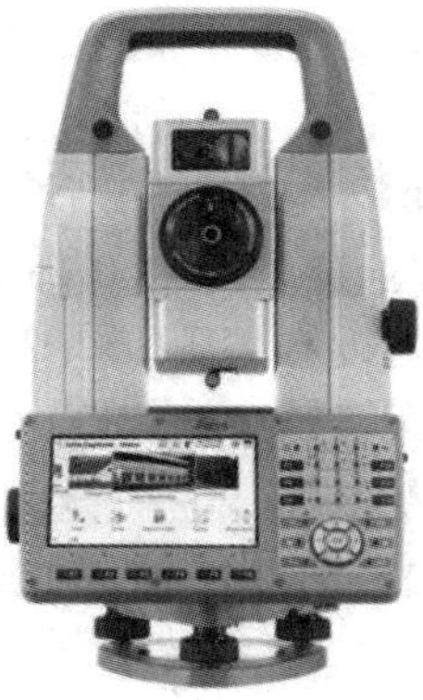

图 3-19　徕卡测量自动全站仪

(5)陀螺全站仪。

陀螺全站仪是指一种集陀螺仪和全站仪于一体,能够全天候、全天时、快速高效独立测定真北方位的精密测量仪器(见图 3-20)。其主要用于大型隧道(洞)贯通测量、地铁定向测量、矿山贯通测量、建立方位基准、导航设备标校等领域。

(6)超站仪。

超站仪是集合全站仪测角功能、测距仪量距功能和 RTK 定位功能,不受时间、地域限制,不依靠控制网,无须设基准站,没有作业半径限制,单人单机即可完成全部测绘作业流程的一体化的测绘仪器(见图 3-21)。

图 3-20 南方测绘 NTS-342G 全自动陀螺全站仪

图 3-21 南方测绘 NTS-582 一体式智能超站仪

2.基本使用方法

1)水平角测量

(1)按角度测量键,使全站仪处于角度测量模式,照准第一个目标 A;

(2)设置 A 方向的水平度盘读数为 0°00′00″;

(3)照准第二个目标 B,此时显示的水平度盘读数即为两方向间的水平夹角。

2)距离测量

(1)设置棱镜常数。测距前须将棱镜常数输入仪器中,仪器会自动对所测距离进行改正。

(2)设置大气改正值或气温、气压值。光在大气中的传播速度会随大气的温度和气压而变化,15 ℃和 760 mmHg 是仪器设置的一个标准值,此时的大气改正为 0。实测时,可输入温度和气压值,全站仪会自动计算大气改正值(也可直接输入大气改正值),并对测距结果进行改正。

(3)量仪器高、棱镜高并输入全站仪。

(4)距离测量。照准目标棱镜中心,按测距键,距离测量开始,测距完成时显示斜距、平距、高差。

全站仪的测距模式有 3 种:精测模式、跟踪模式、粗测模式。精测模式是最常用的测距模式,测量时间约 2.5 s,最小显示单位 1 mm;跟踪模式常用于跟踪移动目标或放样时的连续测距,最小显示单位一般为 1 cm,每次测距时间约 0.3 s;粗测模式的测量时间约为 0.7 s,最小显示单位 1 cm 或 1 mm。

在距离测量或坐标测量时,可按测距模式键(MOD5)选择不同的测距模式。有些型号的全站仪在距离测量时不能设定仪器高和棱镜高,显示的高差值是全站仪横轴中心与棱镜中心的高差。

3)坐标测量

(1)设定测站点的三维坐标。

(2)设定后视点的坐标或设定后视方向的水平度盘读数为其方位角。当设定后视点的坐标时,全站仪会自动计算后视方向的方位角,并设定后视方向的水平度盘读数为其方位角。

(3)设置棱镜常数。

(4)设置大气改正值或气温、气压值。

(5)量仪器高、棱镜高并输入全站仪。

(6)照准目标棱镜,按坐标测量键,全站仪开始测距并计算显示测点的三维坐标。

(二)水准仪

水准仪是建立水平视线并测定地面两点间高差的仪器,其原理为根据水准测量原理测量地面点间高差,主要部件有望远镜、管水准器(或补偿器)、垂直轴、基座、脚螺旋。

基础测绘仪器原理与应用——水准仪

1.水准仪分类

水准仪按结构分为微倾水准仪、自动安平水准仪、激光水准仪和数字水准仪(又称电子水准仪);按精度分为精密水准仪和普通水准仪。

1)自动安平水准仪

自动安平水准仪借助自动安平补偿器获得水平视线。当望远镜视线有微量倾斜时,补偿器在重力作用下对望远镜做相对移动,从而迅速获得视线水平时的标尺读数。这种仪器较微倾水准仪工效高、精度稳定(见图 3-22)。

图 3-22　科力达 KL-50 自动安平水准仪

2)数字水准仪

数字水准仪是在自动安平水准仪的基础上发展起来的。它采用条码标尺,各厂家标尺编码的条码图案不相同,不能互换使用。2013 年前照准标尺和调焦仍需目视进行。人工完成照准和调焦之后,标尺条码一方面被成像在望远镜分划板上,供目视观测,另一方面通过望远镜的分光镜,标尺条码又被成像在光电传感器(又称探测器)即线阵 CCD 器件上,供电子读数(见图 3-23)。

图 3-23　南方测绘 DL-2003A 高精度数字水准仪

数字水准仪具有以下特点:

(1)读数客观。不存在误差、误记问题,没有人为读数误差。

(2)精度高。视线高和视距读数都是采用大量条码分划图像经处理后取平均得出来的,因此削弱了标尺分划误差的影响。多数仪器都有进行多次读数取平均的功能,可以削弱外界条件的影响。不熟练的作业人员也能进行高精度测量。

(3)速度快。由于省去了报数、听记、现场计算的时间以及人为出错的重测数量,测量时间与传统仪器相比可以节省 1/3 左右。

(4)效率高。只需调焦和按键就可以自动读数,减轻了劳动强度。视距还能自动记录、检核、处理并能输入电子计算机进行后处理,可实现内外业一体化。

2.主要型号

按照仪器能达到的每千米往返测高差中数的偶然中误差这一精度指标,将水准仪划分为 4 个等级。水准仪型号都以 DS 开头,分别为“大地”和“水准仪”的汉语拼音第一个字母,通常书写省略字母 DS。其后“0.5”“1”“3”“10”等数字表示该仪器的精度。DS3 级和 DS10级水准仪又称为普通水准仪,用于国家三、四等水准测量及普通水准测量;DS0.5 级和 DS1 级水准仪称为精密水准仪,用于国家一、二等精密水准测量。水准仪主要型号如表 3-1所示。

表 3-1　水准仪主要型号

水准仪型号	千米往返测高差中数偶然中误差/mm	主要用途
DS0.5	≤0.5	国家一等水准测量及地震监测
DS1	≤1	国家二等水准测量及精密水准测量
DS3	≤3	国家三、四等水准测量及一般工程水准测量
DS10	≤10	一般工程水准测量

3.基本使用方法

水准仪的使用大致包括安置、粗平、瞄准、读数 4 个步骤。

1) 安置

安置是将仪器安装在可以伸缩的三脚架上并置于两个观测点之间。首先打开三脚架并使高度适中,用目估法使架头大致水平并检查脚架是否牢固,然后打开仪器箱,用连接螺旋将水准仪器连接在三脚架上。

2) 粗平

粗平是使仪器的视线粗略水平,利用脚螺旋使圆水准气泡居于圆指标圈之中。具体方法用仪器练习。在整平过程中,气泡移动的方向与大拇指运动的方向一致。

3) 瞄准

瞄准是用望远镜准确地瞄准目标。首先是把望远镜对向远处明亮的背景,转动目镜调焦螺旋,使十字丝最清晰。然后松开固定螺旋,旋转望远镜,使照门和准星的连接对准水准尺,拧紧固定螺旋。最后转动物镜对光螺旋,使水准尺的像清晰地落在十字丝平面上,再转动微动螺旋,使水准尺的像靠于十字竖丝的一侧。

4) 读数

用十字丝截读水准尺上的读数。水准仪多是倒像望远镜,读数时应由上而下进行。先估读毫米级读数,后报出全部读数。

新型基础测绘仪器应用——GNSS 技术(RTK)

(三) 网络 RTK

1.GNSS-RTK 技术

RTK 意为实时动态定位。GNSS-RTK 技术就是利用 GNSS 载波相位观测值,实现厘米级的实时动态定位。

这种 RTK 技术,是建立在“流动站与基准站误差相类似”这一假设的基础上的。随着基准站和流动站间距离的增加,误差类似性越来越差,定位精度就越来越低,数据通信也受作用距离拉长而干扰因素增多的影响。因此,这种 GNSS-RTK 技术的作用距离有限,一般不超过 10~15 km。

2.网络 RTK 技术

为了拓展 RTK 技术的应用,网络 RTK 技术便应运而生。网络 RTK 也称为基准站 RTK,是近年来在常规 RTK 和差分 GNSS 的基础上建立起来的一种新技术。

网络 RTK 就是在一定区域内建立多个(3 个或 3 个以上)坐标为已知的 GNSS 基准站,对该地区构成网状覆盖,并以这些基准站为基准,计算和发播相位观测值误差改正信息,对该地区内的卫星定位用户进行实时改正的定位方式,又称为多基准站 RTK。与常规(单基准站)RTK 相比,该方法的主要优点为覆盖面广,定位精度高,可靠性高,可实时提供厘米级定位。

网络 RTK 由基准站、数据处理中心和数据通信链路组成。

基准站上应配备双频双码 GNSS 接收机,该接收机最好能同时提供精确的双频伪距观测值。基准站的站坐标应当精确已知,其坐标可采用长时间 GNSS 静态相对定位等方法来确定。此外,这些站还应配备数据通信设备及气象仪器等。基准站应按规定的数据采样率进行连续观测,并通过数据通信链实时将观测资料传送给数据处理中心。

数据处理中心根据流动站送来的近似坐标(可根据伪距法单点定位求得)判断出该站位于哪 3 个基准站所组成的三角形内,然后根据这 3 个基准站的观测资料,求出流动站处相位观测值的各种误差，并播放给流动用户来进行修正，以获得精确的结果。

基准站与数据处理中心间的数据通信，可采用数字数据网（DDN）或无线通信等方法进行。流动站和数据处理中心间的双向数据通信，可通过移动电话（GSM）等方式进行。如图 3-24 所示为网络 RTK 示意图。

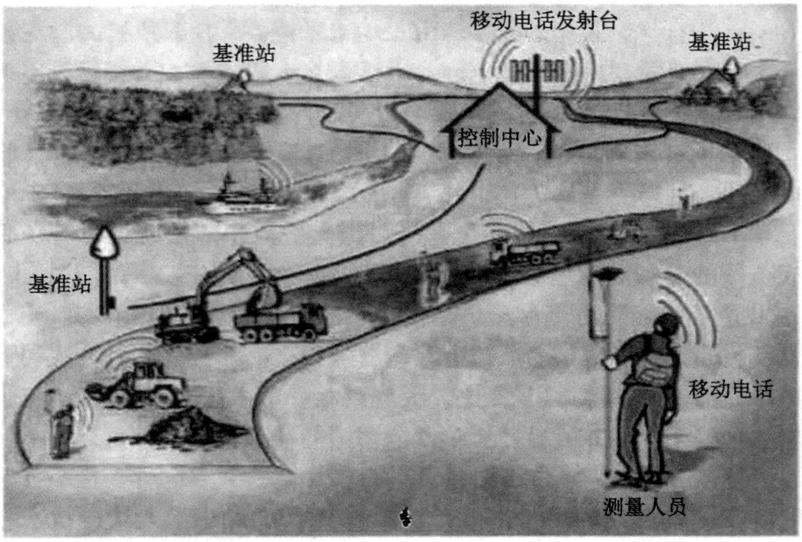

图 3-24　网络 RTK 示意图

（四）三维激光扫描仪

1.基本原理

三维激光扫描系统主要由三维激光扫描仪、计算机、电源供应系统、支架、系统配套软件构成。三维激光扫描仪作为三维激光扫描系统的主要组成部分，主要由激光发射器、接收器、时间计数器、马达控制可旋转的滤光镜、控制电路板、微电脑、CCD 机及软件等组成，是测绘领域继 GNSS 技术之后的一次技术革命。它突破了传统的单点测量方法，具有高效率、高精度的独特优势。

三维激光扫描技术利用激光测距的原理，通过记录被测物体表面大量密集点的三维坐标、反射率和纹理等信息，可快速复建出被测目标的三维模型及线、面、体等各种图件数据。

三维激光扫描技术能够提供扫描物体表面的三维点云数据，该技术在文物古迹保护、建筑、规划、土木工程、工厂改造、室内设计、建筑监测、交通事故处理、法律证据收集、灾害评估、船舶设计、数字城市、军事分析等领域也有了很多的尝试、应用和探索。

2.技术特点

三维激光扫描技术具有如下特点：

（1）非接触性。不需要接触目标，即可快速确定目标点的三维信息，解决了危险目标的测量、不宜接触目标的测量和人员无法达到目标的测量等问题。

（2）快速性。激光扫描每秒钟能够输出高达 100 万个测量点，能快速获得大面积目标的空间信息,对于需要快速完成的测量工作尤其重要。

(3)数据采集的高密度性。可以按照用户的设定采样间隔对物体进行扫描,这样那些先前用传统的测绘方法无法进行的测绘就变得比较方便,比如雕塑和贵重文物及工艺品的测绘。

(4)穿透性。改变激光束的波长,使激光具有可以穿透某些特殊的物质的性质,比如水、玻璃和稀疏的植被等,这样可以透过玻璃、穿透水面、穿过植被进行扫描。

(5)主动性。主动发射光源,不需要外部光线,接收器探测的是自身发射出的光经反射后的光线,这样扫描不受时间和空间的限制。

(6)全数字化。三维激光扫描仪得到的“点云”图为包含采集点的三维坐标和颜色属性的数字文件,便于移植到其他系统处理和使用,如可以作为城市实景三维建模的重要基础资料。

3.分类介绍

按照载体的不同,三维激光扫描仪又可分为机载三维激光扫描仪、车载三维激光扫描仪、地面三维激光扫描仪、背包式三维激光扫描仪和手持式三维激光扫描仪几类。下面介绍其中几种。

1)车载三维激光扫描仪

车载三维激光扫描仪是将三维激光扫描设备、卫星定位模块、惯性测量装置、里程计、360°全景相机、总成控制模块和高性能计算机等设备集成并封装于汽车的刚性平台上,在汽车移动过程中,快速获取高精度定位定姿数据、高密度三维点云和高清连续全景影像数据,通过统一的地理参考和摄影测量解析处理,实现无控制的空间地理信息采集与建库。一般系统分成三部分:汽车、三维激光扫描仪、数据处理软件。如图 3-25 所示为华测导航 Alpha3D 车载激光扫描测量系统。

图 3-25 华测导航 Alpha3D 车载激光扫描测量系统

经过多年的发展和应用,车载三维激光扫描系统已在我国基础测绘、应急保障测绘、街景导航地图测绘、三维数字城市建设、矿山测绘、公路 GIS 与公路路产管理、电力 GIS 数据采集与可视化管理、铁路 GIS 与铁路资产管理、公安 GIS 数据采集等项目中得到广泛应用。如图 3-26 所示为三维激光扫描点云成果图。

图 3-26　三维激光扫描点云成果图

2)地面三维激光扫描仪

按照作业方式不同,地面三维激光扫描仪可以分为架站式三维激光扫描仪、移动式三维激光扫描仪。

架站式三维激光扫描仪具有远距离、高精度、高速度统一的特点,在保证充足反射率的情况下,中远距离的架站式三维激光扫描仪的测程均在 300 m 左右,长距离的更是可以达到 1.5 km;扫描精度毫米级,扫描速度 1 百万点/s,完成一次典型扫描作业用时只需 2~3 min。

新型基础测绘装备发展与应用——地面三维激光扫描系统

如图 3-27~图 3-32 所示分别为国内外常见的架站式三维激光扫描仪。如图 3-33 所示为兵马俑 2 号坑高精度三维激光点云数据。

图 3-27　华测导航 Z+F5016 三维激光扫描仪

图 3-28　中海达 HS1000i 三维激光扫描仪

3)背包式三维激光扫描仪

背包式三维激光扫描仪(见图 3-34、图 3-35)可用于多种复杂环境,各种地面起伏与颠簸环境。基于 INS 与重定位 SLAM 算法,不依赖于 GNSS 的定位技术,在任何环境都可实现高精度三维数据获取。可以实现厘米级精度,真彩色高密度激光点云。无须标靶即可实现建筑物室内外一体式扫描,且设备轻便,操作简单,便于运输。背包式三维激光扫描仪扫描点云成果如图 3-36 所示。

图 3-29　南方测绘 SD-1500 三维激光扫描仪

图 3-30　南方测绘 SPL-1500 三维激光扫描仪

图 3-31　徕卡 RTC360 三维激光扫描仪

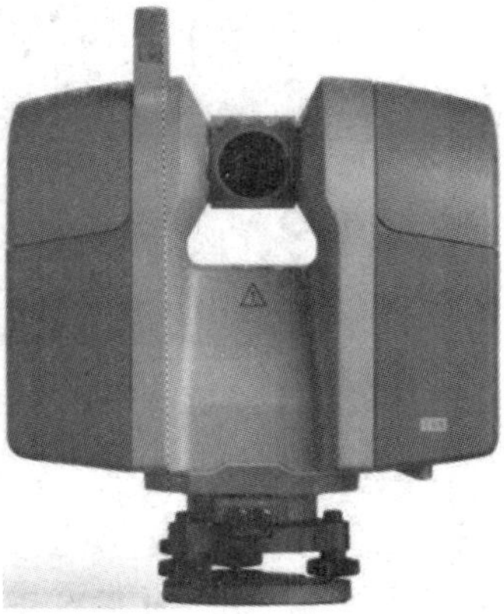

图 3-32　TrimbleTX8 三维激光扫描仪

图 3-33　兵马俑 2 号坑高精度三维激光点云数据

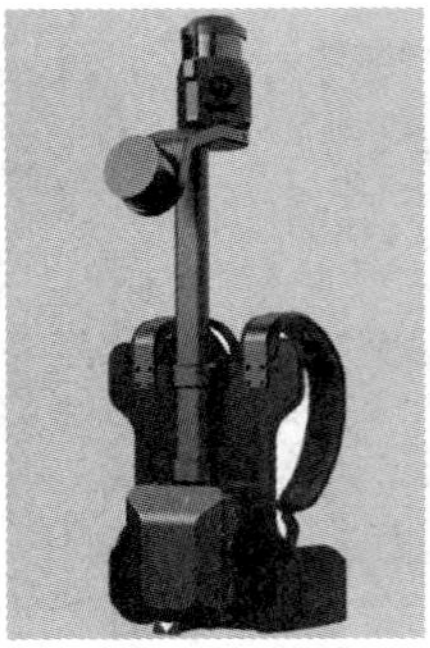

图 3-34　立得背包式三维激光扫描仪

图 3-35　徕卡背包式三维激光扫描仪

图 3-36　背包式三维激光扫描仪扫描点云成果

4）手持式三维激光扫描仪

手持式三维激光扫描仪（见图 3-37、图 3-38）一般采用先进的 SLAM 算法，全自动数据处理，小巧轻便，手持式扫描，一键开始作业，无须 GNSS，可以实时生成 3D 点云场景。其常用于文物、古建筑细节处的精细化扫描以及空间狭窄区域的扫描。

图 3-37　华测导航 RS10 手持式三维激光扫描仪

图 3-38　南方测绘 ROBOT SLAM 手持式三维激光扫描仪

5）架站式三维激光扫描仪与全站仪的区别

全站仪采取单点测绘技术，由目镜对准被测物体，激光发射出去一次测量一次数据。当然，也有连续测量功能，但是获取的都是单点坐标数据。

激光扫描仪采取多点测绘技术。在规定的测量范围内，激光不停地测量，获取扫描仪到被测物体之间的空间关系，由激光扫描仪自身完成，人工干预少，获取的是百万点以上的点云数据。

全站仪和架站式三维激光扫描仪设备测量效果对比如图 3-39 所示。

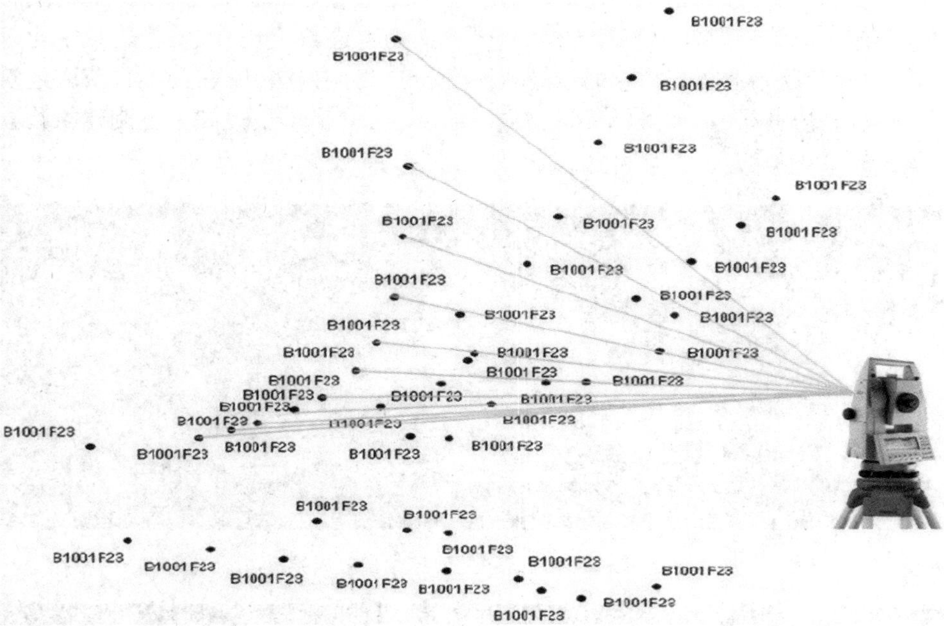

(a)

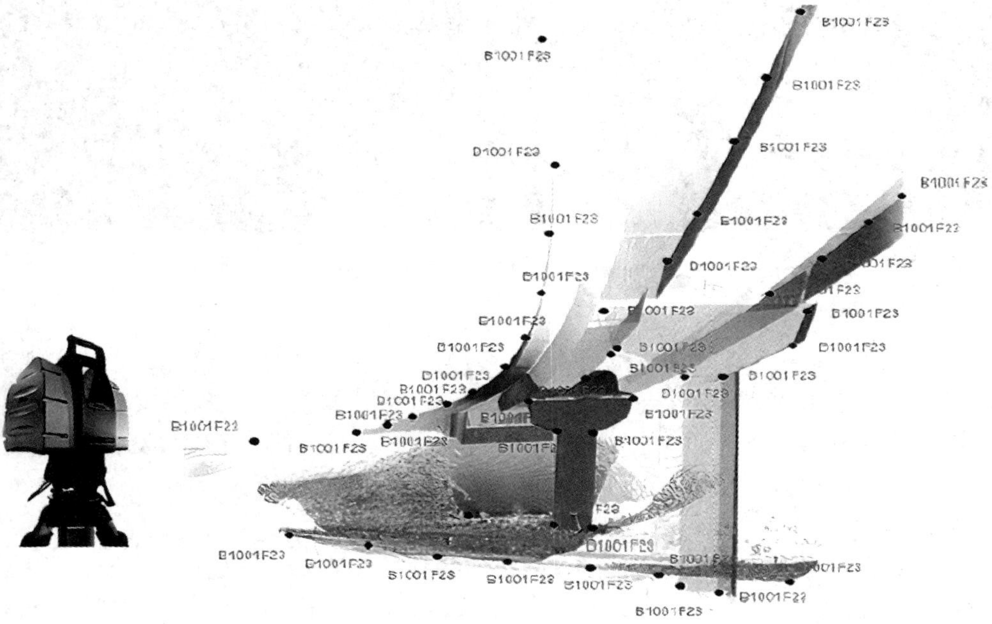

(b)

图 3-39　全站仪和架站式三维激光扫描仪测量效果对比

4.常见应用领域

1)建筑物立面测量

利用三维激光扫描测量能快速获取被测物体的高精度、高密度三维点云数据特性,为古建筑、雕像等建筑物内外观的修缮保护、历史文物古迹数字化、工厂管道数字化等方面提供有效精确的原始数据支撑。通过高速激光扫描测量方法,以点云形式获取建筑物表面的几何数据,快速、大量地采集建筑物立面信息(见图3-40),提高了测制建筑物立面图的效率(见图3-41)。

图3-40　建筑物立面三维扫描成果

图3-41　建筑物扫描点云立面图(前视图)

2)矿山测量

三维激光扫描仪可以对矿山的所有空间数据进行数字化的存储和深加工,实现矿山整体及其相关应用的统一表达与数字化再现,为矿山的空间三维信息提供准确的数据基础,为矿山三维信息的获取提供了全新的技术手段和方法,为数字矿山的发展提供了有力的技术支撑。

3)地形测量

地形测量过程中涉及区域的地形、地貌、地物等各个要素,可以从不同方面反映被测量地区的环境状况(见图3-42)。三维激光扫描测量所得的三维数据可以将现实地形结构大小按照一定的比例绘制到图纸上,用几何图形来表示各种结构。相对传统测量方式,其大大提高了工作效率、缩短了工作时间。

图 3-42　地形点云成果

二、航空测绘装备

(一)无人机倾斜摄影

倾斜摄影技术是国际测绘领域近些年发展起来的一项高新技术,它颠覆了以往正射影像只能从垂直角度拍摄的局限,通过在同一飞行平台上搭载多台传感器,同时从 1 个垂直、4 个倾斜的 5 个不同角度采集影像,将用户引入符合人眼视觉的真实直观世界。

无人机航测原理

1.技术特点

(1)反映地物周边真实情况。相对于正射影像,倾斜影像能让用户从多个角度观察地物,更加真实地反映地物的实际情况,极大地弥补了基于正射影像应用的不足。

(2)可实现单张影像量测。通过配套软件的应用,可直接基于成果影像进行包括高度、长度、面积、角度、坡度等的量测,扩展了倾斜摄影技术在行业中的应用。

正射影像原理

(3)可采集建筑物侧面纹理。针对各种三维数字城市应用,利用航空摄影大规模成图的特点,加上从倾斜影像批量提取及贴纹理的方式,能够有效地降低城市三维建模成本。

(4)数据量小,易于网络发布。相较于三维 GIS 技术应用庞大的三维数据,应用倾斜摄影技术获取的影像的数据量要小得多,其影像的数据格式可采用成熟的技术快速进行网络发布,实现共享应用。

倾斜摄影
测量原理

2.常用设备

可用于倾斜摄影的无人机设备包括多旋翼无人机、固定翼无人机、无人直升机、垂直起降固定翼无人机、倾斜相机。

1)多旋翼无人机

多旋翼无人机(见图 3-43、图 3-44)又称为多轴无人机,根据螺旋桨的数量,又可细分为四旋翼、六旋翼、八旋翼等。多旋翼无人机体积相对较小,灵活轻便,可垂直起降、可悬停,对场地要求低。

常见的大疆无人机就是多旋翼无人机的代表。

图 3-43　大疆精灵 4

图 3-44　南方智航 SF700A 四旋翼无人机航测系统

2) 固定翼无人机

固定翼无人机(见图 3-45、图 3-46)靠螺旋桨或者涡轮发动机产生的推力作为飞机向前飞行的动力。主要的升力来自机翼与空气的相对运动,需要有一定的与空气的相对速度,才有足够升力来维持飞行。固定翼无人机具有飞行速度快、运载能力大的特点,广泛应用于军用领域和工业领域,适合侦察、国土测绘等。

图 3-45　固定翼无人机离鸟 If-35

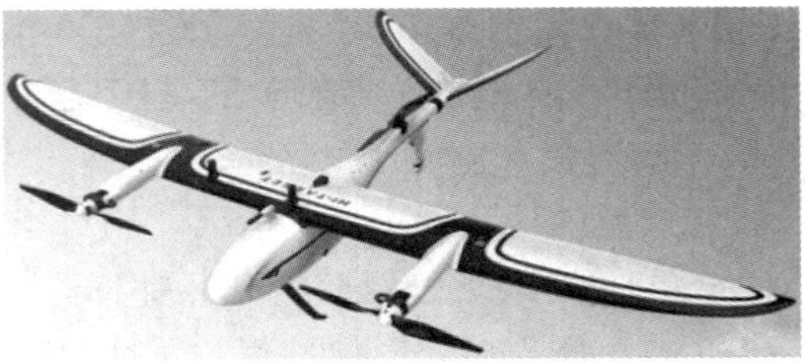

图 3-46　中海达无人机 iFlyV10

3) 无人直升机

无人直升机(见图 3-47)在各类机型中机动性最好,载荷能力、续航时间、飞行速度、抗风性能等硬指标往往都远强于多旋翼无人机。无人直升机的调试比多旋翼无人机要复杂得多,操作难度也要比多旋翼无人机大得多,这类机型一般应用于较专业的领域,对飞手的操控技术要求极高。

图 3-47　Aee 共轴双桨无人直升机

4) 垂直起降固定翼无人机

垂直起降固定翼无人机(见图 3-48、图 3-49)结合了多旋翼无人机和固定翼无人机的优点。在起降和悬停阶段,采用多旋翼模式,场地要求低;在高速飞行时,采用固定翼模式。

这类无人机广泛应用于航拍测绘、地质勘测、快速运输等领域。

图 3-48 南方测绘智航 SF4200 垂直起降固定翼无人机

图 3-49 南方测绘 MF2500 垂直起降固定翼无人机

5) 倾斜相机

常见的无人机倾斜摄影相机有双镜头倾斜相机和五镜头倾斜相机。

双镜头倾斜相机(见图 3-50)一般采用摇摆式和旋转式两种方式进行拍摄。在飞行作业过程中,易造成照片曝光的波动性,产生畸变,不利于后期的数据处理和纠正;且因双镜头倾斜相机朝向角均缺少下视镜头,造成建筑间缝处等部位缺少原始数据,会导致后期建模过程中细节不足,出现空洞。

图 3-50 天眼 T-2 双镜头倾斜摄影测量系统

五镜头倾斜相机(见图 3-51)在一个点位上统一曝光,一次曝光获取前后下左右 5 个视角的照片,且性能稳定。因此,可以在稳定匀速行驶的无人机平台上,稳定地获取曝光的数据。

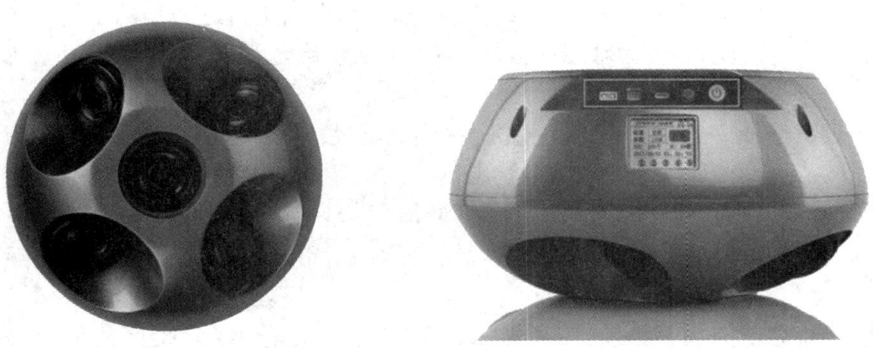

图 3-51 五镜头倾斜相机

3.总体技术路线

总体技术路线如图 3-52 所示。

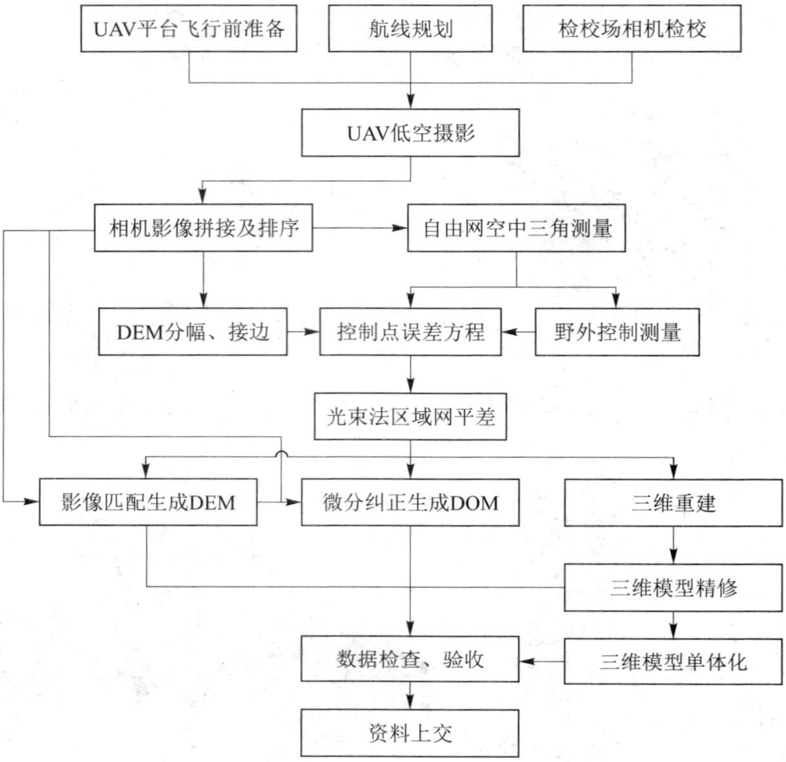

图 3-52 总体技术路线

1)准备工作

(1)资料收集。航摄作业前,应充分收集与摄区有关的地形图、影像等资料或数据,了解摄区地形、地貌、气候条件以及机场、重要设施等情况,并进行分析研究,确定飞行区域的空域条件、设备对任务的适应性,制订详细的项目实施方案。

(2)现场踏勘。对不熟悉情况的测区,应进行测区踏勘,了解测区内与生产、生活有关的各方面情况。现场踏勘是在历史影像的基础上对现场进行进一步的了解。了解测区内地形、军事基地、机场等较为敏感的区域,同时可初步确定无人机的起落场地,确认测区内影响无人机安全飞行的其他因素。

(3)无人机选择。选定合适的无人机飞行平台和数码相机,制订详细的航摄计划。

2)航摄实施

(1)空域申请。飞行人员要了解摄区空域情况,熟悉周边机场位置和现场空中管制以及通信联络方式。如果周边涉及敏感区域,必须申请空域,等空域申请批复之后才可进行航摄实施。

(2)航线规划。航摄开始前,工程技术人员应尽可能详细了解摄区的地形、气象、机场、交通等信息,认真审核项目实施方案,作好航线规划。

(3)像控点测量。布设方案为在每个加密分区的四角布设 4 点,中间均匀布设加密点,且所有像控点均布设成平高点。像控点的目标影像应清晰,易于判刺和立体量测,如选在交角的细小现状地物交点、明显地物拐角点,如果周围无明显的地物点标记则可以采用喷漆制作标志点的方式。

(4)航飞作业。飞行中采用 GNSS 导航系统,严格按照航线设计数据飞行,确保航摄仪开、关位置与设计数据一致。摄影时,飞机飞行要尽可能平稳,旋偏角、航偏角不能超过相关规范要求。

3)空中三角测量

采用 ContextCapture、PIX4D、Mirauge3D 等实景三维建模软件,构建倾斜实景三维模型。

以 ContextCapture 为例,软件内嵌的自动空三加密模块进行空中三角测量,其 AT 模块采用光束法局域网平差空中三角测量。支持垂直影像和倾斜影像同时导入参与空中三角计算。

数据预处理:检查影像资料的完整性与可靠性,五镜头数据应按照前视、后视、左视、右视、下视分类存放,各文件夹内影像数量一致,如有多片或少片,应及时检查文件命名,删除错误像片。对于影像质量较差的照片,要进行简单色彩处理,必要时可像片去雾和匀色,保证后续数据处理的效果。

空中三角加密:利用已有的航摄影像、POS 数据和像控点测量成果等数据进行空中三角加密,也可以导出空中三角报告进行检验。

如图 3-53 所示为倾斜摄影空中三角测量。

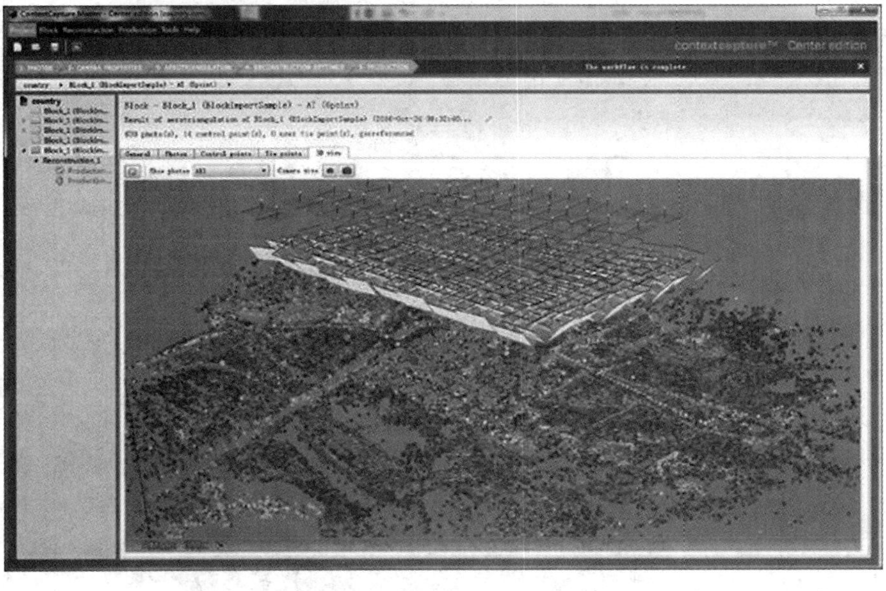

图 3-53　倾斜摄影空中三角测量

4)三维模型生产

(1)实景三维模型。三维建模生产工序包括模型预处理、模型编辑、模型后处理 3 个子流程,软件无须人工干预便可运算生成基于倾斜摄影真实影像的超高密度点云,并以此生成基于真实影像的高分辨率实景三维模型(见图 3-54)。

图 3-54　大雁塔实景三维模型

(2)三维模型精修。由于模型生成的自动化,难免会存在模型匹配错误、瑕疵、漏洞等,通过人工干预的方式修正这些模型错误,并将这些修正后的模型进行纹理映射,最终生产出符合要求的实景三维模型数据。

(3)三维模型单体化。实景三维模型本质是连续三角网并贴图的成果,并没有将建筑、地面、树木等城市的组成要素区分出来,数据量庞大。目前,常采用人工或者利用相应软件对模型进行一定的加工处理的方法来实现实景三维模型中各要素的单体化。

5)DEM、DOM 数据生产

(1)DEM。利用创建好的立体像对进行影像匹配,生成数字地表模型(DSM),并结合内业采集成果中的三维特征点、线数据生成数据高程模型,并裁切生成分幅 DEM 数据,如图 3-55 所示。

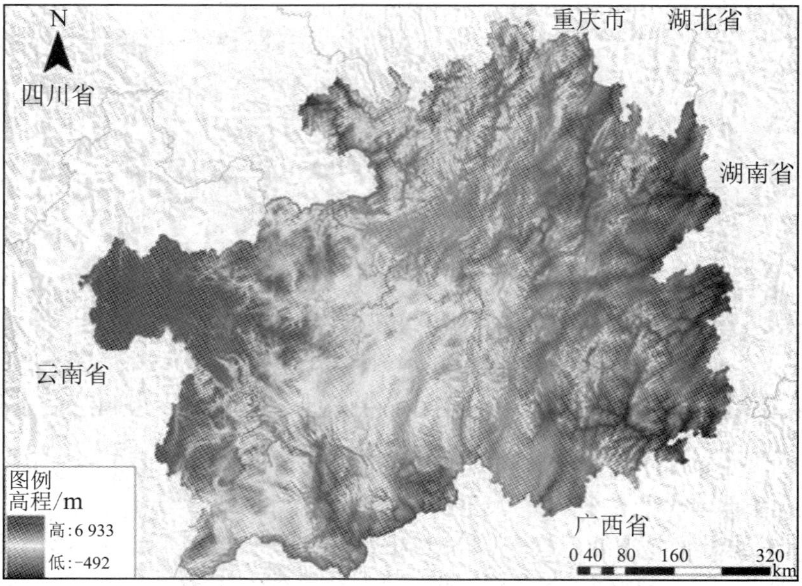

图 3-55　DEM 数据产品

(2)DOM。生产 DOM 有两种方法:一种是通过 ContextCapture 软件三维重建之后,直接导出 DOM,生成分幅 DOM 数据;另一种是通过 Inpho 软件制作 DOM 数据,如图 3-56 所示。

图 3-56　DOM 数据产品

4.应用

随着高分辨率轻小型相机的快速发展,使用无人机作为摄影平台,使得倾斜摄影应用越来越广泛,如一些国家重大工程建设、灾害应急与处理、国土监察、新农村和小城镇建设、城中村拆迁数据留存,政府方面的公共安全、规划发展、灾害评估、环保,以及公众方面的位置服务、旅游等。而计算机软件和硬件技术及先进的高精度定位定姿技术的发展也为倾斜影像快速高精度建模和模型后期测绘应用带来跨越式的发展,尤其是在基础测绘、土地资源调查监测、土地利用动态监测、数字城市建设和应急救灾测绘数据获取等方面具有广阔的市场前景,甚至会在这些方面颠覆测绘传统的作业方式。

1)利用真三维高精度三维模型直接测量

利用倾斜摄影测量技术可以快速获取城市地物信息,可在不需要专业立体显示采集设备及专业立体测图技术人员的情况下,直接在裸眼可视的立体模型表面采集要素和部分属性信息。例如:直观可数的楼层层数;直接从侧面四周量取房屋外围轮廓线;各种道路、企事业单位名称注记;各种建筑物结构、独立地物的高度、地形地貌类型等。尤其是提高了采集正视方向被遮挡的地物的可能性,如窑洞的位置、大树下的房屋边线的准确位置、树木遮挡的道路边线及道路附属设施等,可用于快速生成数字线划图。

2)大面积单体化应用

使用国内天际航的 DP-Modeler 等建模软件,依据倾斜摄影模型大面积、准确、高效地重新构建单个三维模型,类似于人工建模,将倾斜实景模型变成一个个可以被单独选中的实体,并附加单独的属性,以供 GIS 中查询统计等,为智慧城市的建立提供了数据支持。

3)其他应用

利用无人机倾斜摄影快速生成的三维模型可以友好对接多个第三方平台,从而实现更多应用。例如:实时三维平台视频监控、地下管线三维管理、三维空间淹没分析(用于城市低洼地区管理)、空间可视域分析(主要用于安保工作)、基于倾斜摄影真实的地形剖面分析等,目前也随着无人机倾斜摄影的低成本、高效率而逐渐得到广泛应用。

(二)机载激光雷达

机载激光雷达(LiDAR),是激光探测及测距系统的简称。它集成了 GNSS、INS(Inertial Navigation System,惯性导航系统)、激光扫描仪、数码相机等光谱成像设备于一体。其中,主动传感系统(激光扫描仪)利用返回的脉冲可获取探测目标高分辨率的距离、坡度、粗糙度和反射率等信息,而被动光电成像技术可获取探测目标的数字成像信息,经过地面的信息处理而生成逐个地面采样点的三维坐标,最后经过综合处理,得到沿一定条带的地面区域三维定位与成像结果,如图 3-57 所示。

图 3-57　机载激光雷达数据成果

1.技术特点

(1)主动获取数据能力。LiDAR 是主动发射激光,探测地物回波而确定地表信息,不受太阳高度角以及天气影响,理论上可以进行全天时、全天候的数据采集,这对于在应急和气象条件差的地区的作业非常有利。

(2)具有穿透能力。LiDAR 激光能够穿透薄的云雾,获取目标信息;其激光脚点直径较小,且具有多次回波特性,能够穿透枝叶间的空隙,得到树冠、树枝、地面等多个高程数据,有效克服植被影响,精确探测真实地形地面的信息。

(3)外业工作量小。LiDAR 集成 POS 系统,使用差分 GNSS 和 INS 集成系统进行定位,只需少量地面基站即可完成定位,节省了大量外业工作量,对于无人区等困难区域的数据采集非常有利。但 LiDAR 系统对数据采集方案设置要求比较高,很多项目就是因为方案设计缺陷而造成精度没有达到设计要求。

(4)精度较高。LiDAR 数据的精度较高,尤其是高程精度优于平面精度。就目前的技术能力和生产实践来看,LiDAR 技术能够满足生产 1:1 000 比例尺产品的精度要求,但如果需要更高的精度,则需要增加很多质量控制手段和外业工作量,成本将急剧上升。有些项目要求 10 cm 以下乃至毫米级的精度,这对于 LiDAR 技术而言实现比较困难。

(5)处理速度快。LiDAR 系统直接得到三维点云数据，经过去噪得到 DSM 数据，再经过滤波得到 DEM 数据。这些处理的自动化程度都很高，只需要很短的时间和少量人工编辑就能完成。此外，基于三维点云的建模与空间分析等也能快速实现。

2.机载激光雷达测量系统组成

(1)激光扫描仪。快速获取目标地物的空间信息数据，高质量均匀采集数据。

(2)数码相机。依据提前设置的曝光间隔，周期性地获取目标地物的高清影像数据。

(3)惯性导航系统(INS)。低噪声，偏差稳定，结合 GNSS 技术提供稳定、连续的三维高精度位置、速度、姿态信息。

(4)时间同步模块。在移动测量过程中，使扫描点数据与 GNSS 定位数据以及惯导系统数据、影像数据同步。

(5)GNSS 天线。提供高精度位置信息。

常见轻型机载 LiDAR 设备基本参数如表 3-2 所示。

表 3-2　常见轻型机载 LiDAR 设备基本参数

设备品牌	制造商	最大测距/m	最大发射点频率/(万点/s)	扫描角	回波次数	质量/kg
AU20	上海华测导航	1 500	200	360°	16	2.82
AU1300	上海华测导航	1 845	150	330°	15	4.7
ARS-1200	中海达	1 430	200	330°	15	4.5
智喙 PM-1500	中海达	1 650	200	75°	7	4.4
LiAir H800	北京数字绿土	1 000	200	100°	7	2.25
ARS-1000L	武汉海达数云	1 800	150	360°	7	4

3.获取数据精度的影响因素

LiDAR 获得的水平精度和垂直精度与众多因素有关，主要有内外两种因素。

(1)内因。GNSS+IMU(POS)系统和激光系统都有自身的精度限制。

(2)外因。与航线设计、飞行条件、大气条件、地形起伏因素和植被覆盖有关。

4.应用

机载激光雷达系统获得的主要数据是三维激光脚点坐标(距离信息数据)，可以形成数字表面模型(DSM)。由于能够同时搭载其他类型的传感器，现在的机载激光雷达系统还能够获取一些其他形式的地物信息，例如：红、绿、蓝波段的光谱信息，多次回波数据，全波形数据，多光谱数据等。

机载激光雷达系统的产品和应用，主要包括以下几个方面：

(1)DEM 的获取。这是机载激光雷达技术的主要应用，也是基础应用之一。通过一定的滤波算法，将 DSM 数据中的非地面点剔除，得到测区的 DEM 数据。这种方法在树林密集地区和建筑物密集地区都有很成功的应用。但是，这些算法大多针对某种特殊的数据，需要使用针对性参数，不具有通用性。

(2)基础地理数据的获取。通过机载激光雷达技术来获取城市建筑物的三维数据，可以用于构建 GIS 数据库和对已有数据库的地理数据进行变化监测和更新。目前,这一过程需要大量的人工干预。

(3)数字城市的建设。数字城市是"数字地球"的一个重要组成部分,其中建立三维城市模型是关键,已被广泛运用于城市规划设计、建筑物景观模拟、通信基站布网设计等领域。机载激光雷达数据本身就是高密度和精确的三维数据,建筑物的三维重建比用传统方式更容易,也比手工处理更快,具有很广阔的应用前景。

(4)绘制带状地形图。主要用于工程建设,包括测绘铁路、公路线路图,测绘输油管道图,绘制电力线图等。

(5)沿海地带的测绘。利用机载激光雷达系统来测绘海岸线,对海岸侵蚀的情况进行监测;利用不同频率激光束的穿透性来测量近海的水深,监测沿海的沙丘、堤坝、防护林的状况等。

(6)灾害调查与环境监测。利用机载激光雷达测量的快速、全天候和高精度的特点,可以在灾害发生后迅速获得灾害现场的具体情况,从而快速提供可靠的灾害损失数据,用于制订救灾方案和评价灾害损失。

(7)林业的应用。机载激光雷达技术在林业方面的应用是比较有效和成功的。激光所独有的穿透性使得人们能够得到森林地区准确的 DEM、树木的生长状态、木材的蓄积量等重要参数,这些都是林业部门所必需而传统方法无法精确提供的信息。

三、航天测绘装备

(一)北斗卫星导航系统

2020 年 7 月 31 日,北斗三号全球卫星导航系统正式开通。

1.系统构成

北斗卫星导航系统(BeiDou Navigation Satellite System,BDS)是中国自行研制的全球卫星导航系统。北斗卫星导航系统和美国 GPS、俄罗斯 GLONASS、欧盟 Galileo,是联合国卫星导航委员会已认定的供应商。如图 3-58 所示为北斗卫星导航系统星座示意图。

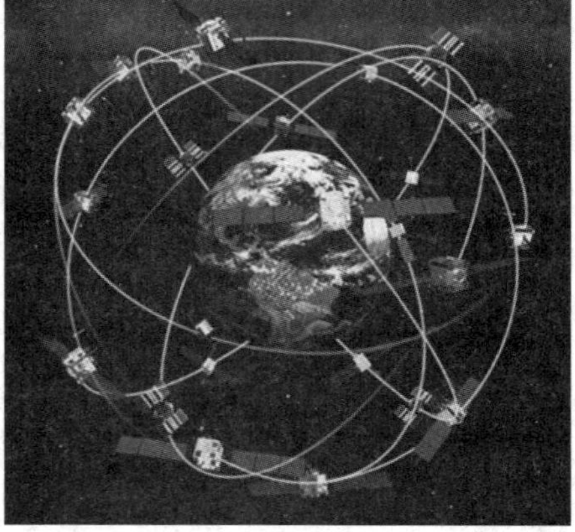

图 3-58 北斗卫星导航系统星座示意图

北斗卫星导航系统由空间段、地面段和用户段三部分组成。其中：空间段由若干地球静止轨道卫星、倾斜地球同步轨道卫星和中圆地球轨道卫星组成；地面段包括主控站、时间同步/注入站和监测站等若干地面站，以及星间链路运行管理设施；用户段包括北斗及兼容其他卫星导航系统的芯片、模块、天线等基础产品，以及终端设备、应用系统与应用服务等。

2.提供的服务

BDS 可以在全球范围内全天候、全天时为各类用户提供高精度、高可靠定位、导航、授时服务，并且具备短报文通信能力，已经初步具备区域导航、定位和授时能力。

基本导航服务：为全球用户提供服务，空间信号精度将优于 0.5 m；全球定位精度将优于 10 m，测速精度优于 0.2 m/s，授时精度优于 20 ns；亚太地区定位精度将优于 5 m，测速精度优于 0.1 m/s，授时精度优于 10 ns，整体性能大幅提升。

短报文通信服务：中国及周边地区短报文通信服务，服务容量提高 10 倍，用户机发射功率降低到原来的 1/10，单次通信能力 1 000 汉字（14 000 bit）；全球短报文通信服务，单次通信能力 40 汉字（560 bit）。

星基增强服务：按照国际民航组织标准，服务中国及周边地区用户，支持单频及双频多星座两种增强服务模式，满足国际民航组织相关性能要求。

国际搜救服务：按照国际海事组织及国际搜索和救援卫星系统标准，服务全球用户。与其他卫星导航系统共同组成全球中轨搜救系统，同时提供返向链路，极大提升了搜救效率和能力。

精密单点定位服务：服务中国及周边地区用户，具备动态分米级、静态厘米级的精密定位服务能力。

3.行业及区域应用

BDS 提供服务以来，已在交通运输、农林渔业、水文监测、气象测报、通信系统、电力调度、救灾减灾、公共安全等领域得到广泛应用，融入国家核心基础设施，产生了显著的经济效益和社会效益。

1）交通运输方面

在交通运输领域，北斗卫星导航系统为车辆、船舶、飞机等交通工具提供了精准的定位服务。在重点运输过程监控方面，通过 BDS 可以实时掌握运输车辆的位置、速度、行驶路线等信息，有效预防和减少交通事故的发生，提高运输安全性和效率。例如，2022 年，超过 790 万辆道路营运车辆、4 万多辆邮政快递干线车辆、4.7 万艘船舶、1.3 万座水上辅助导航设备、近 500 架通用飞行器都应用了 BDS，显著降低了重大交通事故发生率，提升了交通信息化水平。此外，BDS 还广泛应用于公路基础设施安全监控、港口高精度调度监控等业务，为交通运输行业的智能化发展提供了有力支撑。

2）农林渔业方面

BDS 在农林牧渔行业同样大放异彩。农机自动驾驶系统方面，基于 BDS 的农机自动驾驶系统超过 10 万台，通过 BDS 高精度定位，实现农机的精准作业，提高农业生产效率，减少资源浪费。在林业领域，BDS 林业综合应用服务平台管理超过 10 万台终端，为森林资源监测、森林防火、林业生产管理等提供了精准的数据支持，提升了林业管理水平。在牧业方面，BDS 智慧放牧定位项圈超过 2 万套，帮助牧民实时掌握牲畜的位置和动态，提高放牧效率，降低人力成本。在渔业领域，安装 BDS 船载终端的渔船超过 10 万条，为渔船提供了安全保障,提高了渔业资源的利用效率,促进了渔业的可持续发展。

3)水文监测方面

成功应用于多山地域水文测报信息的实时传输,提高灾情预报的准确性,为制订防洪抗旱调度方案提供重要支持。

4)气象测报方面

研制一系列气象测报型 BDS 终端设备,形成系统应用解决方案,提高了国内高空气象探空系统的观测精度、自动化水平和应急观测能力。

5)通信系统方面

突破光纤拉远等关键技术,研制出一体化卫星授时系统,开展 BDS 双向授时应用。

6)电力调度方面

开展基于 BDS 的电力时间同步应用,为电力事故分析、电力预警系统、保护系统等高精度时间应用创造了条件。

7)救灾减灾方面

基于 BDS 的导航、定位、短报文通信功能,提供实时救灾指挥调度、应急通信、灾情信息快速上报与共享等服务,显著提高了灾害应急救援的快速反应能力和决策能力。

8)公共安全方面

全国 40 余万部警用终端联入警用位置服务平台。BDS 在亚太经济合作组织会议、二十国集团峰会等重大活动安保中发挥了重要作用。

2020 年初,新冠疫情暴发。在危难时刻,BDS 火线驰援武汉市火神山和雷神山医院建设。通过利用 BDS 高精度技术,多数测量工作一次性完成,为医院建设节省了大量时间,保障抗击疫情"主阵地"迅速完成建设,为抗击疫情贡献北斗智慧与力量。

(二)高分卫星

高分卫星一般指高分辨率对地观测系统重大专项(简称高分专项)工程。

高分专项是《国家中长期科学与技术发展规划纲要(2006—2020 年)》确定的 16 个重大科技专项之一,于 2010 年批准启动实施。"十二五"阶段,高分一号、高分二号、高分四号卫星发射升空,实现了亚米级高空间分辨率与高时间分辨率的有机结合。高分专项在网络上被亲切地称为"中国人自己的全球观测系统"。部分高分卫星发射情况如表 3-3 所示。

表 3-3　部分高分卫星发射情况

卫星	发射时间	传感器分辨率	幅宽/km	波段
高分一号	2013 年	全色 2 m,多光谱 8 m	60	全色,蓝、绿、红、近红外
高分二号	2014 年	全色 0.8 m,多光谱 3.2 m	45	全色,蓝、绿、红、近红外
高分三号	2016 年	1~500 m	10~100	C 频段 SAR
高分四号	2015 年	50~400 m	400	可见光近红外,中波红外
高分五号	2018 年	30 m	60	可见光至短波红外,全谱段
高分六号	2018 年	全色 2 m,多光谱 8 m、16 m	90	全色,蓝、绿、红、近红外

高分卫星系统建设了基于卫星、平流层飞艇和飞机的高分辨率对地观测系统,完善地面资源,并与其他观测手段结合,形成全天候、全天时、全球覆盖的对地观测能力,由天基

观测系统、临近空间观测系统、航空观测系统、地面系统、应用系统等组成。如图 3-59 所示为高分十号卫星发射。

图 3-59　高分十号卫星发射

四、水下测绘装备

水下地形测绘是为了获取水下地形的一种测量工作。和传统地形测绘不同的是，水下地形测量包括测点平面位置测量和测点水深测量。

测点平面位置主要采用 GNSS 定位技术确定，可以达到厘米级的实时定位。

测点水深测量主要通过各种类型的回声测深仪得到（高精度测深仪可达到厘米级测量精度），由水面高程（水位）减去水深，即可得测点的水底高程。通过无数个测点的平面位置和水深位置的获取，水下地形即可被测量展现出来。如图 3-60 所示为水下地形测绘示意图。

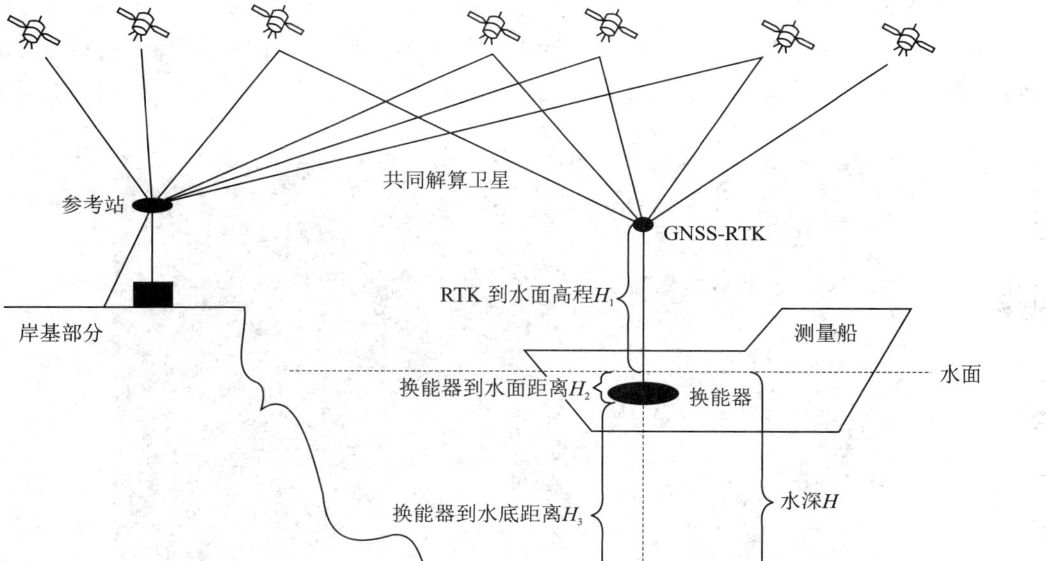

图 3-60　水下地形测绘示意图

(一)传统水下地形测量

传统水下地形测量有以下3种作业方式:人工手持RTK下水测量、皮划艇搭载测深仪、有人船侧边悬挂测深仪。3种方式各自适应不同的环境,也有着各自的优缺点。

1.人工手持RTK下水测量

人工手持RTK下水测量适合浅水区域水下地形测量,无需测深仪和其他辅助设备,成本低,机动性强。但是人员的安全得不到保障,精度方面受人为影响较大,且深水区域无法采用此种方式(见图3-61)。一般不采用此种测量方法。

图3-61 人工手持RTK下水测量

2.皮划艇搭载测深仪

皮划艇携带方便,下水前进行充气即可,适合中小静水河流水下地形测量,成本相对较低(见图3-62)。但是因为皮划艇较小,侧边比较圆润,测深仪难以稳定固定;而且如果测量人员太多,相对船体太小,不是很安全。

图3-62 皮划艇搭载测深仪进行水下地形测量

3.有人船侧边悬挂测深仪

有人船搭载测深仪进行水下地形测量是普遍采用的一种方式。

有人船稳定、安全的优点使其被大众所青睐,悬挂测深仪的方式也较容易(见图3-63)。但有人船无法在浅滩进行测量,同时有人船一般较大,灵活性差,所以很难按照计划线路进行测量,测量下来要么数据多了、要么数据少了,并且每次要提前租船,费用也较高。

图3-63 有人船侧边悬挂测深仪进行水下地形测量

(二)测深仪

1.单波束测深仪

单波束测深仪的测深方式是采用换能器垂直向下发射短脉冲声波,当这个脉冲声波遇到海底时将发生反射,发射回波返回声呐,并被换能器接收。其水深值由声波在海底间的双程旅行时间和水介质的平均声速确定:

$$D_{tr}=Ct/2$$

式中 D_{tr}——换能器与海底间的距离;

C——水体的平均声速;

t——声波的双程旅行时间。

单波束测深的特点是:波束垂直向下发射,接收反射回波。由于入射角近乎为零,所以声波旅行中没有折射现象,或折射现象可忽略不计。

反射波能量占回波能量的全部或绝大部分,其回波信号检测方法只需使用振幅检测法即可(见图3-64)。

单波束测深过程中采用单点连续的测量方法,其测深数据分布特点是:沿航迹数据十分密集,而在测线间没有数据。所以,在数据处理成图的过程中,为解决测深数据分布不均的问题,均采用数据网格化内插的方法,预测各条测线间数据空白区的水深变化情况和趋势。如图3-65和图3-66所示为单频测深仪。

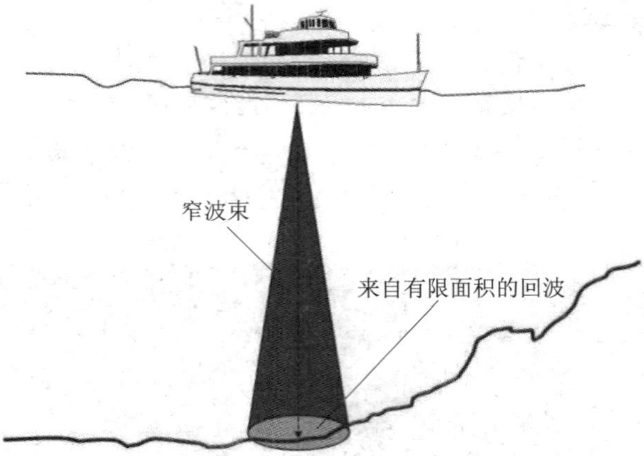

图 3-64　单波束测深仪工作示意图

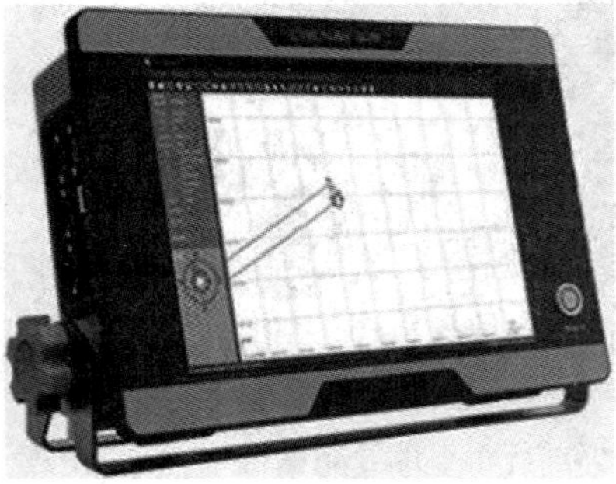

图 3-65　华测 D390 单频测深仪

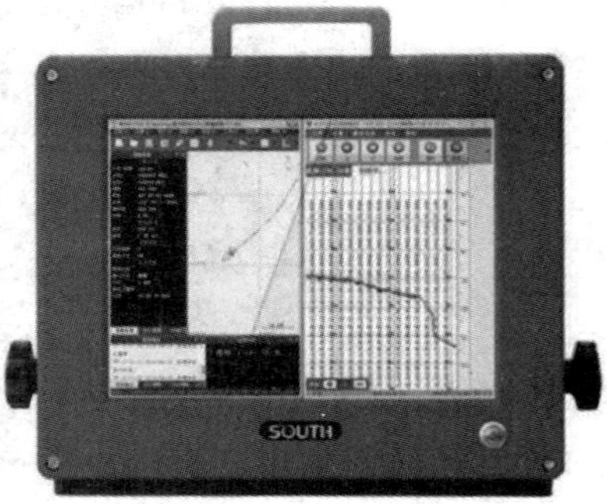

图 3-66　南方测绘 SDE-230 单频测深仪

单波束数据网格化内插处理存在以下缺陷：①无法探测到尺度小于测线间的微地形；②通过网格化内插不仅会产生假地形，而且也会使测线上已经探测到的小尺度微地形，通过内插平滑而受到歪曲、夸大或抑制；③如果要提高精度，唯一的方法就是加密测线密度，但这样会增大工作量，且无法较好地实现。

2. 多波束测深仪

多波束测深系统的工作原理是：利用发射换能器阵列向海底发射宽扇区覆盖的声波，利用接收换能器阵列对声波进行窄波束接收；通过发射、接收扇区指向的正交性，形成对海底地形的照射脚印；对这些脚印进行恰当的处理，一次探测就能给出与航向垂直的垂面内上百个甚至更多的海底被测点的水深值，从而能够精确、快速地测出沿航线一定宽度内水下目标的大小、形状和高低变化，比较可靠地描绘出海底地形的三维特征，如图 3-67 所示。

典型多波束系统（见图 3-68）包括以下 3 个子系统：

（1）多波束声学子系统，包括多波束发射接收换能器阵列（声呐探头）和多波束信号控制处理电子系统。

（2）辅助设备：提供大地坐标的 DGNSS 差分卫星定位系统，用以提供测量船横摇、纵摇、艏向、升沉等姿态数据的姿态传感器，用以提供所测海区潮位数据的验潮仪，用以提供所测海区声速剖面信息的声速剖面仪等。

(3)数据后处理软件(如 Hypack)以及相关软件和数据显示、输出、储存设备。

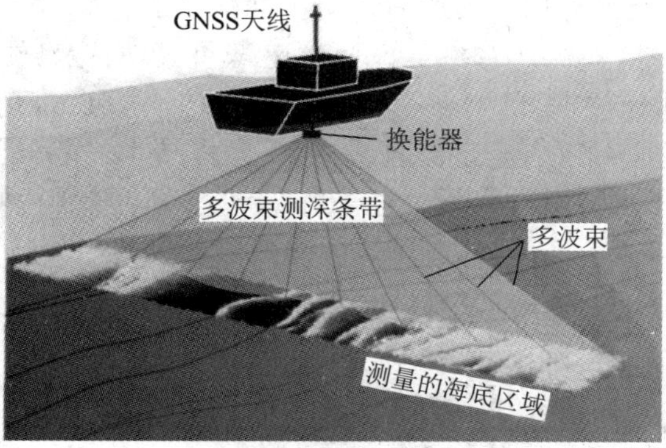

图 3-67　多波束实际测量效果

图 3-68　中海达 HD-390 多探头多波束测深仪

与传统的单波束测深系统每次测量只能获得测量船垂直下方一个海底测量深度值相比,多波束探测能获得一个条带覆盖区域内多个测量点的海底深度值,实现了从"点—线"测量到"线—面"测量的跨越,具有测量范围大、测量速度快、精度和效率高的优点。它把测深技术从点、线扩展到面,并进一步发展到立体测深和自动成图,特别适合进行大面积的海底地形探测。

(三)智能无人测量船

无人测量船是一种多用途的观测平台,可搭载测深仪、水下三维激光扫描仪和陀螺仪等多种声、光、电磁高精度传感设备,在浅水、未知区域、困难水域开展测量工作。因其具有轻便、小巧和高效等特点,已经成为水下地形测绘方式的一种补充,在很大程度上替代了传统的作业方式。

智能无人测量船一般由无人船和智能无人船测量系统组成。后者是整个无人船系统的核心,承担着水深测量和导航定位任务。整个测量系统主要由数字测深仪、姿态传感器、GNSS 接收机、全角度摄像头及距离传感器等多种高精密传感设备组成。

智能无人测量船测量系统的导航定位采用 GNSS-RTK 动态差分定位原理,在岸基架设 GNSS 基准站接收 GNSS 卫星信号,并将差分数据发送给无人测量船上安置的 GNSS 接收机,实现实时定位和导航功能。

水深测量由安置在船上的测深仪完成,其基本原理是利用超声波穿透介质并在不同介质表面会产生反射的现象,由换能器(探头)发射超声波,测出发射波和反射波之间的时间差来进行水深测量。

在实际航行过程中,受风和水流等因素的影响,船体会发生左右和前后摇摆,改变测量船的姿态,即横摇和纵摇。这样会造成换能器采集的水深数据与 GNSS 接收机的平面数据不匹配,产生离散现象,同时测深仪的水深数据也不准确。此项误差会随着水深的增加而增大,不可忽略。因此,需要利用船体上的姿态传感器对采集的水深数据进行改正,保证测量船测得的水深数据正确可靠。姿态改正由系统软件自动完成。

下面介绍两款国产无人测量船。

1.华微4号无人船

华微4号无人船(见图3-69)由华测导航基于北斗高精度全球定位系统及无人船自动控制技术,针对水文走航式ADCP断面水流测验用户使用习惯研发而成。船长1.2 m,自重仅9 kg。装载超速马达,速度可达7 m/s,大流速水域的流速测验都可实现;电池可实现15 s拆换。标配Windows平板,外业操作便携,也可采用市面普通笔记本电脑,维护和替换方便。不仅具备自动航行功能,而且拥有自适应水流直线技术、悬停技术,保证能够垂直岸线走航。华微4号无人船可适用于水文站河流断面流速测验、洪水应急监测、科研调查。

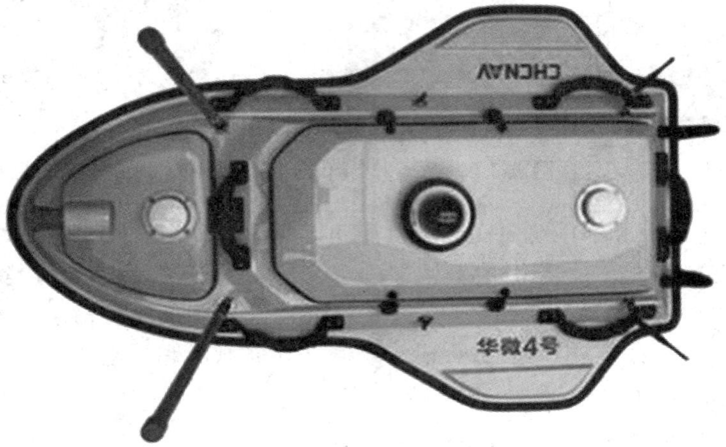

图3-69 华测导航华微4号无人船

2.IBoat BS3智能无人测量船

IBoat BS3智能无人测量船由中海达设计、研发,采用专业级船体、高性能测深模块、高精度定位模块以及控制测量集成软件(见图3-70)。其采用载重型三体船设计,抗风浪效果好,速度快。采用可拆卸式模块化涵道式推进器,可有效防止渔网、水草等杂物缠绕。可搭载测深仪、ADCP、侧扫声呐等多种测量设备。IBoat BS3智能无人测量船广泛应用于河流、湖泊、航道区域的水下地形地貌测量、水文水质测量、暗管普查等作业任务。

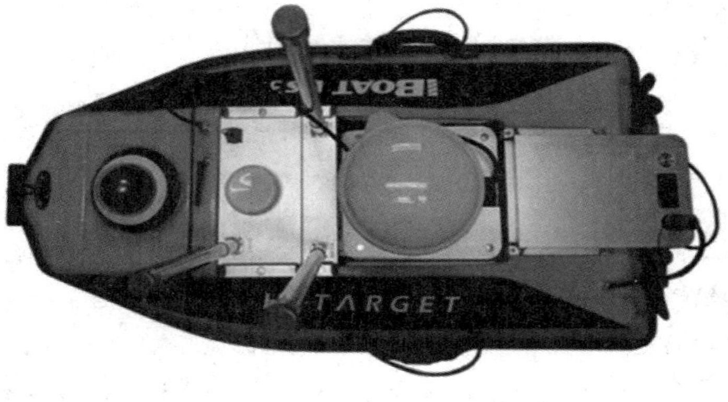

图3-70 中海达IBoat BS3智能无人测量船

【测绘故事】

故事一：北斗助力珠峰测量，点亮世界之巅

2020 年，中国珠峰高程测量队再次登顶珠峰，开展新一轮高程测量工作。与以往不同的是，这次测量全面采用了北斗卫星导航系统进行高精度定位。测量队员在极端环境下，冒着严寒与缺氧的危险，将北斗接收设备成功架设在珠峰峰顶。通过北斗卫星导航系统的高精度定位数据，结合传统测量技术，团队精确测定了珠峰的最新高度——8 848.86 m。

这一成果不仅刷新了珠峰高程的精确记录，更向世界展示了中国北斗卫星导航系统的卓越性能。登顶队员回忆道："在峰顶，北斗信号稳定而清晰，为我们提供了可靠的数据支持。那一刻，我深刻感受到科技的力量和祖国的强大。"

这个故事不仅体现了测绘工作者不畏艰险的工匠精神，也彰显了北斗卫星导航系统在全球测绘领域的领先地位。

故事二：北斗助力，点亮"一带一路"

在"一带一路"倡议下，中国与巴基斯坦合作建设了瓜达尔港。港口建设初期，由于当地缺乏高精度的测绘基准，工程进展缓慢。中国测绘团队携带北斗高精度接收设备前往支援，利用北斗系统的全球覆盖与高精度定位能力，快速建立了港口的测绘基准网，为后续施工提供了精准的数据支持。

巴基斯坦工程师阿米尔感慨道："北斗系统不仅帮助我们解决了技术难题，更让我们看到了中国科技的强大。"这一合作不仅推动了瓜达尔港的建设，也促进了中巴两国的友谊，展现了北斗卫星导航系统在全球基础设施建设中的重要作用。

项目小结

本项目系统构建了从学科理论到技术应用的知识体系，阐明其"基准构建—数据采集—信息处理—多领域服务"的科学逻辑，并通过现代测绘技术向智能化、全球化发展的趋势分析，揭示学科演进与社会需求的互动关系。基于"空天地海"一体化视角，强调装备革新对测绘精度、效率及多维度数据融合的推动作用。本项目内容理论与实践并重，既夯实了学生的专业基础，又为其树立了"技术报国、守正创新"的价值导向，为后续专业学习与职业发展提供了扎实支撑。

思考题

1.简述测绘学科研究的主要内容。

2.简述测绘学科的学科体系。

3.结合实际案例简述北斗卫星导航系统给人们生活带来的改变。

项目四　测绘岗位职业认知

测绘岗位
职业认知

【项目概述】

测绘岗位是运用专业技术和工具，对地球表面的地形、地物等进行测量、绘图和分析空间地理信息的关键职业，在社会发展和经济建设中发挥着不可替代的作用。了解测绘岗位有助于我们作好专业学习规划，提高未来就业竞争力，拓宽行业视野。本项目结合2022版《中华人民共和国职业分类大典》和2019版中华人民共和国测绘行业标准《测绘地理信息技能人员职业分类和能力评价》，介绍了测绘岗位职业技能申报、鉴定和职业守则，详细介绍了大地测量员、摄影测量员、地图绘制员、工程测量员、不动产测绘员、海洋测绘员、无人机测绘操控员、地理信息采集员、地理信息处理员和地理信息应用作业员10个岗位的职业定义、职业任务和职业要求。

【学习目标】

知识目标：

1.了解测绘岗位及其工作内容和工作场景。

2.掌握测绘岗位知识与技能要求。

3.理解测绘职业素养和规范。

技能目标：

1.知道测绘岗位分类。

2.知道测绘岗位职业晋升通道。

3.能合理规划大学专业学习目标内容和学习目标。

思政目标：

1.引导学生树立专业自信，激发学生的学习兴趣。

2.提高学生的自主学习和规划能力。

3.培养学生严谨认真、精益求精的工匠精神。

《中华人民共和国职业分类大典》于1995年启动编制，1999年5月正式颁布。2015年7月，颁布修订后的2015版《中华人民共和国职业分类大典》。2022年7月公示了2022版《中华人民共和国职业分类大典》。

2022版《中华人民共和国职业分类大典》规定了测绘和地理信息服务人员岗位，并进一步明确了大地测量员、摄影测量员、地图绘制员、工程测量员、不动产测绘员、海洋测绘员、无人机测绘操控员、地理信息采集员、地理信息处理员、地理信息应用作业员等技能岗位的职业定义、职业任务。2019 年 12 月 24 日发布的中华人民共和国测绘行业标准《测绘地理信息技能人员职业分类和能力评价》，于 2020 年 2 月 1 日起实施，该标准中对测绘地理信息技能人员的职业分类与分级、职业能力要求和职业能力评价作出了规定，明确了测绘地理信息技能人员的职业技能等级申报条件和鉴定方式。

任务一 职业技能等级

职业共设五个等级，分别为五级/初级工、四级/中级工、三级/高级工、二级/技师、一级/高级技师。

一、职业技能申报条件

(一)五级/初级工申报条件

具备以下条件之一者，可申报五级/初级工：

(1)累计从事本职业或相关职业工作 1 年(含)以上。

(2)本职业或相关职业学徒期满。

注：相关职业：摄影测量员、地图绘制员、不动产测绘员、工程测量员、海洋测绘员、无人机测绘操控员、地理信息采集员、地理信息处理员、地理信息应用作业员等，下同。

(二)四级/中级工申报条件

具备以下条件之一者，可申报四级/中级工：

(1)取得本职业或相关职业五级/初级工职业资格证书(技能等级证书)后，累计从事本职业或相关职业工作 4 年(含)以上。

(2)累计从事本职业或相关职业工作 6 年(含)以上。

(3)取得技工学校本专业或相关专业毕业证书(含尚未取得毕业证书的在校应届毕业生)；或者取得经评估论证以中级技能为培养目标的中等及以上职业学校本专业或相关专业毕业证书(含尚未取得毕业证书的在校应届毕业生)。

注：①本专业：测绘工程、地理信息、地图制图、摄影测量、遥感、大地测量、工程测量、地籍测绘、土地管理、矿山测量、导航工程、地理国情监测等专业，下同。

②相关专业：地理、地质、工程勘察、资源勘查、土木、建筑、规划、市政、水利、电力、道桥、工民建、海洋等专业，或者能够提供其在校期间所学专业开设测绘专业必修课程证明的专业，下同。

(三)三级/高级工申报条件

具备以下条件之一者，可申报三级/高级工：

(1)取得本职业或相关职业四级/中级工职业资格证书(技能等级证书)后，累计从事本职业或相关职业工作 5 年(含)以上。

(2)取得本职业或相关职业四级/中级工职业资格证书(技能等级证书)，并具有高级技工学校、技师学院毕业证书(含尚未取得毕业证书的在校应届毕业生)；或者取得本职业或相关职业四级/中级工职业资格证书(技能等级证书),并具有经评估论证、以高级技能为培养目标的高等职业学校本专业或相关专业毕业证书(含尚未取得毕业证书的在校应届毕业生)。

(3)具有大专及以上本专业或相关专业毕业证书,并取得本职业或相关职业四级/中级工职业资格证书(技能等级证书)后,累计从事本职业或相关职业工作2年(含)以上。

(四)二级/技师申报条件

具备以下条件之一者,可申报二级/技师:

(1)取得本职业或相关职业三级/高级工职业资格证书(技能等级证书)后,累计从事本职业或相关职业工作4年(含)以上。

(2)取得本职业或相关职业三级/高级工职业资格证书(技能等级证书)的高级技工学校、技师学院毕业生,累计从事本职业或相关职业工作3年(含)以上;或取得本职业或相关职业预备技师证书的技师学院毕业生,累计从事本职业或相关职业工作2年(含)以上。

(五)一级/高级技师申报条件

具备以下条件者,可申报一级/高级技师:

取得本职业或相关职业二级/技师职业资格证书(技能等级证书)后,累计从事本职业或相关职业工作4年(含)以上。

二、职业技能鉴定方式

职业技能鉴定方式分为理论知识考试、技能考核和综合评审。

理论知识考试,以闭卷笔试、机考等方式为主,主要考核从业人员从事本职业应掌握的基本要求和相关知识。

技能考核,主要以现场操作、模拟操作等方式进行,主要考核从业人员从事本职业应具备的技能水平。

综合评审,主要针对技师和高级技师。通常采取审阅申报材料、答辩等方式,进行全面评议和审查。

理论知识考试、技能考核和综合评审,均实行百分制,成绩皆达60分(含)以上者为合格。

三、职业守则

(1)遵守法律法规和有关规定。

(2)爱岗敬业,忠于职守,忠诚奉献,弘扬劳模精神和工匠精神。

(3)认真负责,精益求精,严于律己,吃苦耐劳。

(4)刻苦学习,勤奋钻研,努力提高思想和科学文化素质。

(5)谦虚谨慎,团结协作,主动配合。

(6)严格执行规范,保证成果质量,爱护仪器设备。

(7)重视安全环保,坚持文明生产。

任务二　大地测量员

一、职业定义

大地测量员是指使用卫星定位仪(见图 4-1)、水准仪(见图 4-2)、重力仪(见图 4-3)等仪器和工具,进行选点、造标、埋石、量距以及天文、三角、水准、重力、卫星定位测量的人员。

图 4-1　手持式卫星定位仪示意图

图 4-2　水准仪示意图

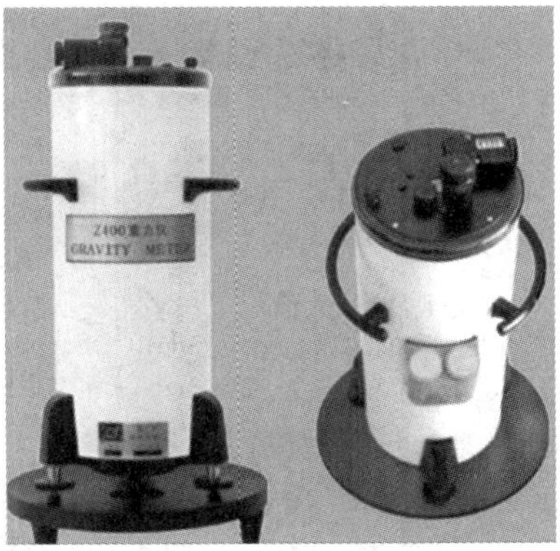

图 4-3　重力仪示意图

二、职业任务

大地测量员可从事的工作主要包括:

(1)进行三角、水准等大地控制点的选点、造标、埋石。

(2)操作经纬仪、水准仪等大地测量仪器,进行天文、重力、三角、水准、精密导线测量中的量距、司光、观测和记簿。

(3)进行全球导航卫星系统(GNSS)接收机运行的辅助作业。

(4)进行外业观测成果资料整理、概算,提供测量数据。

(5)维护保养测量仪器、工具。

(一)水准测量

水准测量是用水准仪和水准尺测定地面两点间高差的技术方法。在地面两点间安置水准仪,观测竖立在两点上的水准标尺,按尺上读数推算两点间的高差。如图4-4所示为外业水准测量示意图,外业观测完成要进行内业平差计算。如图4-5所示为内业平差计算示意图。

图4-4　外业水准测量

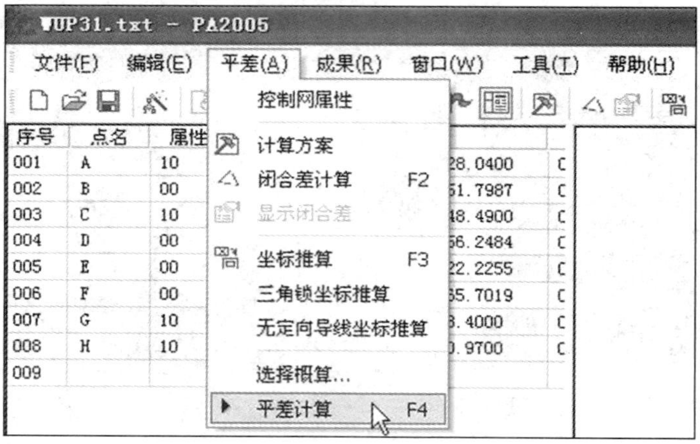

图4-5　内业平差计算示意图

水准测量路线形式主要有闭合水准路线、附合水准路线和支水准路线。

国家水准网有4个等级:一等、二等、三等、四等。

水准测量的原理:利用水准仪建立一条水平视线,并借助水准尺来测定地面两点间的高差,从而由已知点的高程推算出未知点的高程。

(二)重力测量

重力测量为测量地球重力加速度而采用的科学研究手段,分为绝对重力测量和相对重力测量。绝对重力测量是指使用仪器直接测定地面上某点的绝对重力值;相对重力测量是指使用仪器测定地面上两点的重力差值。

重力测量的方法分为动力法和静力法。

动力法:观测物体的运动状态(自由落体运动或摇摆运动)以测定重力,可应用于绝对重力测量及相对重力测量。

静力法:观测物体受力平衡,量测物体平衡位置受重力变化而产生的位移,来测定两点的重力差。该方法只能用于相对重力测量。

根据重力异常,寻找矿产或研究地质构造的方法,称为重力勘察。需要在测区内建立基准点,并布置一定密度的测网,使各点的重力值都与基准点相比。各点的重力观测值,除了与矿体和围岩的密度差有关外,还与密度、高程、地形异常等相对应,要消除这些因素的影响。在重力异常中,包含区域异常和局部异常。

重力勘察成本低、效率高,特别适用于区域普查。重力勘察的结果可以确定地质体的空间单位位置、大小、形状等。现代重力勘察可在陆地、海洋、空中及井下进行。

(三)卫星定位测量

卫星定位是利用卫星测定点位的技术和方法。

卫星定位的出现,相对于天文观测,更迅速、更准确地完成了定位的任务,是人类科技前进的一大步。全球导航卫星系统(GNSS)是利用卫星在全球范围进行导航定位的系统总称。

全球导航卫星系统主要包括全球定位系统(GPS)、格洛纳斯(GLONASS)、伽利略(Galileo)、北斗卫星导航系统(BDS)。

GPS 全称 Global Positioning System。这是一个空基全天候导航系统,由美国国防部开发,用于满足军方在地面或近地空间内,获取在一个通用参照系中位置、速度和时间信息的要求。

格洛纳斯由苏联研制建立,目前由俄罗斯管理建设。1978 年开始研制,1982 年 10 月开始发射导航卫星。由 24 颗卫星组成卫星系,均匀分布在 3 个轨道平面。卫星高度为 19 100 km,轨道倾角 64.8°,卫星的运行周期为 11 时 15 分。格洛纳斯卫星的这种空间配置,可以保证在地球上任何地点、任何时刻,均至少可以同时观测 5 颗卫星。

伽利略计划,是欧盟建立的一个高效经济的民用导航及定位系统。其目的是使欧洲运输业具备可以信赖的高度安全性,且确保任何未来系统完全置于欧洲控制之下。

北斗卫星导航系统是我国自主建设、独立运行的卫星系统,是为全球用户提供全天候、全天时、高精度的定位、导航和授时服务的国家重要空间基础设施。20 世纪后期,中国开始探索适合本国国情的卫星导航系统发展道路,逐步形成了三步走发展战略。2000 年,建成北斗一号系统,向中国区域提供服务;2012 年,建成北斗二号系统,向亚太地区提供服务;2020 年,建成北斗全球系统,向全球提供服务。预计到 2035 年,将建设完成更加泛在、更加融合、更加智能的综合时空体系。

(四)天文测量

天文测量是通过对太阳或其他恒星位置的观测,确定地面点的天文经度、天文纬度,或者两点间天文方位角的测量工作。

天文测量的时间系统包括以下五类。

(1)恒星时(Sidereal Time,ST)。以春分点为参照点的时间系统。春分点(或除太阳以外的任一恒星),连续两次经过观测站子午圈的时间间隔,为一恒星日。

(2)平太阳时(Mean Solar Time,MST)。以平太阳(以平均速度运行的太阳)为参照的时间系统。平太阳连续两次经过观测站子午圈的时间间隔,为一平太阳日。平太阳时从半夜零点起算,称为民用时。

(3)世界时(Universal Time,UT)。指格林尼治的平太阳时(从半夜零点算起)。由于地区自转的不稳定性,在 UT 中加入极移改正,即得到 UT1;UT1 加上地球自转速度季节性化后,得到 UT2。以经度 15°的倍数的子午线 L_n 所处地点定义的民用时,叫区时 T_n。T_n=UT+n,n 为时区号。

(4)历书时与力学时。由于地球自转速度不均匀,用其定义的恒星时与平太阳时不稳定。1958 年第十届国际天文学联合会决定,自 1960 年起,开始以地球公转运动为基准的历书时(ET)代替世界时。历书时的秒长规定为:回归年长度的 1/31 556 925.95,起始历元定在 1900 年 1 月 1 日 12 时整。根据广义相对论,太阳质心系和地心系所定义的历书时间将不相同。于是,1976 年国际天文学联合会定义了太阳系质心力学时(TD2)和地球质心力学时(TDT)。

(5)原子时(International Atomic Time,IAT)。为了满足卫星定位的精度要求,1967 年第 13 届国际计量大会定义了更高精度的原子时。以物质内部原子运动周期定义原子时。原子时起点定在 1958 年 1 月 1 日 0 时 0 分 0 秒(UT2),即在此时此刻原子时与世界时重合。但事后发现,原子时与世界时时刻之差为 0.003 9 s。此后,原子时与世界时之差逐年积累。原子时时间精度高,可达毫微秒以上;而平太阳时时间精度只能达到毫秒量级。

三、职业要求

(一)基础知识

1.测量基础知识

(1)地面点定位知识。

(2)平面、高程测量知识。

(3)测量数据处理知识。

(4)测量仪器设备知识。

(5)数字地形图及其测绘知识。

(6)地形图应用知识。

2.计算机基础知识

(1)计算机操作基础知识。

(2)测量相关软件使用知识。

3.安全生产与环境保护知识

(1)劳动保护知识。

(2)仪器设备的安全使用知识。

(3)野外安全生产知识。

(4)资料保管、保密知识。

4.相关法律法规知识

(1)《中华人民共和国劳动法》相关知识。

(2)《中华人民共和国测绘法》相关知识。

(3)其他有关法律法规及技术标准基本知识。

(二)工作要求

大地测量员初级工(五级)工作要求如表4-1所示,大地测量员中级工(四级)工作要求如表4-2所示,大地测量员高级工(三级)工作要求如表4-3所示,大地测量员技师(二级)工作要求如表4-4所示,大地测量员高级技师(一级)工作要求如表4-5所示。

表4-1 大地测量员初级工(五级)工作要求

职业功能	工作内容	技能要求	相关知识要求
准备	资料准备	1.能收集测区所需的交通图、地形图和点之记等资料; 2.能收集测区所需的气候、人文、宗教信仰等资料; 3.能收集测区所需的历史数据资料	1.地形图的知识; 2.交通图的知识; 3.点之记的知识
	仪器准备	1.能进行GNSS接收机供电设备的准备及检视; 2.能进行脚架、棱镜、觇板、温度计、气压表等边角测量辅助设备的准备及检视; 3.能进行脚架、标尺和温度计等水准测量辅助设备的准备及检视	1.GNSS接收机、经纬仪、全站仪、水准仪的知识及其外观检视的基本要求; 2.干湿温度计、气压表的知识及其外观检视的基本要求; 3.基准站系统运行的知识
测量	卫星定位(GNSS)测量	1.能进行GNSS天线的架设; 2.能进行GNSS接收机的基本操作; 3.能对充电设备进行日常维护	1.GNSS测量的基本概念; 2.GNSS接收机的实际操作、记录要求
	水准测量	1.能进行各等级水准测量的量距和立尺; 2.能进行四等水准测量观测及记录; 3.能对水准仪进行日常维护	1.水准测量的基本概念; 2.四等水准测量观测、记录的要求
	边角测量	1.能进行边角测量的照准点棱镜安置; 2.能进行温度计、气压表数值的读取并记录; 3.能对所使用仪器设备进行日常维护	1.边角测量、导线测量的基本概念; 2.温度计、气压表的读数与记录知识

表 4-2 大地测量员中级工(四级)工作要求

职业功能	工作内容	技能要求	相关知识要求
准备	资料准备	1.能收集所需要的设计书、设计图、规范、已知数据等相关资料; 2.能根据基准站维护的需要收集基准站安装、检测、记录等资料; 3.能根据内业数据处理方案收集相关的数据	1.设计书、设计图、规范的基本知识; 2.基准站设备性能及工作原理; 3.基准站的相关规定
	仪器准备	1.能根据设计要求对 GNSS 接收机及天线进行准备和检视; 2.能根据设计要求对所需水准仪和标尺进行准备和检视; 3.能根据设计要求对所需全站仪及辅助设备进行准备和检视; 4.能根据设计书要求对重力仪及辅助设备进行准备和检视	1.GNSS 接收机及天线检视的知识; 2.水准仪、标尺检视的知识,i 角测定及计算; 3.全站仪检视的知识; 4.重力仪检视的知识,常数测定及计算
测量	卫星定位(GNSS)测量	1.能根据设计书的要求在一般地区进行实地选点; 2.能进行普通标石的预制及埋石; 3.能进行点之记的绘制; 4.能进行 GNSS 测量的记录和数据下载; 5.能进行基准站系统核心软件运行状态的监视	1.GNSS 系统的组成; 2.GNSS 静态定位的基本知识; 3.GNSS 控制点选点、标石制作、埋石和点之记绘制的基本要求; 4.基准站系统运行监测的知识
	水准测量	1.能根据设计图要求进行各等级水准点的选点、标石预制与埋石、点之记绘制; 2.能进行三等水准测量的观测与记录; 3.能对所用水准仪进行日常维护	1.地形图绘制的基本知识; 2.三等水准点的选点、标石预制、埋石和点之记绘制的知识; 3.三等水准测量观测与记录的知识; 4.三等水准观测误差产生的原因及减弱方法
	边角测量	1.能根据设计图要求进行三、四等三角点的选点、标石预制、埋石及点之记的绘制; 2.能进行三、四等三角和边长测量(含导线测量)的观测、记录及测站平差计算; 3.能对所用全站仪进行日常维护	1.边角测量的基本知识; 2.三角点的选点、标石预制、埋石和点之记绘制的知识; 3.水平角测量、垂直角测量、边长测量记录及测站平差计算知识; 4.观测误差产生的原因及减弱方法

续表 4-2

职业功能	工作内容	技能要求	相关知识要求
测量	重力测量	1.能根据设计图要求进行一等、二等、基本重力点、绝对重力点的选点、埋石及点之记的绘制； 2.能进行加密重力测量的观测和记录； 3.能进行重力点坐标、高程的测量和记录； 4.能对重力仪进行日常维护	1.重力仪的基本知识； 2.重力点的选点、标石预制、埋石及点之记的绘制知识； 3.加密重力测量、记录及限差知识； 4.坐标、高程测定的基本知识
数据	检查与整理	1.能进行卫星定位(GNSS)、边角(含导线)、水准、重力测量其中两项的外业数据检查； 2.能依据数据处理方案进行观测数据的整理	1.卫星定位(GNSS)、边角(含导线)、水准、重力测量外业数据检查的知识； 2.数据整理的知识
	数据解算	1.能进行卫星定位(GNSS)数据天线高的换算； 2.能进行三、四等水准测量的往返不符值计算； 3.能进行三、四等三角形网和导线测量的测站平差计算	1.卫星定位(GNSS)天线斜高和垂高的知识； 2.三、四等水准测量外业概算知识； 3.三、四等导线测量外业概算知识

表 4-3　大地测量员高级工(三级)工作要求

职业功能	工作内容	技能要求	相关知识要求
准备	资料准备	1.能根据技术设计书要求进行资料收集； 2.能对收集到的资料进行分析,并确定资料的适用性	1.国家卫星定位(GNSS)大地控制网的布设原则； 2.国家重力基准网的布设原则； 3.国家高程控制网的布设原则； 4.技术设计书、资料分析的有关知识
	仪器准备	1.能进行基准站 GNSS 接收机、天线和辅助设备的准备和检校； 2.能进行全站仪的检校及棱镜常数的测定； 3.能进行精密水准仪的检校及常数的测定； 4.能进行高精度重力仪的检校及常数的测定	1.基准站设施的操作知识； 2.全站仪的基本结构及检校、测定知识； 3.精密水准仪的基本结构及检校、测定知识； 4.重力仪的基本结构及检校、测定知识

续表 4-3

职业功能	工作内容	技能要求	相关知识要求
测量	卫星定位(GNSS)测量	1.能进行各等级 GNSS 点的选点、带有强制对中装置观测墩的埋设； 2.能进行 GNSS 测量的外业操作； 3.能进行基准站系统用户的日常管理	1. GNSS 测量实地选点、埋设的技术流程； 2.GNSS 测量实现定位的理论基础； 3.GNSS 测量误差产生的原因、适合的观测条件； 4.国家大地坐标系的基本知识； 5.基准站系统管理维护的知识
	水准测量	1.能进行一、二等水准测量的观测、记录、概略高程的计算； 2.能进行跨河水准测量作业； 3.能处理水准路线结点的接测问题	1.一、二等水准测量的观测、记录、概略高程计算等知识； 2.一、二等水准点的选点、标石预制、埋石和点之记绘制的知识； 3.水准测量误差的知识； 4.跨河水准测量观测、记录的方法； 5.国家高程基准的基本知识
	边角测量	1.能进行一、二等三角点、导线点的选点及选点图的绘制； 2.能进行一、二等三角测量(含导线)的观测、测站平差计算和精密边长测量	1.水平角观测方法； 2.水平角、垂直角、边长测量的观测、成果取舍、资料整饰的知识； 3.水平角观测、边长测量相关的误差知识
	重力测量	1.能进行重力仪的纵、横水准气泡调整及测量范围调整； 2.能进行一、二等重力及基本重力测量的观测、记录及计算； 3.能进行相对重力仪的格值标定和静态试验	1.气象与重力相关知识； 2.重力测量、记录及限差的要求； 3.测线计算、重力值计算的知识； 4.相对重力仪的静态试验和动态试验的知识； 5.国家重力基准的基本知识

续表 4-3

职业功能	工作内容	技能要求	相关知识要求
数据处理	数据解算	1.能进行外业测量成果中需要的各项改正数的计算； 2.能进行边角(含导线)、水准、重力测量中两项外业测量成果的各项改正数的计算； 3.能依据数据处理方案进行数据处理	1.大地外业测量成果中需要的各项改正数的计算； 2.边角(含导线)、水准、重力测量中两项外业测量成果的改正
	数据分析	1.能对 GNSS 基线、边角(含导线)闭合差、水准测量往返不符值、重力测量段差中误差是否超限进行判定； 2.能确定 GNSS 基线、边角(含导线)闭合差、水准测量往返不符值、重力测量段差中误差超限的具体原因	1.GNSS 基线、边角(含导线)闭合差、水准测量往返不符值、重力测量段差中误差的概念； 2.数据处理方法和规范
技术与质量管理	技术指导	1.能在测量作业过程中对初、中级大地测量员进行技术指导； 2.能根据设计书或实施方案划分项目的技术要素	1.技术指导的相关知识； 2.设计书、实施方案的相关知识
	质量管理	1.能在卫星定位(GNSS)、边角(含导线)、水准、重力测量项目中进行质量控制； 2.能进行卫星定位(GNSS)、边角(含导线)、水准、重力测量其中两项的质量检验	1.卫星定位(GNSS)、边角(含导线)、水准、重力测量的技术要求； 2.卫星定位(GNSS)、边角(含导线)、水准、重力测量的质量检验知识

表 4-4　大地测量员技师(二级)工作要求

职业功能	工作内容	技能要求	相关知识要求
方案设计	实施方案编写	1.能根据技术设计的要求编写测量、数据处理作业的实施方案； 2.能根据技术设计要求制定生产管理和质量管理的作业指南	1.实施方案编写的技术规定； 2.生产管理与质量管理的知识
	实施方案交底	1.能根据项目实施方案对实施人员进行必要的技术交底； 2.能根据项目实施方案对项目的执行进度、质量情况、安全预防作出前期预判	1.保密知识； 2.质量、安全管理的相关规定
测量	卫星定位(GNSS)测量	1.能组织实施 GNSS 测量整个外业工作； 2.能进行 GNSS 测量的数据质量检查、基线解算； 3.能进行基线重复性和环线检验	1.伪距定位方法和载波相位测量知识； 2.GNSS 测量数据预处理的知识
	水准测量	1.能组织实施水准测量整个外业工作； 2.能进行水准测量外业成果资料的分析和整理； 3.能组织跨河水准测量作业和高差计算； 4.能组织实施特殊需求的水准测量工作	1.跨河水准测量观测程序、记录与高差计算； 2.水准测量路线布设的原则及方案制订； 3.水准测量外业概算知识
	边角测量	1.能组织实施边角测量整个外业工作； 2.能对边角测量成果进行检查及精度分析； 3.能组织在作业困难地区进行边角测量(含导线)工作的选点、观测和精密边长测量及各项外业验算的工作	1.角度测量、边长测量和精密导线测量方法； 2.边角测量外业概算知识
	重力测量	1.能组织实施重力测量整个外业工作； 2.能进行外业成果资料的全面整理与检查； 3.能组织重力测量工作	1.重力测量方法； 2.重力测量外业概算知识

续表 4-4

职业功能	工作内容	技能要求	相关知识要求
数据处理	数据解算	1.能进行外业测量数据的分析与整理； 2.能进行大地测量数据库的基本操作； 3.能进行球面坐标与平面坐标之间的转换； 4.能进行卫星定位（GNSS）、边角、水准、重力测量中其中一项的平差计算	1.大地测量数据库的基本知识； 2.大地测量坐标的转换知识； 3.卫星定位（GNSS）、边角、水准、重力测量数据的平差计算
	数据分析	1.能根据卫星定位（GNSS）、边角、水准、重力测量平差结果判断 GNSS 点位、导线边、水准路线、重力限差是否合限； 2.能对需要返工的 GNSS 点、导线边、水准路线、重力限差作出判定； 3.能对基准站网的稳定性进行分析	1.卫星定位（GNSS）、边角、水准、重力测量的技术要求； 2.地面形变的知识
技术与质量管理	技术指导与培训	1.能根据项目特点与难点，对初、中、高级大地测量员进行具体的技术指导； 2.能根据培训计划与内容进行技术培训的授课； 3.能编写作业指导书	1.PPT 幻灯片的制作知识； 2.技术设计、技术总结编写的基本要求
	质量管理	1.能进行大地测量成果的检查； 2.能撰写本职业的技术报告、质检报告、验收报告	1.大地测量成果的质量检查规定； 2.相关质量报告编写的基本要求

表 4-5　大地测量员高级技师（一级）工作要求

职业功能	工作内容	技能要求	相关知识要求
方案设计	技术设计	1.能根据项目的要求编写外业技术设计书； 2.能根据项目的要求编写内业数据处理技术设计书	1.技术设计的规定； 2.技术问题处理的基本流程
	技术交底	1.能根据设计要求突出技术要点的衔接； 2.能根据设计要求保证项目的精确性、可靠性、经济性、可检测性	1.技术流程的重要节点； 2.产品质量的检查要点

续表 4-5

职业功能	工作内容	技能要求	相关知识要求
测量	卫星定位（GNSS）测量	1.能用精密星历进行基线解算； 2.能进行 GNSS 网的同步环、异步环检验和分析； 3.能根据有关技术规定的要求对 GNSS 测量外业作业中的疑难技术问题提出解决方案	1.GNSS 测量布设控制网的理论方法； 2.提高 GNSS 数据精度的原理和方法； 3.大地测量坐标系的知识
	水准测量	1.能组织实施超长跨度跨河的水准测量； 2.能进行水准网的外业计算； 3.能解决水准测量外业作业中的技术问题	1.跨河水准测量的知识； 2.各等级水准网的误差改正理论
	边角测量	1.能进行边角网的外业概算分析； 2.能解决边角测量外业作业中的技术问题	1.三角测量的三差改正理论； 2.边角测量的技术规范
	重力测量	1.能组织重力基准网的实施； 2.能解决重力测量外业作业中的技术问题	1.重力点布设及联测规定； 2.重力测量的技术规范
数据处理	数据解算	1.能进行不同坐标系统之间的转换； 2.能进行区域 GNSS 静态网平差计算； 3.能进行边角、水准、重力网中其中两项的平差计算	1.大地基准的知识； 2.坐标转换的理论知识
	数据分析	1.能根据平差结果找出最弱点位、最弱边长产生的原因； 2.能对基准站网进行时间序列分析	1.误差分析理论； 2.时间序列分析理论
技术与质量管理	技术指导与培训	1.能根据大地测量作业中的技术问题对各等级大地测量员进行指导； 2.能对工作报告和技术报告进行审核； 3.能编写培训辅导材料	1.工作报告、技术报告编写的基本要求； 2.大地测量作业程序文件的编写要求
	质量管理	1.能对测量成果的质量等级进行评定； 2.能对质检报告进行审核	1.测量成果质量等级知识； 2.测量成果质量等级评定知识
	新技术推广与应用	1.能制订新技术、新标准的应用试验计划并组织实施； 2.能对新仪器、新设备、新软件的性能进行基本测试； 3.能编写测试报告	1.测试或试验的方法、步骤； 2.测试或试验报告编制的内容和基本要求

任务三 摄影测量员

一、职业定义

摄影测量员是指使用大中型飞行器观测平台、数字摄影测量仪、交换机等仪器设备，进行航空航天影像数据和遥感影像的采集、调绘、加密、纠正、判译、测图等，绘制地形原图和生产数字影像产品的技术人员；利用摄影机或遥感器获取目标物的影像及相应电磁波信息，并进行分析和处理，揭示其几何、物理特性，以确定和表达目标物的形状、大小、空间位置、性质及其变化规律的工程技术人员。如图 4-6 所示为外业航空摄影示意图，如图 4-7所示为摄影测量内业图像处理示意图。

图 4-6　外业航空摄影示意图

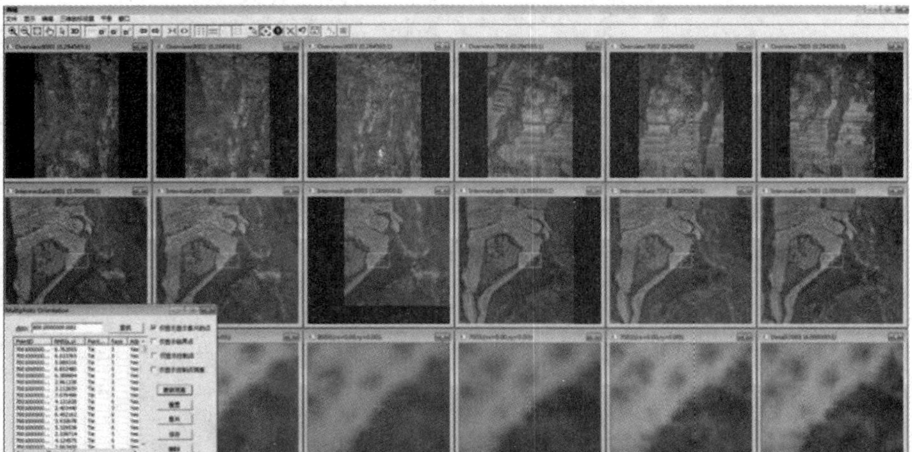

图 4-7　摄影测量内业图像处理示意图

二、职业任务

摄影测量员从事的工作主要包括：

（1）按测区情况进行航空摄影设计并指导航摄。

（2）使用常规或现代数字测绘技术，利用航摄像片、遥感资料采集地理信息数据，并对数据进行加工、处理，生产模拟或数字形式存储和表达的基础地理信息产品。

（3）研究、制定摄影测量与遥感影像处理的技术标准、质量检验标准、技术规范，检查验收航摄像片资料和地形图原图。

（一）航空摄影

航空摄影就是从空中对地球表面进行摄影。如图 4-8、图 4-9 所示为像控点布设示意图。

图 4-8 像控点布设（作为航空摄影测量控制点）

图 4-9 虚拟仿真中的像控点布设

航空摄影具有以下优点：

(1)可以居高临下地观察。

(2)航片能把观察到的各种地面特征在同一时间里客观地记录下来。

(3)记录动态现象。

(4)航片是现状的永久性记录,且有充裕时间来仔细研究,可将外业现场搬至室内探讨。

(5)可以宏观地观察地面,并具有较高空间分辨率。

按摄影机镜头主光轴的方位不同,航空摄影方式分为垂直摄影和倾斜摄影两种。

镜头主光轴处于铅垂位置的摄影称为垂直摄影。实际上,很难控制摄影机主光轴的铅垂,常含有微小的倾斜角,只要倾角小于2°都称为垂直摄影。

镜头主光轴偏离铅垂位置的倾斜角大于2°时就称为倾斜摄影。

摄影测量外业包括:

(1)像片控制点联测。像片控制点一般是航摄前在地面上布设的标志点,也可选用像片上明显地物点(如道路交叉点等)。采用卫星定位测量、测角交会、测距导线、等外水准、高程导线等普通测量方法,测定其平面坐标和高程。

(2)像片解译及调绘。在像片上通过判读、调查,用规定的地形图符号绘注地物、地貌等要素。

(3)像片补测。对于因航摄漏洞产生的大面积云影、阴影等,造成影像没有显示或者影像不清的情况,可以将地形图需要表示的地物、地貌补绘在像片上。

对航空像片的要求:

(1)影像成像清晰,色调一致,反差适中。

(2)一条航线上相邻两张像片,应有一定的重叠影像,一般要求为55%~65%。相邻航线之间的影像重叠,称为旁向重叠,一般要求为30%左右。

(3)航摄像片倾斜角应越小越好,一般不应大于2°,个别最大倾斜角不应超过3°。

(4)航线弯曲最大偏离值与航线全长之比不应大于3%。

(二)一般航摄

通过数码航摄仪,能够提供航测内外业一体化业务,广泛应用于城市建设、公安应急、线路勘测、农村土地确权等行业。

航摄仪,以徕卡ADS80航摄仪(见图4-10)为例介绍。

镜头焦距:62.77 mm

视场角(FoV):64°

像素大小:6.5 μm ×6.5 μm

精度:130 lp/mm

扫描宽带:12 000 像素

光谱范围:420~900 nm

内置高精度的IPAS (IMU/GPS)系统

图 4-10　徕卡 ADS80 航摄仪

飞机,以航摄常用的运-12 飞机(见图 4-11)为例介绍。

机长:14.86 m

翼展:17.235 m

机高:5.575 m

空重:3 400 kg

发动机:PT6A-27

巡航速度:240~250 km/h

最大起飞重量:5 000 kg

最大飞行速度:328 km/h

最大航程:1 800 km

升限:7 000 m

图 4-11　运-12 飞机

(三)无人飞行器航摄

无人飞行器航摄是利用预设的程序控制装置,或无线电遥控设备操纵无人机,使用数码摄像机作为传感器进行的航空摄影测量。如图 4-12 所示为无人机航拍示意图。

无人飞行器除了在测绘航空摄影领域广为使用,在巡防、林业防火、水利及农业监测等方面,都有很大程度的应用。

图 4-12　无人机航拍示意图

(四)倾斜摄影

倾斜摄影是摄影机主光轴明显偏离铅垂线或水平方向,并按一定倾斜角进行的摄影。通过倾斜相机,能够提供倾斜摄影内外业一体化业务,广泛应用于城市三维建模和真正射影像图制作。如图 4-13 所示为倾斜摄影数据采集模型,如图 4-14~图 4-16 所示为摄影测量后制作的城市三维模型、三维数字模型和数字高程模型(DEM)。

图 4-13　倾斜摄影数据采集模型

倾斜摄影技术具有以下特点:

(1)反映地物周边真实情况。相对于正射影像,倾斜影像能让用户从多个角度观察地物,更加真实地反映地物的实际情况,极大地弥补了基于正射影像应用的不足。

(2)建筑物侧面纹理可采集。能够有效地降低城市三维建模成本。

(3)数据量小、易于网络发布。相较于三维 GIS 技术应用庞大的三维数据,应用倾斜摄影技术获取的影像的数据量要小得多,其影像的数据格式可采用成熟的技术快速进行网络发布,实现共享应用。

图 4-14　城市三维模型

图 4-15　三维数字模型示意图

图 4-16　数字高程模型(DEM)

(五)机载雷达扫描

雷达意为无线电定向和测距。其工作波段大多在微波范围,少数也利用其他波段。例如:利用红外波段工作的红外雷达,利用激光器做发射波源的激光雷达。

激光雷达是发射激光束并接收回波获取目标三维信息的系统。通过机载激光扫描仪,能够提供准确的点云数据,该技术广泛应用于地形测绘、地籍测绘、文化遗产保护、应急测绘等方面。如图 4-17 所示为不同类型激光雷达测量工具。

(a) Optech 机载激光雷达　　(b)基站激光雷达　　(c)车载激光雷达

图 4-17　不同激光雷达测量工具

雷达干涉测量是装有两个侧视天线,对同一地区采用干涉法记录回波信号相位和图像,通过一系列必要的处理后,可获取地表三维几何和物理特征的一种测量技术。

三、职业要求

(一)基础知识

1.测量基础知识

(1)地面点定位知识。

(2)平面、高程测量知识。

(3)测量数据处理知识。

(4)测量仪器设备知识。

(5)数字地形图及其测绘知识。

(6)地形图应用知识。

2.计算机基础知识

(1)计算机操作基础知识。

(2)测量相关软件使用知识。

3.安全生产与环境保护知识

(1)劳动保护知识。

(2)仪器设备的安全使用知识。

(3)野外安全生产知识。

(4)资料保管、保密知识。

4.相关法律法规知识

(1)《中华人民共和国劳动法》相关知识。

(2)《中华人民共和国测绘法》相关知识。

(3)其他有关法律法规及技术标准的基本知识。

(二)工作要求

摄影测量员初级工(五级)工作要求如表4-6所示,摄影测量员中级工(四级)工作要求如表4-7所示,摄影测量员高级工(三级)工作要求如表4-8所示,摄影测量员技师(二级)工作要求如表4-9所示,摄影测量员高级技师(一级)工作要求如表4-10所示。

表4-6　摄影测量员初级工(五级)工作要求

职业功能	工作内容	技能要求	相关知识要求
像片控制测量	准备	1.能按要求领取指定的测绘资料; 2.能进行水准仪、全站仪以及辅助设备的准备与检视	1.各种测绘资料的用途及保密、保存的有关要求; 2.水准仪、全站仪的主要性能、用途及保养知识
	控制测量	1.能进行水平角、垂直角、距离的观测和记录; 2.能进行等外水准测量与记录	1.水准仪、全站仪的结构及测量原理; 2.等外水准、水平角、垂直角和距离观测的精度要求及记簿要求
像片调绘	准备	1.能按要求领取指定的影像资料; 2.能使用各种调绘工具和器材	1.影像资料的用途及保密、保存要求; 2.各种调绘工具的使用方法
	调绘	1.能对一般地区的影像进行判读; 2.能对一般地区的影像进行调绘	1.像片的判读特征; 2.调绘的基本知识; 3.地形图图式相关知识
影像测图	准备	1.能按要求准备所需要的数据资料; 2.能进行数字摄影测量系统软件、硬件设备的准备	1.计算机软件、硬件设备的应用常识; 2.数字摄影测量的作业流程与作业方法
	采集与编辑	1.能进行影像的内定向、相对定向和绝对定向; 2.能进行像对的立体观察、立体量测; 3.能进行单要素的数据采集	1.内、外方位元素的知识; 2.像片定向的基本理论以及立体观察、立体量测的原理与方法

表 4-7 摄影测量员中级工(四级)工作要求

职业功能	工作内容	技能要求	相关知识要求
像片控制测量	准备	1.能对像片按规定进行编号； 2.能在地形图上转标控制点； 3.能对水准仪、全站仪进行检查	1.像片编号的基本规则； 2.水准仪、全站仪的检查方法
	像控点布设与判刺	1.能按技术要求进行像控点的布设； 2.能实地选择像控点并设立测量标志	1.像控点布设的基本原则与要求； 2.野外布设测量标志的数量、位置与精度要求
	控制测量	1.能利用水准仪、全站仪、卫星定位仪进行像控点联测； 2.能进行电子手簿记录； 3.能进行控制测量成果的整理	1.水平角、垂直角观测误差的主要来源； 2.水准测量、导线测量、卫星定位测量的基本知识； 3.相对应的各种测量规范要求
	数据处理	1.能进行等外水准、三角高程的计算； 2.能进行导线测量成果的计算； 3.能对控制测量成果进行自查	1.各种误差的基本概念以及限差要求； 2.水准测量的平差原理及方法； 3.导线测量的计算方法
像片调绘	准备	1.能按技术要求检查、分析影像的质量； 2.能对数字影像进行数据格式的转换和灰度、反差的处理	1.像片飞行质量与影像质量检查的规范要求； 2.数字影像处理软件的应用知识
	调绘	1.能进行像片调绘以及新增地物的补调； 2.能进行地物点的投影差改正和房檐改正； 3.能绘制调绘面积线，能进行调绘片接边，能对自由图边进行处理； 4.能对调绘成果进行自查	1.像片调绘的作业方法； 2.投影差的产生原因及改正方法； 3.外业综合取舍的基本原则与要求； 4.新增地物点补调的精度要求； 5.地物、地貌知识
空三加密	准备	1.能按要求收集影像资料和已知控制点的成果； 2.能对数字影像进行数据格式的转换和灰度、反差的处理	1.各类已知控制点精度指标的要求； 2.数字影像处理软件的应用知识
	数据处理	1.能利用空三加密软件在影像上选择加密点，获取加密点的坐标及相关参数； 2.能对空三加密成果进行自查	1.空三测量的基本理论； 2.加密点布设的基本原则； 3.空三加密软件的应用； 4.内定向、相对定向、绝对定向的基本知识
影像测图	准备	1.能进行空三加密成果的收集与准备； 2.能准备测图所需要的影像资料	1.数字摄影测量的基本理论； 2.空三加密成果的精度分析相关知识
	采集与编辑	1.能进行地形图的地形数据采集与编辑； 2.能进行 DEM、DOM 成果的制作	1.一般地貌知识和内业综合取舍的基本原则； 2.数字高程模型、数字正射影像的基本概念； 3.数字正射影像纠正的基本原理； 4.制作 DEM、DOM 成果的作业规范与要求
	检查	1.能自查作业成果； 2.能检查地形图、DEM、DOM 成果的精度	1.地形图的质量检查标准； 2.DEM、DOM 成果的质量检查标准

表 4-8　摄影测量员高级工(三级)工作要求

职业功能	工作内容	技能要求	相关知识要求
影像资料获取	资料收集	1.能根据作业要求收集航空摄影飞行资料; 2.能收集航摄仪的检定资料及相关参数	1.航空摄影平台的类型与结构原理; 2.各类型数码相机以及辅助设备的结构与原理
	资料检查	1.能检查航空摄影飞行质量; 2.能检查航空摄影影像质量	1.航空摄影的基本理论知识; 2.航空摄影飞行质量、影像质量的技术要求; 3.低空数字航空摄影的规范要求
像片控制测量	控制测量	1.能进行平面控制点的选点与观测; 2.能处理像控点观测过程中遇到的一般问题; 3.能施测三、四等水准测量	1.卫星定位测量的作业方法; 2.水准测量的误差来源知识; 3.基础控制点选点、观测的技术要求; 4.像片控制点精度要求
	数据处理	1.能进行三、四等水准测量的计算; 2.能进行控制点坐标的换带计算; 3.能检查作业小组的控制测量成果	1.坐标换带计算的原理与方法; 2.像片控制成果整理的要求
像片调绘	调绘	1.能使用电子平板调绘系统进行调绘; 2.能进行卫星遥感影像的判读与解译; 3.能进行新增地物点的补调、补测	1.电子平板调绘系统的原理与使用方法; 2.卫星遥感影像的判读与解译方法
	数据处理	1.能对调绘成果进行数据处理; 2.能对作业小组的调绘成果进行整理、检查	1.数字化测图知识; 2.像片调绘成果整理的要求; 3.调绘成果检查规定

续表 4-8

职业功能	工作内容	技能要求	相关知识要求
空三加密	数据处理	1.能划分区域网； 2.能进行平差计算并对量测结果进行分析； 3.能解决量测过程中出现的一般问题	1.空三加密的作业方法、步骤与要求； 2.平差结果误差分析的方法； 3.减弱测量误差的主要方法和措施
	质量检查	1.能对空三加密成果进行质量检查； 2.能对空三加密成果进行精度评定	1.空三加密成果的质量标准； 2.空三加密成果质量检查的基本要求与方法
影像测图	采集与编辑	1.能进行 DLG 的制作； 2.能判读、解译和提取正射影像上的各类地理信息； 3.能处理地形要素采集作业过程中遇到的一般问题	1.各种比例尺地形图的成图精度、技术指标和要求； 2.DLG 制作的方法与步骤； 3.DLG 制作的规范要求； 4.地形图分幅和编号的方法
	质量检查	1.能对 DEM、DOM、DLG 成果进行质量检查； 2.能对 DEM、DOM、DLG 成果进行精度评定	1.DLG 成果的质量检查标准； 2.DEM、DOM、DLG 成果质量检查的基本要求与方法
遥感图像处理	准备	1.能根据项目要求分类收集遥感影像资料； 2.能对遥感影像资料进行分类处理	1.卫星遥感影像的基本知识； 2.卫星遥感影像资料分类处理的要求与方法
	图像处理	1.能进行卫星遥感影像数据的几何纠正、配准与融合； 2.能制作遥感影像平面图； 3.能对遥感图像处理成果进行质量自检	1.卫星遥感影像几何纠正的基本原理与方法； 2.各类传感器获取影像的特点； 3.遥感影像平面图制作的规范要求； 4.遥感影像处理软件的应用相关知识

表 4-9　摄影测量员技师(二级)工作要求

职业功能	工作内容	技能要求	相关知识要求
影像资料获取	方案设计	1.能根据技术设计要求制订航摄飞行的计划； 2.能对数字航摄仪进行检视	1.航空摄影飞行计划、飞行设计的技术要求； 2.数字航摄仪的检视要求
	航空摄影	1.能使用 IMU/GNSS 辅助航空摄影设备进行航空摄影； 2.能利用大中型飞行器观测平台获取航空影像	1.IMU/GNSS 辅助航空摄影技术规范； 2.框幅式、推扫式数字航空摄影的规范要求； 3.各类型数字航摄仪的操作方法与要求
	遥感影像的获取	1.能利用相关软件对获取的遥感影像进行数据预处理； 2.能对遥感影像质量进行检查	1.遥感原理； 2.传感器的工作原理； 3.遥感影像质量检查的技术要求
像片控制测量	控制测量	1.能进行基础控制网的布设； 2.能制订控制点的施测方案	1.国家等级控制网布设、施测的技术要求； 2.卫星定位测量的规范要求
	数据处理	1.能进行卫星定位测量数据的处理、平差计算； 2.能进行独立坐标系统与国家坐标系统之间的系统转换	1.卫星定位测量数据处理软件与应用相关知识； 2.误差传播定律及其应用相关知识； 3.国家坐标系统的基本知识
像片调绘	调绘	1.能对地形、地貌进行修测； 2.能制订调绘方案	1.地形、地貌修测的技术要求和作业方法； 2.卫星遥感影像调绘的方法
	数据处理	1.能进行地物、地貌调绘成果的整理； 2.能解决数据处理中遇到的技术问题	1.数字地图采集、编辑的相关知识； 2.绘图软件应用的基本知识
空三加密	方案设计	1.能提出提高和改善测量结果的建议、方案； 2.能制订区域网加密点的布设方案	1.空三加密区域网划分的基本原则； 2.制订加密点布设方案的要求
	空三加密	1.能进行 IMU/GNSS 辅助空三测量的平差计算； 2.能提出提高和改善平差结果的方案	1.IMU/GNSS 辅助空三测量的方法和技术要求 ； 2.光束法区域网平差的基本理论

续表 4-9

职业功能	工作内容	技能要求	相关知识要求
影像测图	采集与编辑	1.能制订数据采集的作业方案与技术要求； 2.能根据规范和技术规定要求对影像测图中遇到的技术问题提出解决方案	1.数据采集作业方案制订的标准与要求； 2.图幅之间接边的基本要求、方法和接边误差处理的基本原则
	成果评定	1.能制订测图成果的分析评价方案； 2.能对测图成果进行分析评价	1.测量误差的基本原理与方法； 2.测图成果质量检查的规范要求
遥感图像处理	图像处理	1.能处理遥感图像数据处理中遇到的技术问题； 2.能进行卫星遥感影像的解译及专题信息提取	1.遥感图像处理技术和应用相关知识； 2.卫星遥感影像解译的方法
	成果评定	1.能组织实施对遥感图像处理成果的分析评价； 2.能依据分析评价结果向技术管理部门提出建设性意见	1.测量误差分析的基本原理与方法； 2.数字测绘成果质量检查的规范要求
技术与质量管理	质量控制	1.能编制产品质量检查计划和实施方案； 2.能编制产品质量检查指导书； 3.能运用质量管理体系对测绘产品进行质量管理	1.产品质量标准体系的知识； 2.质量管理体系的相关知识
	技术管理	1.能依据专业技术设计书和工艺流程编写作业指导书； 2.能对初、中、高级摄影测量员进行作业指导	1.作业指导书编写要求和方法、步骤、格式等基本知识； 2.测绘项目管理的基本知识

表 4-10 摄影测量员高级技师(一级)工作要求

职业功能	工作内容	技能要求	相关知识要求
影像资料获取	方案设计	1.能编写航空摄影的专业技术设计书； 2.能进行生产工作量的核算	1.专业技术设计书编制的要求和标准； 2.工作量核算标准制定的原则与要求
	影像资料评价	1.能对航空和遥感影像资料进行评价； 2.能对航空摄影中出现的重大技术问题提出解决方法	1.航空摄影影像评价方法； 2.卫星遥感影像评价方法
像片控制测量	专业技术设计	1.能编写像片控制测量的专业技术设计书； 2.能制订项目实施方案	1.专业技术设计书编制的要求和标准； 2.工作量核算标准制定的原则与要求
	控制测量	1.能进行航空摄影检校场像控点的布设； 2.能对相关技术精度指标进行估算和评价； 3.能对控制测量中出现的重大技术问题提出解决方案	1.检校场像控点布设的规范要求； 2.控制点精度指标估算和评价的相关知识
像片调绘	专业技术设计	1.能编写像片调绘的专业技术设计书； 2.能制订项目实施方案	1.专业技术设计书编制的要求和标准； 2.工作量核算标准制定的原则与要求
	调绘	1.能编制地形图的更新方案； 2.能对调绘中出现的重大技术问题提出解决方案	1.地形图更新的知识； 2.地理要素分类编码的标准
空三加密	专业技术设计	1.能编写空三加密的技术设计书，绘制相关的设计图样； 2.能制订项目实施方案	1.专业技术设计书编制的要求和标准； 2.工作量核算标准制定的原则与要求
	成果评定	1.能制订空三加密成果分析评价的方案； 2.能对加密成果进行分析与评价	1.空三加密成果的分析评价方法； 2.空三加密成果质量检查的规范要求

续表 4-10

职业功能	工作内容	技能要求	相关知识要求
影像测图	专业技术设计	1.能编写影像测图的专业技术设计书； 2.能制订项目实施方案	1.专业技术设计书编制的要求和标准； 2.工作量核算标准制定的原则与要求
	采集与编辑	1.能对影像测图中出现的重大技术问题提出解决方案 ； 2.能提出相应测图软件的改进方案	1.各类测图软件的特点； 2.地理要素分类编码的标准
遥感图像处理	专业技术设计	1.能编写遥感图像处理的专业技术设计书； 2.能制订项目实施方案	1.专业技术设计书编制的要求和标准； 2.工作量核算标准制定的原则与要求
	遥感图像应用	1.能解决遥感图像处理与应用中出现的重大技术问题； 2.能对提取的各类地理信息进行空间分析和统计分析	1.卫星遥感技术及应用的知识； 2.地理信息分析的知识
技术与质量管理	报告编写	1.能编写技术总结； 2.能编写质检报告； 3.能编写质量管理体系运行情况报告并提出改进措施	1.技术总结编写的基本要求和内容； 2.质检报告编写的基本要求和内容
	技术培训	1.能编写培训辅导材料； 2.能解答技术培训中的相关技术问题； 3.能指导学员进行生产试验	1.课件制作以及多媒体的应用知识； 2.生产试验项目的选择与技术要求
	新技术应用	1.能进行新产品开发、生产试验； 2.能对新仪器、新设备、新软件的性能进行基本测试	1.试验开展的基本步骤和要求； 2.新仪器、新设备、新软件测试的基本条件、方法和步骤

任务四　地图绘制员

一、职业定义

地图绘制员是指使用手绘方法或使用刻绘工具,设计、编绘、清绘、刻绘印刷用的地图出版原图,使用数字化仪、计算机等设备制作数字化地图的人员,以及进行地图安全审校的人员。

二、职业任务

地图绘制员从事的工作主要包括:

(1)进行地图绘制前的准备工作;

(2)进行绘图资料的处理与转绘;

(3)使用计算机或手工进行地图原图编绘作业和原图的自校与修改;

(4)使用绘图、刻图等工具,手工清绘、刻绘可供印刷用的地图出版原图、专题图;

(5)使用自动化数字化仪、计算机以及扫描仪等仪器设备,进行地图定向、地图数据采集和数据转换,制作数字化地图;

(6)维护保养仪器、工具。

(一)地图编制

地图(map)是按照一定数学法则,运用符号系统和综合方法,以图形或数字的形式表示具有空间分布特性的自然与社会现象的载体。

地形图(topographic map)是表示地表上的地物、地貌平面位置及基本的地理要素,且高程用等高线表示的一种普通地图。

电子地图(electronic map)是以数字地图为数据基础,以计算机系统为处理平台,在屏幕上实时显示的地图,是屏幕地图及支持其显示的地图软件的总称,如图4-18所示。

图4-18　电子地图(如百度地图)

地图编制(map compilation)是指利用已有的各种地图资料,在室内编绘新图并且进行复制的完整工艺过程。

地图常规编制过程分四个阶段:

(1)地图设计与编辑准备阶段。

(2)地图编稿与编绘阶段。

(3)地图整饰阶段。

(4)地图印制阶段。

(二)地形图

地形图表示的内容可分为三个部分:地学要素、地理要素、图廓外要素。

图廓的方向通常是:上北、下南、左西、右东,或直接绘出指北方向。

对于一幅地形图,可以分为图廓外与图廓内两部分。图廓外包括图名和图号、比例尺、图廓线、接合图表和接合图号、指北方向线、坐标系统与高程系统、所依据的地形图图式、坡度尺、责任者、测绘时间等;图廓内则为地形图的内容,包括经纬线、坐标格网、各类地物符号、等高线、注记等。

地形图图式指地图符号样式的描绘规则的规范,由国家测绘业务主管部门统一制定。图式中规定了相应比例尺地形图上表示各种地物、地貌要素的符号、注记和颜色标准,以及使用这些符号的原则、要求和基本方法。

地物符号从描述地物的类型,可分为地物符号、地貌符号、注记符号,从符号的几何特性可分为点状符号、线状符号、面状符号。点状符号是不依比例尺表示的小面积地物或点状地物符号。线状符号是长度依比例尺表示而宽度不依比例尺表示的、线状延伸分布的物体或地理现象的符号。面状符号是指在二维图上各方向都能依比例尺表示的面状分布的物体或地理现象的符号。

(三)电子地图

电子地图(见图4-18)具有以下特点:

(1)可以快速存取显示。

(2)可以实现动画。

(3)可以将地图要素分层显示。

(4)可利用虚拟现实技术,将地图立体化、动态化,令用户有身临其境之感。

(5)可利用数据传输技术,将电子地图由一方传输到其他地方。

(6)可以实现图上的长度、角度、面积等的自动化测量。

(四)真三维地图

如图4-19所示为制作的真三维地图用于模拟街景。

(五)互联网地图服务

互联网地图是指登载在互联网上,或通过互联网发送的、基于服务器、地理信息数据库形成的,具有实时生成、交互控制、数据搜索、属性标注等特性的电子地图。如图4-20所示为2024版国家地理信息公共服务平台(又称“天地图”)。

图 4-19　真三维地图模拟街景

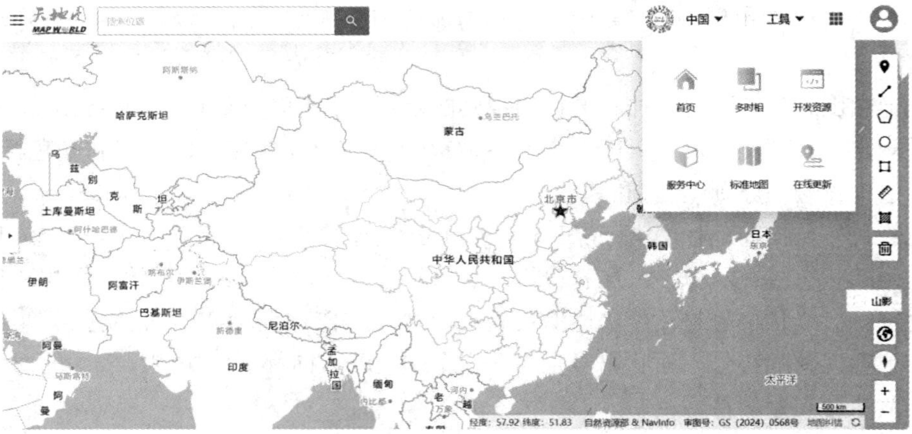

图 4-20　天地图截图

三、职业要求

(一)基础知识

1.测量基础知识

(1)地理基础知识。

(2)地图基础知识。

(3)色彩与美学基础知识。

2.计算机基础知识

(1)计算机操作基础知识。

(2)文字图形图像处理相关软件使用知识。

3.安全生产与环境保护知识

(1)劳动保护知识。

(2)仪器设备的安全使用知识。

(3)野外安全生产知识。

(4)资料保管、保密知识。

4.相关法律法规知识

(1)《中华人民共和国劳动法》相关知识。

(2)《中华人民共和国测绘法》相关知识。

(3)其他有关法律法规及技术标准基本知识。

(二)工作要求

地图绘制员初级工(五级)工作要求如表4-11所示,地图绘制员中级工(四级)工作要求如表4-12所示,地图绘制员高级工(三级)工作要求如表4-13所示,地图绘制员技师(二级)工作要求如表4-14所示,地图绘制员高级技师(一级)工作要求如表4-15所示。

表4-11 地图绘制员初级工(五级)工作要求

职业功能	工作内容	技能要求	相关知识要求
数据获取与编辑	数据采集与更新	1.能实施数据的定位或纠正; 2.能完成地图属性数据的录入; 3.能进行文字、数字数据的识别与录入	1.数据采集的基本知识; 2.数据的几何特征; 3.《基础地理要素分类与代码》(GB/T 13923—2022)相关规定
	数据编辑	1.能进行单要素数据的编辑; 2.能进行线划数据的补充录入	1.数据编辑工作的流程及具体内容; 2.地图数据字典
地图制作	普通地图绘制	1.能进行各类线划要素(等高线除外)的绘制; 2.能进行各类要素的符号化配置; 3.能进行地图文字的标注	1.地图符号化的基本知识; 2.普通地图要素的表示方法
	专题地图绘制	1.能进行地理底图要素(等高线除外)的绘制; 2.能进行专题类型图的绘制; 3.能进行专题统计图的几何符号绘制	1.地理底图的基础知识; 2.专题要素的基础知识
质量检查	采集与更新数据的自查	1.能进行遗漏、重复要素的自查; 2.能进行各要素属性、分层的自查	1.数据采集质量控制的基本要求
	成图数据的自查	1.能进行地图线划要素的自查; 2.能进行文字注记的自查	1.地图图式规范使用的基础知识; 2.地图数据检查的基本知识

表 4-12 地图绘制员中级工(四级)工作要求

职业功能	工作内容	技能要求	相关知识要求
准备	资料准备	1.能根据生产要求领用制图资料; 2.能根据所提供制图资料,明确使用的内容	1.地图制图的一般要求; 2.地形图的基本知识
	技术准备	1.能使用扫描仪、打印机或绘图仪; 2.能利用软件的输入、输出功能,进行数据交换操作	1.扫描仪、打印机、绘图仪等设备及操作使用的知识; 2.相关软件基本功能及应用知识
数据获取与编辑	数据采集与更新	1.能进行多要素的数据采集与更新; 2.能进行多层数据的连接与协调	1.地图数据库基本知识; 2.数据分层知识
	数据编辑	1.能进行多要素数据的编辑; 2.能进行多层数据的整合	1.数字线划图的编辑要求; 2.数据整合的基本要求
	数据接边	1.能完成图形接边; 2.能完成属性接边	1.地图分幅和编号的相关知识; 2.数据接边的基本知识
地图制作	普通地图绘制	1.能进行大比例尺平原地区地形图的绘制; 2.能进行普通地理图各要素(不含等高线要素)的绘制	1.地形图图式的主要内容; 2.地理信息分类与编码的基本知识
	专题地图绘制	1.能进行常用自然地图、人文地图的绘制; 2.能进行地理底图要素的选取	1.地理底图的知识; 2.专题地图内容的表示方法
质量检查	补充与更新数据的检查	1.能进行数据位置精度的检查; 2.能进行数据完整性的检查; 3.能进行数据要素关系的检查	1.《数字线划图(DLG)质量检验技术规程》(CH/T 1025—2011)相关规定; 2.《数字高程模型质量检验技术规程》(CH/T 1026—2012)相关规定
	成图数据的检查	1.能进行地图要素的检查; 2.能进行地图要素关系的检查	1.地形图图式规范相关要求; 2.地图检查的基本知识
仪器设备维护	设备维护	1.能对制图输入设备进行日常保养; 2.能对制图输出设备进行日常保养	1.设备保养的基本知识
	故障排除	1.能对制图系统相关设备进行简单故障排除	1.设备维护的基本知识; 2.设备安全使用的知识

表 4-13　地图绘制员高级工(三级)工作要求

职业功能	工作内容	技能要求	相关知识要求
准备	资料准备	1.能进行基本制图资料的收集和整理； 2.能确定所提供制图资料的正确性和完备性； 3.能按设计书要求对制图资料进行预处理	1.各种制图资料的用途及保密、保存的有关要求； 2.现势资料的使用常识
	技术准备	1.能正确应用相关软件的图形绘制与数据处理功能； 2.能正确完成数据扫描、成图打印操作	1.相关软件图形绘制与数据处理功能的应用； 2.扫描、打印设备性能及相关参数设置
数据提取与编辑	数据获取	1.能依据制图任务的要求，选择相应的基础数据； 2.能对相应的基础数据进行预处理； 3.能按作业需求提交分幅、分层的底图数据	1.基础地理信息数字产品生产相关技术规程； 2.《基础地理信息要素分类与代码》(GB/T 13923——2022)相关规定
	数据编辑应用	1.能依据制图任务的需要，生产分层设色底图、晕渲底图； 2.能利用已有数据属性，派生各类专题地图数据	1.专题地图编制的一般原理与主要方法； 2.地理信息系统及制图软件操作手册
地图制作	普通地图编制	1.能进行各类比例尺地形图及普通地理图的绘制； 2.能进行平原地区地形图、不含地貌要素的普通地理图的编绘； 3.能针对普通地图各要素的综合指标，制订要素选取与图形概括的作业要求	1.地貌要素的表示方法； 2.地图图例内容的表示方法； 3.普通地图制图综合的基本知识
	专题地图编制	1.能进行单张专题地图的编绘； 2.能针对单张专题要素表达要求，制订要素选取与图形概括的作业要求	1.专题地图内容表示方法； 2.专题地图制图综合的基本知识； 3.人文地理学相关的基础知识

续表 4-13

职业功能	工作内容	技能要求	相关知识要求
地图出版准备	地图数据工程化处理	1.能进行不同类型数据格式间的转换； 2.能进行分幅出版文件的工程化处理； 3.能进行图面的整饰工作	1.地图制作的技术工艺； 2.地图整饰的基础知识
	出版数据准备	1.能按照数据出版的性质（涉密、内部或公开）提交审核； 2.能进行印刷数据所需要素的叠印设置及文件检查； 3.能进行纸质样或屏幕样的检查	1.地图印刷的基本知识； 2.地图印刷的技术工艺
质量检查与审核	地图数据检查	1.能进行普通地图全要素的检查； 2.能进行专题地图全要素的检查	1.地图编制的相关规范； 2.自然地理学的相关知识
	出版技术审核	1.能进行地图出版的一般内容及技术审查； 2.能处理地图出版内容及技术审查中的问题	1.《地图管理条例》的相关内容； 2.国界、省界界线标准画法的图件及说明； 3.有关国家争议国界画法的图件及说明
仪器设备维护	设备维护	1.能对地图输入、输出设备进行定期维护； 2.能对地图输入、输出设备软件进行正常升级	1.输入、输出设备的维护常识； 2.输入、输出设备软件操作手册的相关内容
	故障排除	1.能对地图输入、输出设备的常见故障进行排除； 2.能在设备运行中出现复杂机械故障时联系设备维修技术人员解决故障	1.输入、输出设备的基本工作原理； 2.输入、输出设备常见问题及处理的知识

表 4-14 地图绘制员技师(二级)工作要求

职业功能	工作内容	技能要求	相关知识要求
准备	资料准备	1.能依据项目设计和任务要求,明确制图任务的具体内容与整体要求; 2.能有针对性地收集制图区域相关资料; 3.能对相关成果及资料进行分析和处理	1.地图生产技术工艺的基本知识; 2.地图设计书编写的基础知识
	技术准备	1.能依据项目设计和任务要求,进行制图数据或资料选择; 2.能确定图幅编制方案和选取指标,制订图幅作业方案	1.制图区域的地理特征知识; 2.制图资料选择的原则和方法
地图设计	普通地图设计	1.能选择制图资料,并能确定资料的使用方式; 2.能结合作业需求确定地图要素的选取指标、表达方式; 3.能进行典型区域样图实验; 4.能编写普通地图图幅的编制技术说明	1.普通地图的设计知识; 2.制图资料选择的原则和方法; 3.遥感影像判读基础知识
	专题地图设计	1.能确定地理底图表达的相关内容; 2.能选择表达专题要素的数据源,并对指标体系、表达方式作出技术规定; 3.能对专题要素表达的难点、技术指标作出说明; 4.能进行典型区域样图实验; 5.能编写专题地图图幅的编制技术说明	1.专题地图设计基本原理; 2.专题地图编制基础知识
地图制作	普通地图编绘	1.能进行全要素地形图的编绘; 2.能进行全要素普通地理图的编绘; 3.能依据普通地图制图需要及已有数据,制订相关图层编制的技术方案	1.地貌学的基本知识; 2.地貌要素的综合知识; 3.地理信息空间分析的基础知识
	专题地图编绘	1.能进行系列专题地图的编绘; 2.能依据专题地图制图需要及已有数据制订相关图层编制的技术方案	1.系列专题地图设计的知识; 2.系列专题地图编制的知识

续表 4-14

职业功能	工作内容	技能要求	相关知识要求
地图出版准备	地图数据工程化处理	1.能制订地图图面的整体配置方案； 2.能设置地图文件的色彩管理模式	1.地图版式设计相关知识； 2.地图美学知识； 3.地图印刷知识
	出版数据准备	1.能进行地图印刷页面数据的拼版； 2.能进行出版数据的整理与修改	1.印刷与装订的知识； 2.排版软件应用的知识
质量检查与审核	地图数据检查	1.能进行数据成果质量检查； 2.能进行图幅间协调性检查	1.地图质量检查与控制的知识； 2.地图图幅间协调性检查的知识
	出版地图审核	1.能按照地图编辑要求进行地图成果全要素的质量审核； 2.能按照地图出版要求进行地图出版技术审查	1.质量审核知识； 2.地图出版技术审查的知识
技术管理与培训	指导与培训	1.能对二级以下地图绘制员进行技术指导； 2.能根据培训计划与内容进行技术培训	1.地图学的相关知识； 2.技术指导与培训的基本知识
	组织与协调	1.能及时发现和解决作业中的技术问题； 2.能向管理人员通报进度及技术问题，协调有关资料	1.项目管理基本知识； 2.地图生产管理知识

表 4-15 地图绘制员高级技师(一级)工作要求

职业功能	工作内容	技能要求	相关知识要求
准备	资料准备	1.能依据制图任务的目标与整体要求,选择制图数据源; 2.能分析制图区域的地理特征,制订制图相关技术指标; 3.能收集并对相关成果及资料进行分析和处理	1.地图编制出版技术工艺; 2.地图制图技术指标制订的原则与方法
	技术准备	1.能根据项目的技术设计要求制订作业方案; 2.能依据项目要求确定图幅表达方法、完成地图符号的选择与设计; 3.能进行多源数据的整合; 4.能处理解决相关数据中的矛盾与问题	1.制图的工艺流程和实施方案的编写知识; 2.符号、图例的设计知识
地图设计	普通地图设计	1.能制订数据获取与处理的技术方案; 2.能制订图幅、地图系列普通要素表达的技术指标及编制方案; 3.能针对制图中的难点组织典型样图实验; 4.能编写普通地图系列的编辑设计书; 5.能依据项目要求,制订项目实施方案	1.区域自然地理的知识; 2.区域人文地理的知识; 3.普通地图集设计的相关知识; 4.普通地图编辑设计书; 5.项目实施方案编写知识
	专题地图设计	1.能依据项目特点选择与设计图幅、地图系列的表示方法和指标体系; 2.能制订相关地理底图的技术指标及编制方案; 3.能针对制图中的难点组织典型样图实验; 4.能编写专题地图系列的编辑设计书; 5.能依据项目要求,制订项目实施方案; 6.能参与特型地图产品设计,依据需求组织数据生产	1.专题地图集设计的知识; 2.特型地图产品设计知识; 3.专题地图编辑设计书编写知识
地图制作	普通地图编绘	1.能进行普通地图系列的全要素编绘; 2.能针对不同作业人员、不同制图区域进行各要素综合指标的协调工作	1.普通地图全要素编绘知识; 2.区域地理知识
	专题地图编绘	1.能进行专题地图系列的全要素编绘; 2.能处理专题要素与底图要素的协调关系	1.专题地图全要素编绘知识; 2.系列专题地图的编制知识

续表 4-15

职业功能	工作内容	技能要求	相关知识要求
地图出版准备	地图数据工程化处理	1.能审核地图图面整体配置方案； 2.能进行图组间、相关图幅间表达内容的统一协调处理； 3.能组织地图集的整体美术协调与排版	1.图形、图像处理的相关知识
	出版数据准备	1.能进行发排文件的导出与检查； 2.能进行不同出版软件发排文件的集成处理； 3.能参与地图集印刷用材、装帧用材的选择； 4.能参与地图集装订工艺的设计	1.地图的印刷原理； 2.地图的色彩学原理； 3.地图集的装订知识； 4.纸张等印刷材料知识
质量检查与审核	地图数据检查	1.能进行地图集各图组、图幅的科学性、统一协调性检查； 2.能进行地图集数码样张的批样检查； 3.能进行地图集成果的审核与验收	1.地理学知识； 2.地图的成果质量要求及验收标准
	出版地图审核	1.能按照地图出版编辑的要求对地图成果进行整体审核； 2.能对审核中的问题提出解决方案	1.《公开版纸质地图质量评定》(GB/T 19996—2017)的相关内容； 2.《地理信息公共服务平台 电子地图数据规范》(CH/Z 9011—2011)的相关内容； 3.《车载导航电子地图数据质量规范》(GB/T 28441—2012)的相关内容； 4.《导航电子地图安全处理技术基本要求》(GB 20263—2006)的相关内容
技术管理与培训	报告编写	1.能编写项目技术总结； 2.能编写项目质检报告； 3.能编写质量管理体系运行情况报告并提出改进意见	1.技术总结编写的基本要求和内容； 2.质检报告和验收报告的内容和编写基本要求
	指导与培训	1.能对地图编制与生产工艺进行技术指导及实操培训； 2.能编写培训讲稿或教案	1.培训讲稿、教案编写知识； 2.技术指导与培训的知识
	新技术应用	1.能对新技术、新标准的应用开展试验，制订工作计划和组织实施； 2.能对新仪器、新设备、新软件的性能进行测试	1.新技术、新标准应用的相关知识； 2.新仪器、新设备、新软件的性能测试相关知识

任务五　工程测量员

一、职业定义

工程测量员是指使用全站仪、水准仪、测深仪、断面仪、陀螺经纬仪等仪器设备，进行工程建设目标测量的人员。

职业解读：
工程测量员

工程测量是研究城市与工程建设资源开发与环境治理的规划、设计、施工、竣工、运营管理等各阶段，以及设备安装、检测等的测绘理论与技术的学科。

工程测量为工程建设服务，一般分为三个阶段：勘测设计阶段、施工阶段和运营管理阶段。其中，勘测设计阶段主要提供各种比例尺地形图资料或数据资料；施工阶段建立施工控制网，提供工程施工所需的各类测量数据；运营管理阶段主要进行变形观测，监测建筑物的安全性和稳定性。

工程测量包括以下专业子项：控制测量、地形测量、规划测量、建筑工程测量、变形形变与精密测量、管线测量等。

二、职业任务

工程测量员从事的工作主要包括：

(1)进行工程测量中控制点的选点和埋石；

(2)操作测量仪器，进行工程建设施工放样、工业与民用建筑施工测量、线型工程测量、桥梁工程测量、地下工程施工测量、水利工程测量、地质测量、地震测量、矿山井下测量、建筑物形变测量等专项测量中的观测、记簿，以及工程地形图的测绘；

(3)进行外业观测成果资料整理、概算，或外业地形图绘制成地形原图；

(4)检验测量成果资料，提供测量数据和测量图件；

(5)维护保养测量仪器工具。

(一)控制测量

控制测量是在一定区域内，为地形测图和各种工程测量建立控制网所进行的测量工作。控制测量具有控制全局、限制测量误差累积的作用，是各项测量工作的依据。控制测量包括平面控制测量和高程控制测量，常用的测量方法包括三角测量、导线测量、GNSS卫星定位测量、水准测量等。

1.城市平面控制网

在城市或矿区等地区，应在国家控制点的基础上，根据测区大小、城市规划和各种工程的需要，布设不同等级的城市控制网，作为地形测量和各种工程测量的依据。建立城市平面控制网可以采用卫星定位测量、三角测量、各种形式边角组合测量和导线测量等方法。平面控制测量方法的选择应因地制宜，在满足当前需要的同时，兼顾今后发展，做到技术先进、经济合理、确保质量、长期使用。

2.高程控制测量

高程基准面就是地面点高程的统一起算面。通常采用大地水准面作为高程基准面。大地水准面是假想海洋处于完全静止的平衡状态时,海水面延伸到大陆地面以下所形成的闭合曲面。

国家控制网布设的目的和任务:一是在全国建立统一的高程控制网,为地形图测绘和各项建设提供必要的高程控制基础;二是为地壳垂直运动、海面倾斜及其变化和大地水准面形状等地球科学研究提供精确的高程数据。

3.工程测量控制网

工程测量控制网的作用是为工程建设提供工程范围内统一的参考框架,为各种测量工作提供位置基准,满足工程建设不同阶段对测绘在质量(精度、可靠性)、进度(速度)和费用等方面的要求。工程测量控制网也具有控制全局、提供基准和控制测量误差积累的作用,一般分为测图控制网、施工控制网、变形观测专用控制网。如图 4-21 所示为测量人员利用全站仪进行工程测量控制网的建立。

图 4-21 测量人员利用全站仪进行工程测量控制网的建立

4.城市和工程建设高程控制测量

根据城市测量和工程测量技术规范规定,水准测量分为 3 个等级:二等、三等、四等。

水准测量的实施应遵循以下准则:水准路线尽量沿坡度小的道路布设,以减弱前后视折光误差的影响;尽量避免跨越河流、湖泊、沼泽等障碍物;水准路线若与高压输电线或地下电缆平行,则应使水准路线在输电线或电缆 50 m 以外布设,以避免电磁场对水准测量的影响;布设首级高程控制网时,应考虑到便于进一步加密;水准网应尽可能布设成环形网或结点网,个别情况下可布设成附合路线。

水准点间的距离:一般地区为 2~4 km ;城市建筑区和工业区为 1~2 km;应与国家水准点进行联测,以求得高程系统的统一。此外,应当注意测区内已有水准测量成果的利用。

(二)地形测量

地形测量是根据规范和图式,测量地貌、地物及其他地理要素,并记录在某种载体上的技术。

数字地形图获取手段主要有两种:航测数字成图、全野外数字测图。

全野外数字测图数据采集的工具主要使用全站仪、GNSS-RTK 仪器。如图 4-21 所示为使用全站仪进行测量;如图 4-22 所示为测量人员使用水准仪进行高程测量,图 4-23 所示为测量人员利用 RTK 仪器测绘地形图。

图 4-22　使用水准仪进行高程测量

图 4-23　利用 RTK 仪器测绘地形图

(三)规划测量

规划测量是为城乡或工程建设的规划设计和实施提供测绘技术保障和服务的测量工作,如图 4-24 所示为测量人员进行规划测量放线。

图 4-24　规划测量中放线

规划测量包括建筑工程的放线测量、灰线验线测量、±0 验线测量、竣工验收测量。

(四)建筑工程测量

建筑工程测量是为城市建筑工程建筑物和构筑物的设计、施工、竣工验收和设备安装等而进行的测量工作。如图 4-25 所示为某厂房施工测量示意图。

建筑工程测量的工作内容包括施工测量准备工作、控制测量、建筑物定位放线与基础施工测量、结构施工测量等。

图 4-25 某厂房施工测量

(五)变形观测与精密工程测量

1.变形观测

变形观测是用仪器测定地基及建筑物在荷重或外力作用下，随时间变化而产生的变形。如图 4-26 所示为某地万达广场基坑监测示意图，如图 4-27 所示为牡丹江荒沟电站日常变形观测示意图。

图 4-26 某地万达广场基坑监测

图 4-27 牡丹江荒沟电站日常变形观测

建筑物变形主要分为静态变形和动态变形。静态变形是指变形值只表示某一时间段内的变形，它是时间的函数。动态变形是指在外力的作用下产生的变形，其变形值只表示建筑物在某个时刻的瞬时变形，它是外力的函数。

变形观测的任务就是周期性地对观测点进行重复观测，以求得在每个观测周期间的变化量。瞬时变形观测是采用各种自动记录仪测定其某个时刻的瞬时位置。

变形观测的内容包括基坑回弹测量、建筑物沉降观测、建筑物水平位移观测、建筑物倾斜观测、建筑物的裂缝观测、建筑物的风振测量、水准测量。

1）水平位移观测

水平位移是指建筑物的整体平面移动。产生水平位移的主要原因是大型工程建筑物由于自身的自重、混凝土的收缩、土料的沉陷及温度的变化等，使建筑物本身产生平面位移的相对移动。水平位移观测的目的是实时监测建筑物的水平位移量，能有效地监控建筑物的安全状况，并可根据实际情况采取适当的加固措施。

水平位移观测的特点：施工点距离原建筑物、构筑物较近，观测环境复杂；观测场地一般较狭小，场地附着较多，观测受施工影响较大。

2）沉降观测

沉降观测又叫垂直位移观测，是对被观测物体的高程变化所进行的测量。水准点是沉降观测的基准点，它的构造与埋设必须保证其稳定不变且能长久保存。水准点一般分为工作基点和水准基点。工作基点埋设在建筑物附近较稳定的地方；水准基点埋设在建筑物承压范围以外的稳定地方。垂直位移的观测方法包括精密水准测量、液体静力水准测量、微水准测量。

3）倾斜观测

倾斜观测是对建筑物、构筑物中心线，或其墙、柱等在不同高度的点相对于底部基准点的偏离值所进行的测量。倾斜观测的方法包括：

（1）经纬仪投影法。在圆形建筑物的两个相互垂直的方向上，安置经纬仪或全站仪；测站距离圆形建筑物的距离应大于其高度的1.5倍；在圆形建筑物的底部，横放两把尺子，使两尺相互垂直，且分别垂直于圆形建筑物中心与两测站的连线。经纬仪分别照准建筑物的顶部、底部的边缘，向下投影。

（2）前方交会法。当测定偏距的精度要求较高时，可以采用角度前方交会法。首先在圆形建筑物周围标定三点，观测其转角和边长，则可求得其坐标系中的坐标。然后分别设站于三点，观测圆形建筑物顶部两侧切线与基线的夹角，并取其平均值。以同样的方法，观测圆形建筑物底部。按照角度前方交会定点的原理，即可求得圆形建筑物顶部圆心和底部圆心的坐标。

（3）激光垂准法。利用激光垂准仪测定建筑物底部和顶部距离垂准光束的距离差，从而计算建筑物某轴线的倾斜度。这种方法受施工干扰较大，在施工现场较难使用。

4）水准测量

水准测量是使用水准仪测出两个观测点之间的相对沉陷，由相对沉陷与两点之间的距离之比，可换算成倾斜角。

流体静力水准测量是测定观测点高程及基础倾斜的方法之一。仪器不受距离限制，并且距离越长，测定倾斜度的精度越高。

5）挠度观测

挠度观测是对被观测物体的扭曲或弯曲所进行的测量。挠度测试广泛应用于桥梁工程中，桥梁的挠度是桥梁好坏的重要评价参数。

桥梁挠度的测量主要是对桥跨在恒载和活载情况下的挠度进行测量。因此，在桥梁监测、危桥改造及新桥验收等方面,都需要准确测量桥梁的静、动态挠度值。

大跨度桥梁挠度测量系统应该具有以下特点:能够进行多点的长期在线、自动测量;受桥梁现场的尘埃、雾气和湿度影响小;具有较大的测量范围和较高的测量精度;有较高的采样频率,以满足动态挠度测量的需要。

2.精密工程测量

精密工程测量是采用非常规的测量仪器和方法,使其测量的绝对精度达到毫米级以上要求的测量工作,主要是结合现代测绘科技的新进展,研究和解决大型工程或特种工程对测量的精度、可靠性、自动测控等各个方面要求的测量科学。其有别于传统的工程测量,但又与其密切相关。

测量精度要求 1~2 mm,甚至达到亚毫米级。主要解决精度要求特高、测值要求高可靠性和安全监测等问题。精密工程测量具有典型的多学科交叉的性质。精密工程测量所使用的仪器设备必须具有优良的性能和适合于从事服务对象的专门要求。

精密工程测量实施方案的基本步骤如下:

(1)对工程区的环境条件、工程及水文地质、气候的特点进行详细的分析及描述,并分析总结这些条件对测量作业的影响。要全面完整地掌握该地区已有的测量资料,分析和评定这些资料的精度和利用价值。

(2)工程区基准的确定,在详细进行精度分析和遵循有关规范条款的基础上,兼顾整个工程区建设的需要,提出控制方案和实施方法并对精度进行预估等。

(3)确定出测量中的关键精度,并结合已有经验和同类工程成功案例,提出整个实施方案。实施方案包括:采用的仪器、测量的方法、关键技术的解决内容、预期精度的估计以及不同方案的比较。

(六)地下管线测量

地下管线测量是为各种地下管线及其附属设施新建、扩建、改建的勘测设计、施工、竣工、验收、养护及运营管理等而进行的测量工作。

地下管线测量工作内容主要包括:地下管线探测和调查、地下管线测量、综合地下管线图制作、地下管线地理信息管理系统开发和数据库建设。如图 4-28 所示为使用管线探测仪进行管线探测与调查,如图 4-29 所示为地质雷达探测导线长度、深度示意图,如图4-30所示为某地下综合管线图制作示意图。

图 4-28　使用管线探测仪进行管线探测与调查

图 4-29 地质雷达探测导线长度、深度

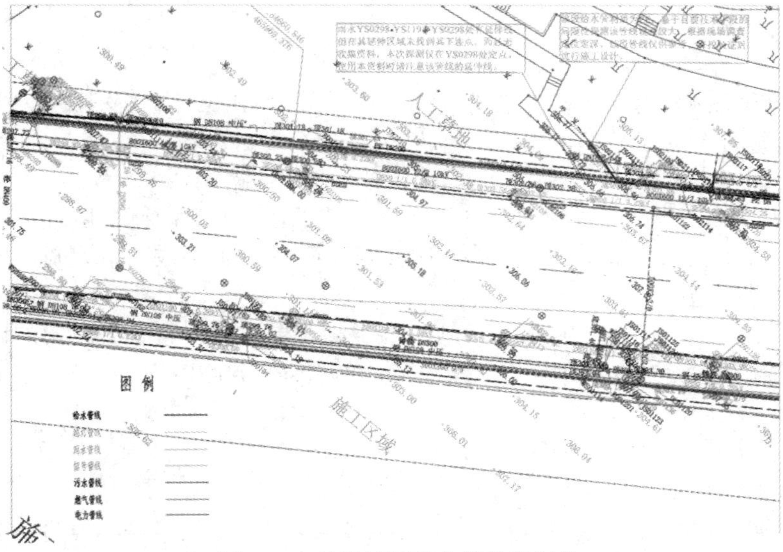

图 4-30 某地地下综合管线图制作

(七)矿山测量

矿山测量是综合运用测量、地质及采矿等多种学科的知识研究和处理矿山地质勘探、建设和采矿过程中,由矿体到围岩、从井下到地面,在静态和动态下产生的各种空间几何问题。

矿山测量的任务主要分为以下几个方面:

(1)建立矿区地面和井下测量控制系统,测绘大比例尺地形图。

(2)矿山基本建设中的施工测量。

(3)测绘各种采掘工程图、矿山专用图及矿体几何图。

(4)对资源利用及生产情况进行检查和监督。

(5)观测和研究由于开采引起的地表及岩层移动的基本规律,以及露天矿边坡的稳定性,组织开展建筑物下、铁路下、水体下采矿和矿柱留设的实施方案。

(6)进行矿区土地复垦及环境综合治理研究。

矿山测量主要分为井下平面控制测量、井下高程测量、矿井联系测量等。

井下平面控制测量分为基本控制和采区控制两类。基本控制精度较高,是矿井的首级控制导线,其精度应能满足一般贯通工程的要求;采区控制导线精度较低,应能满足日常生产测量及测图的要求。

井下高程测量主要是在井下主要巷道内,精确测定高程点和导线点的高程,建立井下高程控制;给定巷道在竖直平面内的方向;确定巷道底板的高程;检查主要巷道及其运输线路的坡度;测绘主要运输巷道纵剖面图。

矿井联系测量主要是将矿区地面平面坐标系统和高程系统传递到井下的测量。其目的是使地面和井下测量控制网采用同一坐标系统。

矿井联系测量的作用如下:

(1)确定地面建筑物、铁路和河湖等,与井下采矿巷道之间的相对位置关系。

(2)确定相邻矿井的各巷道与采矿区之间的相互关系,正确地划定两相邻矿井间距。

(3)解决很多重大工程问题,如井间的贯通或相邻矿井间各种巷道的贯通,以及由地面向井下指定地点开凿小井或打钻孔等。

(八)桥隧测量

1.桥梁工程施工测量

桥梁工程施工测量的主要任务是精确测定桥梁墩台的中心位置及其纵、横轴线,作为桥梁施工细部放样和质量检核的依据。

2.桥梁控制点的布设

(1)点位应选在视野开阔、通视良好且不受施工干扰、便于保存的地方。

(2)控制网图形简单,且要有足够的强度,保证所得的桥轴线长满足施工要求,并能以足够的精度进行施工放样。

(3)桥轴线应作为施工控制网的一条边,有效地削弱垂直于桥轴线方向的误差。

(4)控制网的基线长度应为两桥台间距的70%~80%,至少应布设2条基线边,且最好分布于两岸。

(5)桥梁控制网一般为独立控制网。

3.桥梁高程控制网

作为桥梁施工高程控制的水准基点,每岸至少要以永久性标志埋设3个,并与国家的水准点进行联测,且至少有2个水准基点埋设在桥梁施工影响的变形范围之外。如图4-31所示为桥梁高程控制测量示意图。

在施工过程中,应随时检查水准基点、施工水准点的稳定性,以保证施工质量。

图 4-31 桥梁高程控制测量示意图

4.隧道测量

隧道测量的主要任务是:隧道开挖前,准确测设出洞口、井口、坑口的平面位置和高程;隧道开挖时,测设隧道中线的方向和高程,指示掘进方向,保证隧道按要求的精度正确贯通,放样硐室各细部的平面位置与高程。如图4-32所示为隧道测量示意图。

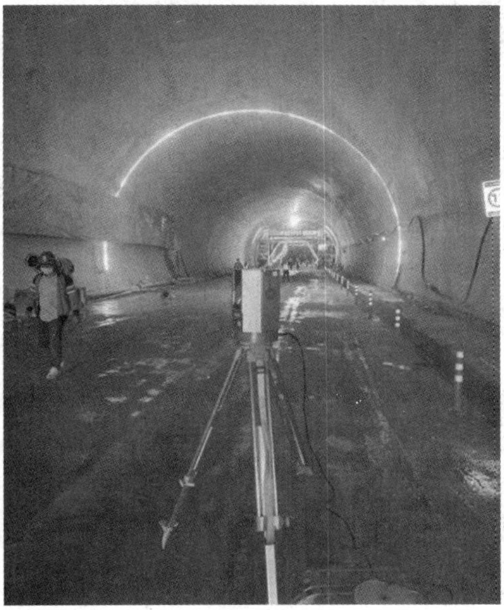

图4-32 隧道测量示意图

与地面测量工作不同的是,隧道施工的掘进方向在贯通之前无法通视,只能完全依据隧道中线布设的支导线来指导施工。因为支导线无外部检核条件,同时隧道内光线暗淡,在工作环境中极易产生疏忽或错误,造成相向开挖隧道的方向偏离设计方向,使隧道不能正确贯通,其后果是必须部分拆除已经做好的衬砌,产生巨大的经济损失,还会延误工期。因此,进行隧道测量工作时,要十分认真细致,除按规范的要求严格检验与校正仪器外,还应注意采取多种有效措施削弱误差,避免发生错误。

(九)水利工程施工测量

水利工程按照种类可分为防洪工程、航运工程、筑港工程、灌溉工程、水力发电工程以及输水工程等。

水利工程大多修建在地形复杂、起伏较大的山区河流中,场地小,施工困难。主要建筑物在水中,对工程质量要求高。建筑形状复杂,即使在同一高度上,其形状和尺寸都不同。同一水利工程建筑物建成后,一部分长期位于水下运行,要承受巨大的压力,另一部分位于水上运行,不受水压影响;水利工程施工后,可塑性小。在修建水利工程时,必须经过详细的勘测和设计;施工时,必须认真地进行放样和施工。

施工阶段的测量工作。勘测阶段,为施测大比例尺地形图所布设的控制网,无论控制点的密度、精度和点位分布如何,都要满足施工放样的要求。因此,在施工前,必须根据工地的地形、工程性质和规模等,建立高精度的施工控制网,并以此进行施工放样。施工阶段后期,还要进行竣工测量,根据最后确定的坝轴线、坝型、正常水位、高水位和整体布置方案,在实地定出水库淹没线和移民范围。

1.平面控制网布设

多采用三角测量方法,分级布设施工控制网;点位分布以坝下游为重;基本网的边长一般不超过1~2 km,以保证相邻控制点间的精度及必要的密度。在一般情况下,施工控制网布设2条基线边;施工控制网的基线长度应投影到放样精度要求最高的平面上;应尽可能将坝轴线作为施工控制网的一条边,以轴线方向建立施工坐标系统。

2.高程控制网布设

高程控制网一般分两级布设:一级为基本水准网,一级为定线水准网。

基本水准网可作为大坝变形观测的高级控制。其等级应按水利枢纽施工区的大小及放样精度要求进行选择。

定线水准网直接作为大坝定线放样的高程控制网,其稳定性由基本水准网来检测。定线水准路线应尽可能缩短,且起止于最近的基本水准点。

三、职业要求

(一)基础知识

1.测量基础知识

(1)地面点定位知识。

(2)平面、高程测量知识。

(3)测量数据处理知识。

(4)测量仪器设备知识。

(5)数字地形图及其测绘知识。

(6)地形图应用的知识。

2.计算机基础知识

(1)计算机操作基础知识。

(2)测量相关软件使用知识。

3.安全生产与环境保护知识

(1)劳动保护知识。

(2)仪器设备的安全使用知识。

(3)野外安全生产知识。

(4)资料保管、保密知识。

4.相关法律法规知识

(1)《中华人民共和国劳动法》相关知识。

(2)《中华人民共和国测绘法》相关知识。

(3)其他有关法律法规及技术标准基本知识。

(二)工作要求

工程测量员初级工(五级)工作要求如表4-16所示,工程测量员中级工(四级)工作要求如表4-17所示,工程测量员高级工(三级)工作要求如表4-18所示,工程测量员技师(二级)工作要求如表4-19所示,工程测量员高级技师(一级)工作要求如表4-20所示。

表 4-16　工程测量员初级工(五级)工作要求

职业功能	工作内容	技能要求	相关知识要求
准备	资料准备	1.能根据安排准备测区所需的地形图； 2.能根据安排准备测区控制点资料，如点之记等	1.各种工程控制网的布设形式； 2.地形图、工程图的分幅与编号规则
	仪器准备	1.能进行脚架、棱镜、觇板、标尺等工程测量辅助设备的准备及检视； 2.能进行温度计、气压计等辅助设备的准备及检视； 3.能进行 GNSS 接收机供电连接设备的准备及检视	1.常用仪器设备的型号和性能； 2.常用测量辅助设备的基本知识
测量	控制测量	1.能进行图根导线观测、记录； 2.能进行图根水准观测、记录； 3.能进行低等级 GNSS 静态测量外业观测、记录； 4.能进行平面、高程等级测量中前后视的仪器安置或立尺(镜)	1.水平角测量、垂直角测量、距离测量和导线测量的知识； 2.水准测量的知识； 3.GNSS 测量的基本知识； 4.常用仪器设备的操作
	工程与地形测量	1.能进行工程放样、定线中的前视定点； 2.能进行地形图和纵、横断面图测量的立镜(尺)； 3.能现场绘制草图，进行放样点的点之记	1.施工放样的基本知识； 2.角度、长度、高度的施工放样方法； 3.地形图的内容与用途及图式符号的知识
数据处理	数据检查	1.能进行图根导线外业观测数据的检查； 2.能进行图根水准测量外业观测数据的检查	1.水平角测量、垂直角测量、距离测量、水准测量的记录规则； 2.水平角测量、垂直角测量、距离测量、水准测量的观测限差要求
	数据整理	1.能进行图根导线外业观测数据的整理； 2.能进行图根水准测量外业观测数据的整理	1.图根导线方位角闭合差限差要求； 2.图根水准测量数据的测段小结和闭合差限差要求
仪器设备维护	仪器设备检校	1.能进行棱镜、钢卷尺、水准尺等仪器设备的检校； 2.能进行电子计算器的电池拆装	1.棱镜、钢卷尺、水准尺等仪器设备的检校知识； 2.常用电子计算器的种类
	仪器设备保养	1.能进行棱镜、钢卷尺、水准尺等仪器设备的日常维护； 2.能进行电子计算器的保养	1.棱镜、钢卷尺、水准尺等仪器设备的日常维护知识； 2.常用电子计算器的保养知识

表 4-17　工程测量员中级工(四级)工作要求

职业功能	工作内容	技能要求	相关知识要求
准备	资料准备	1.能根据工程需要,列出各种测图控制网所需资料的清单; 2.能分析所收集资料的正确性及准确性	1.测量坐标系统、高程基准; 2.平面、高程控制网的布网原则、测量方法及精度指标; 3.大比例尺地形图的成图方法及成图精度指标
	仪器准备	1.能对全站仪主机进行测前检视; 2.能对水准仪进行测前检视(含 i 角检验); 3.能对 GNSS 接收机及天线进行测前检视	1.常用测量仪器的基本结构、主要性能和精度指标; 2.常用测量仪器的检视内容与步骤
测量	控制测量	1.能进行一、二、三级导线测量的选点、埋石、观测、记录; 2.能进行 GNSS 静态测量外业观测、记录; 3.能进行 GNSS-RTK 测量; 4.能进行三、四等水准测量的选点、埋石、观测、记录	1.测量误差的概念; 2.导线、水准和光电测距测量的主要误差来源; 3.GNSS 静态测量和 GNSS-RTK 测量知识; 4.相应等级导线、水准测量记录要求与各项限差规定
	地形测量	1.能进行大比例尺地形图数据采集; 2.能进行地形地物的综合取舍	1.大比例尺地形图测图的知识; 2.地形测量原理及工作流程; 3.地形图图式符号运用; 4.外业数据采集内容综合取舍的一般原则
	工程测量	1.能进行各类平面点位的放样; 2.能进行不同高程位置的放样; 3.能进行纵、横断面图测量	1.平面点位测设方法; 2.高程放样方法; 3.纵、横断面图测量方法
数据处理	整理数据	1.能进行一、二、三级导线观测数据的检查与资料整理; 2.能进行三、四等水准观测数据的检查与资料整理; 3.能进行一般地区大比例尺地形图数据的整理; 4.能进行平面点位放样和高程位置放样的数据整理	1.等级导线测量成果计算和精度评定知识; 2.等级水准路线测量成果计算和精度评定知识; 3.大比例尺地形图的完整性与合理性; 4.平面点位放样和高程位置放样的计算和限差检查知识
	数据计算	1.能进行单一导线、单一水准路线的平差计算与成果整理; 2.能进行平面位置放样(主要是极坐标法放样)数据和高程放样数据计算	1.单一导线平差计算知识; 2.单一水准路线平差计算知识
仪器设备维护	仪器设备检校	1.能进行全站仪、GNSS 接收机、水准仪等仪器设备的检校; 2.能进行温度计、气压计的检校; 3.能进行袖珍计算机的硬件连接	1.全站仪、GNSS 接收机、水准仪等仪器设备的安全操作规程; 2.温度计、气压计的读数方法; 3.袖珍计算机的安全操作知识
	仪器设备保养	1.能进行全站仪、GNSS 接收机、水准仪等仪器设备的日常保养; 2.能进行温度计、气压计的日常保养; 3.能进行袖珍计算机的日常保养	1.全站仪、GNSS 接收机、水准仪等仪器设备的保养知识; 2.温度计、气压计的维护知识; 3.袖珍计算机的保养知识

表 4-18　工程测量员高级工(三级)工作要求

职业功能	工作内容	技能要求	相关知识要求
准备	资料准备	1.能根据工程需要,列出各种施工控制网所需资料的清单; 2.能根据工程放样方法的要求准备放样数据	1.施工控制网的基本知识; 2.工程测量控制网的布网方案、施测方法及主要技术要求; 3.工程放样方法与数据准备知识
	仪器准备(根据不同专业方向选考两项)	1.能进行陀螺全站仪及配套设备的检视; 2.能进行回声测深仪及配套设备的检视; 3.能进行液体静力水准仪或激光铅直仪及配套设备的检视; 4.能进行管线探测仪及配套设备的检视; 5.能进行三维激光扫描仪及配套设备的检视; 6.能进行测量机器人等精密设备的检视	1.陀螺全站仪、回声测深仪、液体静力水准仪、激光铅直仪、管线探测仪、三维激光扫描仪、测量机器人等仪器设备的工作原理; 2.陀螺全站仪、回声测深仪、液体静力水准仪、激光铅直仪、管线探测仪、三维激光扫描仪、测量机器人等仪器设备的结构和检视知识
测量	控制测量	1.能进行各类工程测量施工平面控制网的选点、埋石和观测、记录; 2.能进行各种工程测量施工高程控制测量网的选点、埋石和观测、记录; 3.能进行隧道和地下工程控制导线的选点、埋石和观测、记录; 4.能进行竖井联系测量	1.测量误差产生的原因及其分类; 2.水准测量、水平角、垂直角、电磁波测距等观测误差的减弱措施; 3.GNSS 测量误差来源及其减弱措施; 4.工程测量细部放样网的布网原则、施测方法及主要技术要求; 5.高程控制测量网的布设方案及测量知识; 6.地下导线测量知识; 7.竖井联系测量的方法; 8.工程施工控制网观测的记录和限差要求
	地形测量	1.能进行大比例尺地形图测绘; 2.能进行水下地形测绘	1.数字化成图的知识; 2.水下地形测量的施测方法
	工程测量(根据不同专业方向选考两项)	1.能进行各类工程建(构)筑物方格网轴线测设、放样及规划改正的测量、记录; 2.能进行各种线路工程中线的测设、验线和调整; 3.能进行变形测量的观测、记录; 4.能进行城市地下管线的外业探测、记录; 5.能进行城市建设工程竣工规划的核实测量; 6.能进行地质勘探工程测量; 7.能进行贯通测量的施测和贯通误差的调整; 8.能进行水工建筑物的施工放样	1.各类工程建(构)筑物方格网轴线测设及规划改正知识; 2.各种线路工程测量知识; 3.各种圆曲线、缓和曲线测设方法; 4.变形观测的方法、精度要求和观测频率; 5.城市地下管线测量的施测方法及主要操作流程; 6.城市建设工程规划核实测量知识; 7.地质勘探工程点、勘探线剖面以及物化探测量知识; 8.地质勘探坑道测量知识; 9.贯通测量知识及贯通误差概念; 10.水利工程坝体施工测量及水工建筑物细部放样知识

续表 4-18

职业功能	工作内容	技能要求	相关知识要求
数据处理	数据整理（根据不同专业方向选考两项）	1.能进行各类工程施工控制网原始观测数据的检查与整理； 2.能进行各类工程施工控制网轴线测设、放样及规划改正测量成果的检查与整理； 3.能进行各种线路工程中线的测设、验线和调整的检查与整理； 4.能进行变形测量数据的检查与整理； 5.能进行城市地下管线探测数据的检查与整理； 6.能进行城市建设工程竣工规划核实测量数据的检查与整理； 7.能进行地质勘探工程测量和贯通测量等测量的数据检查与整理	1.各类工程施工控制网相关知识； 2.各种轴线、中线测设、调整测量的计算； 3.变形测量数据记录和限差； 4.城市地下管线探测数据记录和限差； 5.城市建设工程竣工规划核实测量数据记录和限差； 6.地质勘探工程测量和贯通测量数据记录和限差
	数据计算	1.能进行各种导线网、水准网的平差计算及精度评定； 2.能进行轴线测设与细部放样数据的计算； 3.能进行变形测量的数据处理	1.高斯投影的基本知识； 2.衡量测量成果精度的指标； 3.放样数据计算方法； 4.变形测量数据处理的方法与步骤
质量管理与技术指导	控制测量检验	1.能进行各等级导线、水准测量的观测、计算成果的检查； 2.能进行各种工程施工控制网观测成果的检查	1.各等级导线、水准测量精度指标、质量要求和成果整理的知识； 2.各种工程施工控制网观测成果的限差规定、质量要求
	地形测量检验	1.能进行大比例尺地形图测绘的检查； 2.能进行水下地形测量的检查	1.地形图测绘的精度指标、质量要求； 2.水下地形测量的精度指标、施测方法和检查方法
	工程测量检验	1.能进行各类工程细部点放样的数据检查与现场验测； 2.能进行纵、横断面图测绘的检查； 3.能进行城市地下管线探测成果的检查	1.各类工程细部点放样验算方法和精度要求； 2.纵、横断面图测绘的精度指标、质量要求； 3.《城市地下管线探测技术规程》(CJJ 61—2017)相关内容、质量要求和检查方法
	技术指导	1.能在作业过程中指导初、中级工程测量员进行生产作业； 2.能发现并纠正初、中级工程测量员在作业过程中的错误	1.技术指导的工作内容； 2.技术指导的方法

续表 4-18

职业功能	工作内容	技能要求	相关知识要求
仪器设备维护	仪器设备检校	1.能进行陀螺全站仪、回声测深仪、液体静力水准仪、激光铅直仪、管线探测仪、三维激光扫描仪、测量机器人等设备的检校； 2.能进行电子计算机的硬件连接； 3.能进行各种电子仪器设备的常规操作及相互间的数据传输	1.陀螺全站仪、回声测深仪、液体静力水准仪、激光铅直仪、管线探测仪、三维激光扫描仪、测量机器人等精密测绘仪器的性能、检校方法； 2.电子计算机的操作知识； 3.各种电子仪器设备的操作与数据传输知识
	仪器设备保养	1.能进行陀螺全站仪、回声测深仪、液体静力水准仪、激光铅直仪、管线探测仪、三维激光扫描仪、测量机器人等设备的日常保养； 2.能进行电子计算机的日常维护保养	1.陀螺全站仪、回声测深仪、液体静力水准仪、激光铅直仪、管线探测仪、三维激光扫描仪、测量机器人等精密测绘仪器的保养常识； 2.电子计算机的维护保养知识

表 4-19 工程测量员技师(二级)工作要求

职业功能	工作内容	技能要求	相关知识要求
准备	资料收集与分析	1.能根据所收集的相关等级控制点信息进行可利用和兼容性分析； 2.能根据工程需要收集工程规划图、设计图和已有地形图资料并进行可利用性分析	1.各等级控制点间相互关系及成果应用知识； 2.地形图更新的要求； 3.工程规划设计的基础知识
	方案编制(根据不同专业方向选考两项)	1.能根据工程特点编制各类工程测量控制网的施测方案； 2.能按照实际需要编制变形观测方案； 3.能根据现场条件编制竖井定向联系测量施测方案； 4.能根据工程特点编制施工放样方案； 5.能编制特种工程测量控制网施测方案	1.运用误差理论进行主要测量方法(GNSS 测量、导线测量、水准测量等)的精度分析与估算； 2.主要工程测量控制网精度的确定； 3.变形观测方法与精度等级的确定； 4.地下控制测量的特点、施测方法及精度设计知识； 5.施工放样方法的精度分析及选择； 6.特种工程测量控制网的布设与精度要求

续表 4-19

职业功能	工作内容	技能要求	相关知识要求
测量	控制测量	1.能进行各等级测图控制网施测的协调与管理； 2.能进行各等级施工控制网施测的协调与管理	1.工程控制网布设生产流程； 2.工程控制网布设生产组织的知识
	地形测量	1.能进行大比例尺地形图的生产与组织； 2.能进行大比例尺地形图施测的协调与管理； 3.能进行水下地形测绘施测的协调与管理	1.地形测量生产组织的知识； 2.地形测量管理的知识
	工程测量（根据不同专业方向选考两项）	1.能进行建筑工程建设中各阶段测量工作的协调与管理； 2.能进行市政工程建设中各阶段测量工作的协调与管理； 3.能进行水利工程建设中各阶段测量工作的协调与管理； 4.能进行线路与桥隧建设中各阶段测量工作的协调与管理； 5.能进行地下管线探测工作的协调与管理； 6.能进行地质勘探测量工作的协调与管理； 7.能进行其他各类精密工程测量工作的协调与管理； 8.能进行城市建设工程规划核实测量工作的协调与管理； 9.能进行特种工程测量施测的协调与管理	1.各类工程建设项目对测量工作的要求； 2.工程建设各阶段测量工作内容的知识； 3.工程测量项目管理知识

续表 4-19

职业功能	工作内容	技能要求	相关知识要求
数据处理	平差计算	1.能进行各种常规工程测量控制网的平差计算知识； 2.能进行各种常规工程测量控制网平差结果的精度评定； 3.能进行不同坐标系统之间的转换	1.各种测量控制网的平差计算知识； 2.各种测量控制网精度评定的方法； 3.坐标系统转换知识
	数据分析（根据不同专业方向选考两项）	1.能进行规划测量数据的分析比较； 2.能进行变形测量数据成果的分析处理； 3.能进行地质勘探测量成果分析	1.测量数理统计知识和统计图表； 2.变形观测资料整编与成果计算的知识； 3.勘探线端点与方格网交点距离计算方法及要求； 4.勘探线上工程点偏离距离投影计算方法及要求
质量管理与技术指导	控制测量检查	1.能进行各种工程施工控制网测量成果的检查； 2.能进行各种工程施工控制网测量成果的精度评定与资料整理	1.各等级 GNSS 网、导线网、水准网的质量检查验收标准； 2.各种工程施工控制网的质量检查验收标准
	工程测量检查（根据不同专业方向选考两项）	1.能进行各种工程轴线（中线）测设的数据检查与现场验测； 2.能进行城市建设工程规划核实测量成果的检查； 3.能进行变形观测成果的检查； 4.能进行地质勘探测量成果的检查	1.各种工程轴线（中线）的检验方法和精度要求； 2.城市建设工程规划核实测量的质量验收标准； 3.变形观测成果的质量验收标准； 4.地质勘探测量成果的质量验收标准
	技术指导与培训	1.能根据工程特点与难点对高级工程测量员进行具体的技术指导； 2.能根据培训计划与内容进行技术培训的授课； 3.能撰写本专业的技术报告； 4.能及时了解并应用测绘新技术和新方法	1.技术指导与培训的基本知识； 2.技术报告的撰写知识； 3.测绘新技术、新方法的应用知识

表 4-20 工程测量员高级技师(一级)工作要求

职业功能	工作内容	技能要求	相关知识要求
准备	资料收集与分析	1.能根据工程项目特点列出技术设计所需的资料清单; 2.能针对技术设计书的编制要求进行所收集资料的可靠性和可利用性分析	1.工程测量技术管理的规定; 2.坐标系统、高程基准和地形图等成果的历史沿革知识
	技术设计书编制(根据不同专业方向选考两项)	1.能根据测区情况和成图方法的不同要求编制各种比例尺地形图测绘的技术设计书; 2.能根据工程的具体情况与工程要求编制变形观测的技术设计书; 3.能编制精密工程测量的技术设计书; 4.能根据工程项目特点编制其他工程测量的技术设计书	1.工程测量技术设计书编写的基本要求; 2.工程测量技术设计书编写的主要内容
测量	控制测量	1.能根据规范和有关技术规定的要求对工程控制网测量中的疑难技术问题提出解决方案	1.控制测量规范及有关技术规定; 2.工程控制网测量问题分析处理方法
	地形测量	1.能根据测区自然地理条件或工程建设要求对各种比例尺地形图的地物、地貌表示提出解决方案	1.地形图测绘的相关技术标准; 2.地形图综合取舍处理的知识
	工程测量	1.能根据工程建设实际需要对工程测量中的技术问题提出解决方案	1.工程管理的基本知识; 2.工程测量问题分析处理方法
数据处理	平差计算	1.能进行 CPⅢ 测量控制网的平差计算; 2.能进行其他精密工程控制网的平差计算	1.CPⅢ 测量控制网的知识; 2.平差计算处理方法
	数据分析	1.能进行工程测量控制网的精度估算与优化设计; 2.能进行建筑物变形观测值的统计与分析	1.测量控制网精度估算与优化设计知识; 2.建筑物变形观测值的统计与分析知识

续表 4-20

职业功能	工作内容	技能要求	相关知识要求
质量管理与技术指导	质量审核与验收(根据不同专业方向选考两项)	1.能进行各类工程测量成果的审核与验收； 2.能进行各种成图方法与比例尺地形图测绘成果资料的审核与验收； 3.能进行建筑物变形观测成果整编的审核与验收； 4.能根据各类成果资料审核与验收的具体情况编写测量的质量技术报告	1.工程测量成果审核与验收技术规定； 2.地形图测绘成果资料验收技术规定； 3.建筑物变形观测成果资料验收技术规定； 4.测量成果验收技术报告的编写知识
	技术指导与培训	1.能根据工程测量作业中遇到的疑难问题对其他等级工程测量员进行技术指导； 2.能根据本单位实际情况制订技术培训规划并编写培训计划； 3.能及时掌握测绘新技术和新方法，并能开展专题培训	1.制订技术培训规划的知识； 2.技术指导方案的内容及编写方法； 3.测绘新技术、新方法的应用知识

任务六　不动产测绘员

一、职业定义

不动产测绘员是指使用手持测距仪、全站仪、卫星定位仪、钢尺等仪器和工具，测绘土地、房屋、行政区域界线等不动产，并进行权属调查的人员。

二、职业任务

不动产测绘员从事的工作主要包括：

(1)进行法定界线测量前的选点、埋石，实地标定界址点。

(2)使用手持测距仪、全站仪、钢尺等仪器和工具，测量和记录土地、房屋、行政区域界线的位置、数量、面积等。

(3)调查和记录土地、房屋、行政区域境界的类别、权属、质量等信息。

(4)整理、归档不动产簿册、数据、文档、图集等测绘资料。

(5)维护保养仪器、设备、工具。

(一)地籍测绘和房产测绘

1.地籍测绘

地籍测绘是调查和测定地籍要素、编制地籍图、建立和管理地籍信息系统的技术。其工作内容包括地籍调查和地籍要素测量。地籍测绘成果包括地籍调查表、地籍平面控制测量资料、地籍勘丈原始记录、解析界址点成果表、宗地图(土地证附图)、地籍图、地籍图分幅接合表、以街道为单位的宗地面积汇总表、土地分类面积统计表及地籍数据库等。如图 4-33 所示为外业使用全站仪进行界址点测量的示意图,如图 4-34 所示为内业绘制地籍图示例,如图 4-35 所示为宗地图及界址点成果表。

图 4-33　外业使用全站仪进行界址点测量

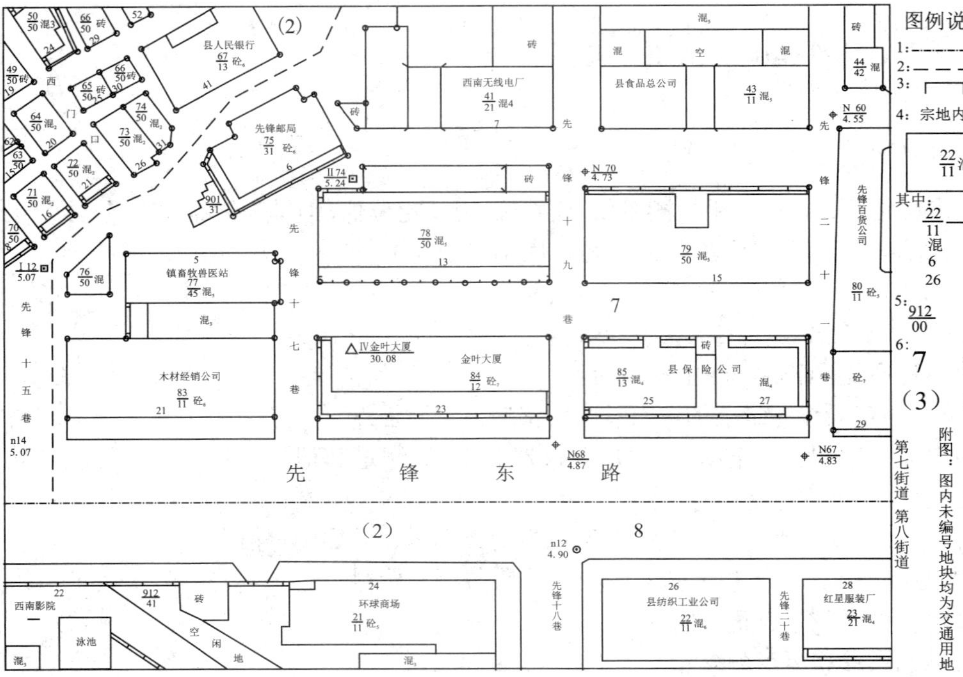

图 4-34　内业绘制地籍图示例

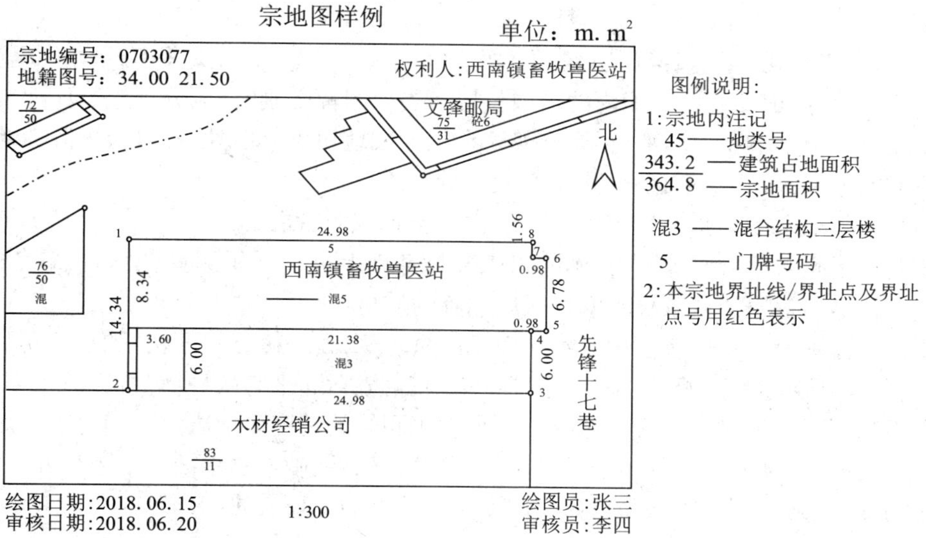

图 4-35 宗地图及界址点成果表

根据地籍管理要求，确定地籍项目的测绘方案。

地籍测量是为获取和表达地籍信息所进行的测绘工作。其基本内容是：测定土地及其附着物的权属、位置、数量、质量和利用情况等。具体工作包括：

(1)地籍控制测量，测量地籍基本控制点和地籍图根控制点。

(2)界线测量，测定行政区划界线和土地权属界线的界址点坐标。

(3)地籍图测绘，测绘分幅地籍图、土地利用现状图、房产图、宗地图等。

(4)面积测算，测算地块和宗地的面积，进行面积的平差和统计。

(5)土地信息动态监测，进行地籍变更测量，包括地籍修测、重测和地籍簿册的修编，以保证地籍成果资料的现势性与正确性。

(6)根据土地整理、开发与规划的要求，进行有关的地籍测量工作。

根据地籍测量方案，选择控制网布设方案，确定地籍控制施测方法。地籍控制测量结果是地籍图样的数学基础，根据界址点和地籍图的精度要求，视测区范围的大小、测区内现存控制点数量和等级等情况，按照测量基本原则和精度要求，进行技术设计、选点、埋石、野外观测、数据处理等测量工作。

地籍控制网点不但要满足测绘地籍图的需要，还要以厘米级的精度用于土地权属界址点坐标的测定，满足地籍变更测量的需求。地籍基本控制网主要包括各等级三角网、各等级三边网、各等级边角网、各等级 GNSS 网。

选择用于地籍调查的基础图的种类和成图比例尺。工作底图一般为 1：5 000 或 1：10 000的地形图或遥感影像图。成图方法一般为数字测图的成图方法、摄影测量的方法、遥感的方法。

地籍图的标注要素：

(1)界址点。包括各级行政界址点和土地权属界址点。不同等级的行政界线相重合时，只表示高级行政境界；境界线在拐角处不得间断，应在转角处绘出点或线。当土地权属界址线与行政界线、地籍区界或地籍子区界重合时，应结合线状地物符号，突出表示土地权属界址线。行政界线可移位表示。

(2)地籍要素编号。包括街道号、街坊号、宗地号或地块号、土地利用分类代码、土地登记号等,分别注记在所属范围内的适中位置。当被图幅分割时,应分别进行注记。当因宗地或地块面积太小注记不下时,允许移注在宗地或地块外空白处,并以指示线标明。

(3)土地位置。由行政区名、街道名及门牌号组成。

(4)土地权属者名称。选择较大宗地,注记土地权属者名称。

根据地籍测绘项目要求,在正确的权属资料基础上进行面积测算,明确权属范围,保证精度。正确的权属资料取决于宗地权属调查的质量。

面积量算一般是一种多层次的水平面积测算。例如:一个行政管辖区的总面积、各宗地面积、各种利用分类面积等。面积量算方法很多,概括起来有两种:解析法面积测算、图解法面积测算。面积测算方法的选择主要由面积测算的精度要求决定。随着现代测量技术水平的发展,地籍图已基本上是数字化图,计算机软件、硬件的水准越来越高,图解法已基本被淘汰。因此,解析法面积测算已成为面积量算的主要方法。

2.地籍测量员的主要工作

地籍测量员从事的工作主要包括:

(1)进行地籍测量控制点、界址点的实地选点、埋石。

(2)操作经纬仪、水准仪、平板仪、测距仪等测量仪器和测量工具,对土地及其附属物的量距、水平角、垂直角、水准测量进行观测和记录。

(3)整理、概算野外观测成果资料。

(4)使用地形图、航摄像片调查城镇、农村土地及其附属物的权属、位置、质量、数量和使用现状等基本情况并记录数据。

(5)将测量成果资料和地籍要素调查的数据编绘实地草图,提供地籍调查资料。

(6)使用求积仪、地籍图进行面积量算,提供面积量算成果。

(7)维护保养测量仪器、工具。

(二)房产测绘

房产测绘是指通过测量和调查,确定城镇房屋的位置、权属、界线、质量、数量和现状等,并以文字、数据及图件表示出来的工作。其目的是为房产产权、产籍管理、房地产开发利用、交易、征收税费及城镇规划建设等提供数据和资料。如图4-36所示为外业房产测量示意图。如图4-37所示为依据航测影像和内业成图软件绘图,进而可以量测房屋面积等。

图4-36 外业房产测量

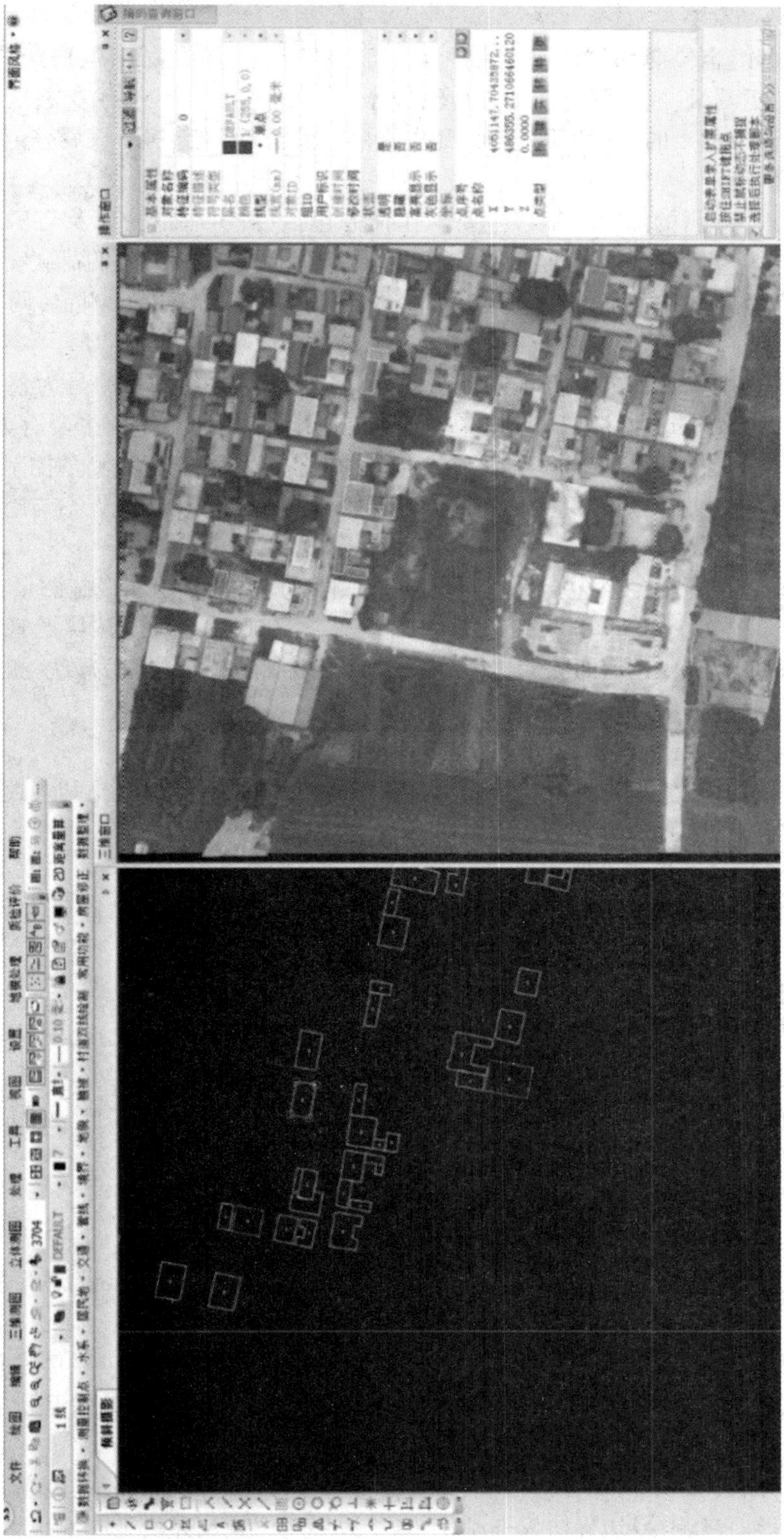

图4-37　依据航测影像和内业成图软件绘图

1.房产测绘的任务

房产测绘的内容包括:房产平面控制测量、房产调查、房产要素测量、房产图绘制、房产面积计算、变更测量、成果资料的检查与验收等。

根据房产测绘成果的用途不同,房产测绘分为房屋预售测绘、房屋权属登记测绘。

房产测绘的流程:

(1)确定房产项目的测绘方案。主要工作任务包括:对房屋本身以及与房屋相关的建筑物和构筑物进行测量调查和绘图;对土地以及土地上人为的、天然的荷载物进行测量调查和绘图;对房地产的权属、位置、质量、数量及其利用状况等进行测定、调查和绘制成图。

(2)确定施测方法。房产平面控制测量属于房产基础测绘,其目的是为整个房产测绘工作提供一个准确的控制框架和定位基准并控制误差累积。其作用主要有如下三点:一是为房产要素测量提供起算数据;二是为房产分幅、分丘图测绘提供测量控制和起算数据;三是为房产分幅、分丘图变更测量和修测补测提供起算数据。布设方案与施测方法同地籍控制测量。

(3)房产要素测量。主要包括界址测量、境界测量、房屋及其附属设施测量。

(4)确定成图方法。房产图一般采用 1∶500、1∶1 000 比例尺。按房产管理需要可分为分幅平面图、房产分丘平面图和房屋分户平面图。成图方法一般为数字测图的成图方法、摄影测量的方法、遥感的方法。

2.房产测量员的主要工作

房产测量员是指使用测绘仪器,按照房产测量规范和有关规定,采集和表述房屋及其用地信息的从业人员,从事的工作主要包括:

(1)进行房产测量控制点的实地选点、埋石。

(2)操作经纬仪、测距仪、全站仪、钢尺等测量仪器和工具,对房屋面积、房产要素及其用地的位置、数量及面积进行观测和记录。

(3)对采集到的观测和记录数据进行处理,获得测量成果。

(4)对房屋和房产要素及用地的类别、权属关系、四至关系、界址点,房屋的建筑结构、层次和建筑年代等有关属性进行调查并记录。

(5)将处理过的采集数据和调查获得的属性记录统一整合,形成房产测量成果(包括房产簿册、房产数据、房产图集)。

(6)维护保养测量仪器、工具。

(三)行政区域界线测绘

行政区域界线测绘是对行政区域和地块界线、界点、重要界标设施等所进行的测量。

行政区域界线测绘的目的是通过对行政区域界线的位置和走向等信息的分析确认,勘定一条公平合理的行政区域界线,为各级政府边界管理工作提供基础资料和科学依据。

行政区域界线测绘的内容包括:界线测绘准备工作、界桩埋设和测定、边界点测定、边界线及相关地形要素测绘、边界协议书制作印刷、边界点位置及界线走向说明。

行政区域界线测绘的工作流程：

(1)收集资料。主要是地形图和人文地理、界线争议等。

(2)方案制订及测绘。调查踏勘、勘定界线、联合调查、竖立界桩、界桩测量、界线确认、地图标绘、走向说明、填写登记表、整理野外成果等。

(3)成果整理。主要是制作界线协议书及附图、勘界成果表册。

三、职业要求

(一)基础知识

1.测量基础知识

(1)地面点定位知识。

(2)平面、高程测量知识。

(3)测量数据处理知识。

(4)测量仪器设备知识。

(5)数字地形图及其测绘知识。

(6)地形图应用知识。

2.不动产基本知识

(1)不动产权籍的基本概念。

(2)房产产权、产籍概念及建筑学基本知识。

(3)房产、地籍、行政界线测绘基本知识。

3.计算机基础知识

(1)计算机操作基础知识。

(2)测量相关软件使用知识。

4.安全生产与环境保护知识

(1)劳动保护知识。

(2)仪器设备安全使用知识。

(3)野外安全生产知识。

(4)资料保管、保密知识。

5.相关法律法规知识

(1)《中华人民共和国劳动法》相关知识。

(2)《中华人民共和国测绘法》相关知识。

(3)《中华人民共和国城市房地产管理法》相关知识。

(4)其他有关法律法规及技术标准基本知识。

(二)工作要求

不动产测绘员初级工(五级)工作要求如表4-21所示,不动产测绘员中级工(四级)工作要求如表4-22所示,不动产测绘员高级工(三级)工作要求如表4-23所示,不动产测绘员技师(二级)工作要求如表4-24所示，不动产测绘员高级技师(一级)工作要求如表4-25所示。

表 4-21　不动产测绘员初级工(五级)工作要求

职业功能	工作内容	技能要求	相关知识要求
准备	资料准备	1.能收集控制资料等测量相关资料； 2.能准备房产、地籍等相关图件资料	1.地形图的知识； 2.测绘资料保密的知识
	仪器准备	1.能识别仪器性能参数和技术指标； 2.能根据项目需求,准备卫星定位仪、全站仪、手持测距仪等仪器设备； 3.能对仪器设备进行日常保养	1.测绘仪器使用、保养的知识； 2.有关测绘仪器的用途
调查	宗地(海)调查	1.能辅助调查宗地(海)的权属状况； 2.能辅助调查宗地(海)的四至； 3.能实地标定界址点的位置； 4.能确定宗地(海)的土地利用类别	1.宗地(海)、界址点、界址线的基本知识； 2.土地利用现状分类的知识
	地上建(构)筑物调查	1.能调查地上建(构)筑物的权属状况； 2.能调查地上建(构)筑物的建筑结构、层数、建筑年份、用途等属性	1.地上建(构)筑物权属调查的基本知识； 2.建筑平面图的基本知识
测绘	控制测量	1.能进行各级不动产权籍控制点的埋石； 2.能记录观测数据	1.控制点埋石的技术要求； 2.观测、记录的技术要求
	不动产要素采集	1.能识别界址点、房角点等不动产要素并立镜； 2.能进行房屋边长丈量	1.界址点、地物点的知识； 2.距离丈量的知识
	草图绘制	1.能绘制宗地(海)草图； 2.能绘制单一房屋草图	1.地物、地貌的知识； 2.草图绘制的知识

表 4-22　不动产测绘员中级工(四级)工作要求

职业功能	工作内容	技能要求	相关知识要求
准备	资料准备	1.能收集项目所需的数据资料； 2.能对收集的数据资料进行分析	1.数据资料的用途； 2.数据可靠性分析
	仪器使用	1.能进行仪器设备的常规检查； 2.能够根据仪器计量检定证书设定仪器参数	1.测绘仪器的原理、构造及使用要求
	踏勘	1.能查明测区自然、人文、社会经济、规划、交通等状况； 2.能根据点之记查明已知点的情况； 3.能根据实地情况对控制网的设计方案提出建议	1.地理常识； 2.控制测量相关知识

续表 4-22

职业功能	工作内容	技能要求	相关知识要求
调查	宗地(海)调查	1.能完成宗地(海)设置; 2.能进行宗地(海)编号; 3.能填写不动产权籍调查表	1.地籍要素的知识; 2.宗地(海)的编号方法; 3.不动产权籍调查表的内容与填写要求
	建(构)筑物、地上附着物调查	1.能进行房屋及附着物的划分与编号,填写房屋调查表; 2.能完成地上附着物调查	1.房产调查的内容; 2.不动产单元设定与代码编制的规则
	界线调查	1.能确定界线测绘要素调查的主要内容; 2.能埋设界桩并编号; 3.能绘制界桩位置略图	1.界线测绘的种类和作用; 2.界桩点编号的要求; 3.界桩的类别及设置的要求; 4.界桩位置略图绘制的要求
测绘	控制测量	1.能根据控制网设计方案进行选点; 2.能绘制点之记; 3.能使用全站仪、GNSS 接收机进行控制测量	1.控制点的选点要求; 2.点之记的绘制知识; 3.全站仪、GNSS 测量的原理与方法
	不动产要素采集	1.能使用全站仪、RTK 等仪器进行房产、地籍、界桩点等要素的坐标测量; 2.能根据实地情况对不动产要素进行综合取舍; 3.能绘制单一功能房屋平面图	1.RTK 测量的方法和要求; 2.地籍要素测量; 3.行政界线测绘
数据处理	导线计算	1.能进行单一导线的平差计算; 2.能对计算成果资料进行整理	1.导线测量的知识
	图表绘制	1.能绘制地籍图; 2.能绘制房产图; 3.能填绘界桩登记表; 4.能绘制边界协议书附图	1.地籍图绘制的知识; 2.房产图绘制的知识; 3.边界协议书附图绘制的知识
	面积计算	1.能计算宗地面积; 2.能计算独立产权房屋的建筑面积; 3.能计算单一功能的房屋建筑面积,分摊计算共有面积	1.宗地面积的计算方法; 2.房屋建筑面积的计算方法; 3.单一功能的房屋共有建筑面积的分摊方法
	数据录入	1.能利用计算机录入调查的数据; 2.能进行数据的导入	1.计算机操作基础知识; 2.文字录入的知识

表 4-23 不动产测绘员高级工(三级)工作要求

职业功能	工作内容	技能要求	相关知识要求
测绘	控制测量	1.能进行控制网的布设; 2.能确定控制网观测指标	1.控制网布设的技术要求与精度指标
	界线测绘	1.能根据调查情况在地形图上标绘界线、界桩及边界点; 2.能在地形图上量取边界点的坐标和高程; 3.能根据地形图上界线编写边界线走向说明、边界协议书	1.地形图应用的知识; 2.边界协议书编写的要求
数据处理	控制网平差计算	1.能进行控制网的平差计算; 2.能进行控制网精度评定	1.平差软件的应用技术; 2.精度统计知识
	面积计算	1.能计算多功能房屋的套内建筑面积; 2.能分摊计算多功能房屋共有建筑面积	1.房屋共有建筑面积分摊的知识; 2.建筑设计的基本知识
	数据入库	1.能将不动产权籍控制点成果录入到不动产权籍库; 2.能将不动产权籍调查成果数据录入到不动产权籍库; 3.能将不动产权籍库中数据导入、导出	1.数据库的基础知识
	面积统计	1.能对土地面积进行分类统计; 2.能对建(构)筑物建筑面积计算结果进行分类统计	1.房产毗邻房屋管理知识; 2.房地产权籍资料整理要求
成果整理	调查成果整理	1.能进行不动产权籍调查成果的整理; 2.能进行要素调查成果的整理; 3.能进行行政界线调查成果的整理	1.调查成果整理的要求
	测绘成果整理	1.能进行测量原始数据的整理; 2.能进行测量计算成果的整理; 3.能进行图表的分类整理	1.测绘成果整理的要求
质量检查	调查成果质量检查	1.能对界址点设置的合理性、规范性进行检查; 2.能对不动产权籍调查成果的完整性、正确性进行检查	1.不动产权籍测量成果的要求
	测量成果质量检查	1.能对原始数据测算方法的正确性进行检查; 2.能对界址点、地物点精度进行检查; 3.能对面积测量和计算的结果进行检查; 4.能对成果图(册)的合理性进行检查	1.测量误差的知识; 2.控制测量的精度指标; 3.成果图(册)表示的内容; 4.成果图(册)的精度指标; 5.房屋共有面积分摊计算的精度要求

表 4-24 不动产测绘员技师(二级)工作要求

职业功能	工作内容	技能要求	相关知识要求
方案设计	调查方案制订	1.能制订不动产权籍调查工作方案; 2.能编制生产工艺流程和编写作业指导书	1.不动产权籍调查的知识
	测绘方案制订	1.能制订基础控制网的施测方案; 2.能制订不动产权籍测绘方案; 3.能制订界线测绘技术设计与实施方案	1.控制测量的技术指标与要求; 2.不动产权籍测绘的知识; 3.界线测绘的相关知识
项目管理	项目组织	1.能组织开展控制网施测; 2.能组织开展不动产权籍调查工作; 3.能组织开展不动产权籍图测绘工作	1.平差计算的相关知识; 2.不动产权籍调查的技术要求; 3.不动产权籍图测绘的知识
	项目指导	1.能指导解决数据采集、调查实施中的技术难点; 2.能对项目关键工序、重要环节进行监督控制	1.不动产权籍测绘的知识; 2.项目管理的相关知识
质量检查	质量检查	1.能对控制测量成果进行检查; 2.能对不动产权籍测绘成果进行检查; 3.能对数据库进行质量检查	1.质量检查技术的要求
	成果审验	1.能编制质量管理和验收方案,能设立关键质量检查点; 2.能对不动产权籍测绘各类汇总成果进行质量检查	1.质量管理的知识; 2.技术管理的知识; 3.检查验收的要求
文件编写	工作报告编写	1.能编写项目日常工作汇报; 2.能编写项目实施工作报告	1.工作汇报编写的要求
	技术文档编写	1.能编写控制网成果技术总结; 2.能编写不动产权籍项目的技术总结; 3.能编制不动产权籍项目检查报告	1.技术总结编写的要求; 2.检查报告编写的要求

表 4-25　不动产测绘员高级技师(一级)工作要求

职业功能	工作内容	技能要求	相关知识要求
方案设计	调查方案的审核	1.能对调查方案提出优化建议； 2.能对测绘方案提出优化建议	1.方案设计的技术要求
	不动产权籍调查、测绘审核	1.能对不动产权籍调查方案进行审核； 2.能对不动产权籍测绘方案进行审核	1.方案编写的技术要求； 2.不动产权籍调查测绘的技术要求
项目管理	质量管理	1.能监督质量体系在项目中的实施； 2.能把控项目质量关键点	1.质量体系的知识； 2.质检要求的知识
	项目协调	1.能指导项目生产,调整生产计划； 2.能结合项目生产调控生产成本； 3.能与甲方进行技术、进度、质量等方面的沟通,协调生产实施	1.项目管理的知识
成果审定	审定文字成果	1.能对工作报告等文档进行审核； 2.能对技术总结、质检报告等技术文件进行审核	1.技术总结编写的技术要求
	审定图件成果	1.能对不动产权籍调查成果进行审核； 2.能对权籍调查、测绘成果图件进行审核	1.不动产权籍调查测绘成果的技术要求
	审定数据库成果	1.能对数据库成果的完整性进行审核； 2.能对数据库成果的逻辑一致性进行审核； 3.能对数据库成果的空间定位准确度进行审核； 4.能对数据库成果的属性数据准确性进行审核； 5.能对数据库成果的图面整饰规范性进行审核	1.数据建库的基础知识； 2.数据库成果的有关技术要求； 3.数据库质量检查验收规范
技术指导与新技术应用	技术指导	1.能指导解决不动产权籍调查、测绘外业中存在的问题； 2.能指导解决不动产权籍调查、测绘内业整理、入库中存在的问题	1.技术指导方法的基本要求； 2.数据建库的技术标准
	技术培训	1.能编写不动产权籍调查培训材料并讲解； 2.能编写不动产权籍测绘培训材料并讲解； 3.能编写新技术培训材料并讲解	1.界线调查测绘的技术要求； 2.技术培训的基本知识
	新技术应用	1.能组织新技术、新标准在项目中的应用； 2.能对新技术、新标准的应用进行评估； 3.能对新技术应用效果进行总结、撰写论文	1.评估报告编制的基本要求； 2.总结、论文撰写的基本要求

任务七 海洋测绘员

一、职业定义

海洋测绘员是指使用卫星定位仪、声速仪、水位计、验流计等仪器和设备，进行海洋测量和海图编绘的作业人员；以海洋水体和海底为主要对象，进行测量和编制海图的工程技术人员。

二、职业任务

海洋测绘员从事的主要工作包括：

(1)为研究和解决海洋表面与海底的形状及其变化、确定海洋区域重力场、实施平面和高程控制，进行测量及岛陆联测。

(2)为保证船舶航行安全，对海洋和江河湖泊水域及毗邻陆地进行水深和岸线测量以及底质、障碍物探测。

(3)为海上工程设计与施工进行控制测量、地形测量、水深测量、施工放样测量、变形测量。

(4)设计、编绘海图、航道图。

(5)研究制订海洋测绘的技术标准、质量检查标准、技术规范。

海洋测绘主要内容包括海洋大地测量、海洋工程测量、水深测量及水下地形测量、障碍物探测、水文要素调查、海洋重力测量、海洋磁力测量、海图的编制等。

海洋测绘的任务主要分为科学性任务和实用性任务两个方面。

(1)科学性任务：主要是为研究地球形状提供更多的数据资料；为研究海底地质的构造运动提供必要的资料；为海洋环境研究工作提供测绘保障。

(2)实用性任务：主要是向各种不同的海洋开发工程提供所需的海洋测量服务。

海洋重力测量的目的在于为研究地球形状和内部的构造、勘测海洋矿产资源和保证远程导弹发射提供海洋重力数据。海洋重力测量可分为海底重力测量和船载重力测量，主要方式为机载重力测量和卫星重力测量。

海洋磁力测量是测定海上地磁要素的工作，是地球物理现象研究、海洋资源勘查以及海底宏观地质构造勘测的有力手段之一。其主要目的在于勘测与石油、天然气等有关的地质构造和研究海底的大地构造。

海水面测定包含海面形态的测定和平均海水面的确定。前者对海洋测量和海洋科学的研究有着重要的意义，而后者对大地测量有着重要的意义。

海底地貌测量或海底地形测量是测量海底起伏形态和地物的工作。其特点是:测量内容多、精度要求高、显示海底地物地貌详细。

海底地质探测是对海底表面及浅层沉积物性质进行的测量。

海图绘制是绘制以海洋及其相邻的陆地为描绘对象的地图,其描绘对象主题是海洋。海图的主要要素为:海岸地貌、海底地貌、航行障碍物、助航标志、水文及各种界线。海图编制作业过程通常分为编辑准备、原图绘制和出版准备三个阶段。

三、职业要求

(一)基础知识

1.测量基础知识

(1)地面点定位知识。

(2)平面、高程测量知识。

(3)测量数据处理知识。

(4)测量仪器设备知识。

(5)数字地形图及其测绘知识。

(6)地形图应用知识。

2.计算机基础知识

(1)计算机操作基础知识。

(2)测量相关软件使用知识。

3.安全生产与环境保护知识

(1)劳动保护知识。

(2)仪器设备安全使用知识。

(3)野外安全生产知识。

(4)资料保管、保密知识。

4.相关法律法规知识

(1)《中华人民共和国劳动法》相关知识。

(2)《中华人民共和国测绘法》相关知识。

(3)其他有关法律法规及技术标准基本知识。

(二)工作要求

海洋测绘员初级工(五级)工作要求如表4-26所示,海洋测绘员中级工(四级)工作要求如表4-27所示,海洋测绘员高级工(三级)工作要求如表4-28所示,海洋测绘员技师(二级)工作要求如表4-29所示,海洋测绘员高级技师(一级)工作要求如表4-30所示。

表 4-26 海洋测绘员初级工(五级)工作要求

职业功能	工作内容	技能要求	相关知识要求
准备	资料准备	1.能收集测区所需的交通图、水下地形图和点之记等资料； 2.能收集测区所需的气候、海洋水文等资料； 3.能收集测区所需的历史数据资料	1.数字地形图及其测绘知识； 2.地形图应用知识
	仪器准备	1.能进行 GNSS 接收机供电设备的准备及检视； 2.能进行水准测量辅助设备的准备及检视； 3.能进行水深测量辅助设备的准备及检视； 4.能进行脚架、棱镜、觇板、标尺等辅助设备的准备及检视	1.测量仪器设备知识； 2.仪器设备的安全使用知识
测量	控制测量	1.能进行图根水准的观测，以及观测数据的记录与计算； 2.能进行低等级 GNSS 静态外业观测、记录； 3.能进行平面、高程等级测量中前后视的仪器安置或立尺(镜)； 4.能进行水尺或水位计的安装	1.海洋测量控制点选点和布设知识； 2.测量仪器操作，观测和海洋控制、水准记录等知识
	水深测量	1.能观测、记录水位(人工验潮)； 2.能使用水砣、测深杆进行测深； 3.能现场绘制水位点的点之记	1.验潮知识； 2.测深基础知识
	海岸地形测量	1.能进行海岸地形测量的跑尺、扶尺、量距、埋石； 2.能识别海岸地形要素，现场绘制草图、标识	1.海岸地形测量基础知识； 2.地形图编绘知识
数据处理	数据检查	1.能进行人工验潮的水位数据检查； 2.能进行图根水准测量外业观测数据检查	1.图根水准测量数据的测段小结和闭合差限差要求； 2.水位观测数据检查和处理
	数据整理	1.能进行水位观测数据整理； 2.能进行图根水准测量外业观测数据整理； 3.能进行水砣、测深杆测深数据的编辑和整理； 4.能进行海岸地形测量外业资料整理	1.测量基础知识； 2.测量相关软件使用知识； 3.资料保管、保密的知识

表 4-27　海洋测绘员中级工(四级)工作要求

职业功能	工作内容	技能要求	相关知识要求
准备	资料准备	1.能进行所需要的设计书、设计图、规范、已知数据等资料的收集; 2.能进行资料分类、整理	1.设计书、设计图、规范的基本知识; 2.海洋测绘基础知识和相关规范
	仪器准备	1.能进行 GNSS 接收机及天线的准备和检视; 2.能进行水准仪和标尺的准备和检视; 3.能进行全站仪及棱镜的准备和检视; 4.能进行测深仪及配套设备的准备和检视	1.GNSS 接收机的使用和检验; 2.全站仪的使用和检验; 3.测深仪的使用和检验
	仪器维护	1.能进行仪器设备的日常保养	1.海洋测绘仪器设备的安全使用和维护保养知识
测量	控制测量	1.能进行一、二级平面控制测量选点、埋石、观测、记录; 2.能进行 GNSS 静态外业观测、记录; 3.能进行 GNSS-RTK 测量; 4.能进行三、四等水准测量选点、埋石、观测、记录	1.水准测量、导线测量、卫星定位测量的基本知识; 2.水准测量的平差原理及方法; 3.GNSS 静态观测和记录; 4.海洋测绘选点、埋石基础知识
	水深测量	1.能进行水深测量的外业数据采集; 2.能进行外业水中声速的数据采集; 3.能进行测深仪的操作; 4.能制作海洋测绘中使用的水砣、测深杆、校准板等工具; 5.能进行测深纸的水深判读	1.水深测量测线布设要求; 2.测深仪的使用
	海岸地形测量	1.能进行海岸线和潮间带的地形数据采集; 2.能进行地形地物、地貌的综合取舍	1.海岸线和潮间带的地形知识; 2.地形图绘制知识
数据处理	数据检查整理	1.能进行一、二级平面控制观测数据的检查与整理; 2.能进行三、四等水准观测数据的检查与整理; 3.能进行海岸线和潮间带的地形数据整理; 4.能进行水深测量的数据采集	1.控制测量知识; 2.水准测量基本原理和数据处理知识; 3.海洋地形地貌基础知识; 4.水深测量数据处理知识
	计算	1.能进行人工验潮的水位计算检查; 2.能进行高程和水深相互间的转换; 3.能进行单一水准路线的平差计算与成果整理	1.验潮基本知识; 2.水位观测及计算知识; 3.平差知识

表 4-28 海洋测绘员高级工(三级)工作要求

职业功能	工作内容	技能要求	相关知识要求
准备	资料准备	1.能根据技术设计书要求进行资料收集; 2.能进行资料分析,确定资料适用性	1.国家卫星定位(GNSS)大地控制网的布设原则; 2.国家高程控制网的布设原则; 3.海洋测绘知识; 4.技术设计书、资料分析的有关知识
	仪器准备	1.能进行 GNSS-RTK 及配套设备检视; 2.能进行水文测量、扫海测量及配套设备检视; 3.能进行 ADCP、磁力仪、多波束及配套设备检视; 4.能进行声速剖面仪及配套设备检视	1.GNSS-RTK 设施的操作知识; 2.水文测量仪器等设备的基本结构及检校、测定知识; 3.ADCP、多波束等的基本结构及检校、测定知识; 4.声速剖面仪的基本结构及检校、测定知识
	仪器维护	1.能进行仪器设备常见故障排查	1.GNSS-RTK、多波束、ADCP、声速剖面仪等仪器维护和简单故障排查
测量	控制测量	1.能进行三、四等卫星控制测量计划制订,调度作业; 2.能进行三、四等水准测量平差计算; 3.能进行水位控制的点位选址、埋设、仪器设备安装	1.海洋测量控制点选点和布设; 2.三、四等卫星控制测量的作业; 3.三、四等水准测量平差计算; 4.水位控制的点位选址、埋设
	水深测量	1.能进行小面积水深测量内业数据处理(水位记录整理、水深读取及改正等); 2.能绘制小面积水深图	1.小面积水深测量内业数据处理知识; 2.水深图绘制知识
	海岸地形测量	1.能进行大比例尺数字化海岸地形测绘; 2.能进行助航标记的测量	1.海岸地形测绘知识; 2.助航标记测量知识

续表 4-28

职业功能	工作内容	技能要求	相关知识要求
测量	扫海测量	1.能进行软式扫海测量的外业操作、记录； 2.能进行多波束扫测的仪器设备安装、连接； 3.能进行侧扫声呐扫测的仪器设备安装、连接； 4.能进行磁力仪扫测的仪器设备安装、连接	1.多波束测量仪器的安装和测量知识； 2.侧扫声呐扫测的仪器安装和测量知识； 3.磁力仪扫测的仪器设备安装和测量知识
	水文观测	1.能进行定点水文测验外业作业和记录； 2.能进行海底底质取样和记录	1.水文要素及其测量的知识； 2.海底地质测量的知识
	海图绘制	1.能明确海图编制的目标和整体要求； 2.能进行海图要素编绘	1.海图相关知识； 2.海图符号和海图编绘要求
数据处理	数据计算	1.能进行卫星定位测量、水准测量、水位测量中常规改正项的计算； 2.能进行坐标系统换算； 3.能进行水深测量中的声速、延迟、动吃水改正数的计算	1.卫星定位测量、水准测量、水位测量数据的计算知识； 2.坐标系统换算知识； 3.水深测量中的声速、延迟、动吃水改正数的计算知识
	数据整理	1.能进行平面、高程控制网原始观测数据检查与整理； 2.能进行水位观测原始数据检查与整理； 3.能进行坐标系统换算资料整理； 4.能进行水文和扫测外业资料整理	1.平面、高程控制网原始观测数据检查与整理知识； 2.水位观测原始数据检查与整理知识； 3.坐标系统换算知识； 4.成果资料整理知识
技术与质量管理	技术指导	1.能对他人进行技术指导； 2.能进行作业分工安排	1.技术指导的相关知识； 2.根据设计书、实施方案等分工安排工作进行作业的相关知识
	质量管理	1.能进行卫星定位测量、水准测量、水深测量关键工序和质量控制； 2.能进行卫星定位测量、水准测量、水深测量质量检查	1.卫星定位测量、水准测量、水深测量关键工序、质量控制和质量检查知识

表 4-29　海洋测绘员技师(二级)工作要求

职业功能	工作内容	技能要求	相关知识要求
方案设计	实施方案编写	1.能进行海洋测量作业实施方案的编写; 2.能进行生产管理和质量管理作业指导书的制订	1.实施方案编写的技术规定; 2.生产管理与质量管理的知识
	实施方案交底	1.能进行实施人员技术交底工作; 2.能进行项目执行进度、质量情况、安全预防前期预判	1.保密知识; 2.质量、安全管理的相关规定
测量	控制测量	1.能对大面积海洋测绘的水位控制进行点位布设和仪器设备选择	1.控制测量相关知识; 2.海洋控制点布设相关知识
	水深测量	1.能组织实施大面积水深测量的外业测量工作; 2.能复核、检查外业测量记录	1.水深测量知识; 2.水深测量数据的检查知识
	海岸地形测量	1.能组织实施海岸地形测绘外业测量工作; 2.能进行 GNSS-RTK 的转换参数计算及资料整理	1.海岸地形测量知识; 2.GNSS-RTK 测量原理、测量方法及数据处理知识
	扫海测量	1.能组织实施多波束扫测外业测量工作; 2.能组织实施侧扫声呐扫测外业测量工作; 3.能组织实施磁力仪扫测外业测量工作	1.多波束测量原理及测量仪器的安装和使用知识; 2.侧扫声呐工作原理和测量方法; 3.磁力仪工作原理及作业方法
	水文观测	1.能组织实施水文测量外业测量工作	1.水文测量知识和观测方法
	海图绘制	1.能组织实施海图编制工作	1.海图符号和海图编制知识
数据处理	数据整理	1.能进行水深测量数据整理与检查; 2.能进行水文观测数据整理与检查; 3.能进行水位观测数据平滑处理; 4.能对深度基准面推算方法中的一种进行计算	1.水深测量数据整理与检查知识; 2.水文观测数据整理与检查知识; 3.水位观测数据处理知识; 4.依据深度基准面计算和推导水深知识
技术与质量管理	技术指导	1.能进行技术培训授课; 2.能进行作业指导书编写	1.PPT 幻灯片的制作知识; 2.技术设计、技术总结编写的基本要求
	质量管理	1.能进行控制网观测成果检查; 2.能进行水深测量成果检查; 3.能进行海岸地形图检查; 4.能进行技术报告、质检报告编写	1.海洋测绘测量成果的质量检查规定; 2.海岸地形图检查知识; 3.相关质量报告编写的基本要求

表 4-30 海洋测绘员高级技师(一级)工作要求

职业功能	工作内容	技能要求	相关知识要求
方案设计	技术设计	1.能编写内外业技术设计书; 2.能制订作业实施方案	1.技术设计的规定; 2.技术问题处理的基本流程
	技术交底	1.能进行技术设计书要点及相互衔接的讲解; 2.能进行技术设计书的修正和完善	1.技术流程的重要节点; 2.技术检查要点
测量	控制测量	1.能对水位测验外业作业中的疑难问题提出解决方案	1.控制测量的布设原理等; 2.外业控制测量观测作业要点和难点
	水深测量	1.能对水深测量外业作业中的疑难问题提出解决方案	1.水深测量原理; 2.水深测量作业重点和难点
	海岸地形测量	1.能对海岸地形测量外业作业中的疑难问题提出解决方案	1.海岸地形知识; 2.海岸地形测量作业方法、作业重点和难点
	扫海测量	1.能对扫海测量外业作业中的疑难问题提出解决方案	1.扫海测量原理; 2.扫海测量作业方法、重点和难点
	水文观测	1.能对水文外业作业中的疑难问题提出解决方案	1.水文观测基础知识和相应方法; 2.水文观测作业重点和难点
	海图绘制	1.能对海图编制中的疑难问题提出解决方案	1.海图绘制原理和方法
数据处理	平差计算	1.能进行水位控制相关的数据处理、分析及推算	1.水位控制相关的数据处理、分析及推算
	数据分析	1.能进行水位控制合理性分析; 2.能进行水深测量(单波束、多波束)精度评定; 3.能进行扫海测量精度评定	1.水深测量(单波束、多波束)精度评定方法; 2.扫海测量精度评定方法
技术与质量管理	技术指导	1.能进行工作报告和技术报告审核; 2.能进行培训辅导材料编写	1.工作报告、技术报告编写的基本要求; 2.测量作业程序文件的编写要求
	质量管理	1.能进行测量成果质量等级评定; 2.能进行质检报告审核	1.测量成果质量等级; 2.测量成果质量等级评定知识
	新技术推广与应用	1.能进行新技术、新标准应用试验,制订计划和组织实施; 2.能进行新仪器、新设备、新软件的性能测试,编写测试报告	1.新技术、新标准测试或试验的方法、步骤; 2.新仪器、新设备、新软件测试或试验报告编制的内容和基本要求

任务八　无人机测绘操控员

一、职业定义

无人机测绘操控员是指使用地面控制系统操控搭载航摄仪等传感器的无人飞行器，进行地表数据采集和预处理的人员。

职业解读：无人机测绘操控员

二、职业任务

无人机测绘操控员从事的主要工作包括：

(1)布设地面标志、飞行检校场；

(2)安装测绘仪器，组装小型无人机航空设备；

(3)操作地面监控系统，操控无人飞行器或其他无人机设备，采集地表数据和航空影像数据；

(4)进行航空遥感数据预处理或冲印处理；

(5)维护保养仪器、设备、工具。

三、职业要求

(一)基础知识

1.测量基础知识

(1)地面点定位知识。

(2)平面、高程测量知识。

(3)测量数据处理知识。

(4)测量仪器设备知识。

(5)地形图及其测绘知识。

(6)测绘航空摄影知识。

(7)摄影测量与遥感知识。

(8)无人机基本知识。

2.计算机基础知识

(1)计算机操作基础知识。

(2)测量相关软件使用知识。

3.安全生产与环境保护知识

(1)野外安全生产知识。

(2)气象知识。

(3)地理知识。

(4)仪器设备的安全操作及维护知识。

(5)资料保管、保密知识。

(6)空域申请相关知识。

(7)应急处置知识。

(8)军事保护及涉密禁区知识。

4.相关法律法规知识

(1)《中华人民共和国劳动法》相关知识。

(2)《中华人民共和国测绘法》相关知识。

(3)《中华人民共和国民用航空法》相关知识。

(4)《民用无人驾驶航空器系统空中交通管理办法》相关知识。

(5)《民用无人驾驶航空器经营性飞行活动管理办法(暂行)》相关知识。

(6)无人机系统化协会团体标准《民用无人机系统分类分级》相关知识。

(7)其他有关法律法规及技术标准基本知识。

(二)工作要求

技能鉴定时,无人机起飞质量按以下要求选用:

(1)五级/初级工,无人机起飞质量≤15 kg;

(2)四级/中级工,15 kg<无人机起飞质量≤50 kg;

(3)三级/高级工,50 kg<无人机起飞质量≤100 kg;

(4)二级/技师,100 kg<无人机起飞质量≤150 kg;

(5)一级/高级技师,无人机起飞质量>150 kg。

无人机测绘操控员初级工(五级)工作要求如表 4-31 所示,无人机测绘操控员中级工(四级)工作要求如表 4-32 所示,无人机测绘操控员高级工(三级)工作要求如表 4-33 所示,无人机测绘操控员技师(二级)工作要求如表 4-44 所示,无人机测绘操控员高级技师(一级)工作要求如表 4-45 所示。

表 4-31　无人机测绘操控员初级工(五级)工作要求

职业功能	工作内容	技能要求	相关知识要求
准备	电动旋翼无人机起降场地选择	1.能获取测区的地形地貌资料; 2.能根据任务要求及测区实地情况,选择能确保安全起降的场地	1.地形图使用的知识; 2.电动旋翼无人机安全起降的基础知识
	电动旋翼无人机组装	1.能根据测区与任务情况选择合适的旋翼无人机; 2.能组装旋翼无人机	1.电动旋翼无人机螺旋桨、电机、电调、电池的基本知识; 2.电动旋翼无人机结构及安装的知识
电动旋翼无人机	航摄仪等传感器安装、调试	1.能安装航摄仪等传感器,保障设备安全; 2.能根据指定设置航摄仪等传感器参数	1.载荷安装的知识; 2.航摄仪等传感器参数设置的知识
	地面站操作	1.能保证地面站链路数据正常; 2.能连接飞行设备	1.地面站链路数据通信的基本知识; 2.监控程序操作的基础知识

续表 4-31

职业功能	工作内容	技能要求	相关知识要求
航空摄影	电动旋翼无人机飞行	1.能使用遥控器连接飞行设备,保障电机正常工作、链路数据正常; 2.能操控飞行设备,能通过通用应急操作进行飞行应急处置; 3.能安全完成飞行任务	1.电动旋翼无人机数据通信的相关知识; 2.电动旋翼无人机操控的相关知识; 3.电动旋翼无人机安全飞行及通用应急操作的知识
航摄数据检查整理与预处理	数据检查	1.能对飞行质量进行现场快速评判; 2.能对影像质量进行现场快速评判	1.飞行质量检查的相关知识; 2.影像质量检查的相关知识
	数据预处理	1.能按照作业规范要求,整理像片空间位置姿态数据; 2.能按照作业规范要求,整理获取的影像数据	1.像片空间位置姿态数据的知识; 2.数据整理的知识
仪器设备维护	飞行平台维护	1.能定期对无人机机体零配件维护; 2.能合理存放电池	1.无人机机体零配件的相关知识; 2.电池存放的相关知识
	地面站维护	1.能定期对地面站进行维护; 2.能升级地面站软件	1.计算机维护的相关知识; 2.地面站软件的相关知识

表 4-32　无人机测绘操控员中级工(四级)工作要求

职业功能	工作内容	技能要求	相关知识要求
准备	电动复合翼、电动固定翼无人机起降场地选择	1.能根据测区的互联网卫星影像资料,预选交通便利的合适起降点; 2.能根据任务要求及测区实地情况,选择最佳起降场地; 3.能快速处置飞行起降场地内可能的安全隐患,并能对不可清除的安全隐患做好安全防范预案	1.影像判读特征及方法; 2.电动复合翼、电动固定翼无人机起飞和着陆的安全知识
	电动复合翼、电动固定翼无人机的组装	1.能根据测区与任务情况选择合适的电动复合翼、电动固定翼无人机螺旋桨、电机、电池; 2.能组装电动复合翼、电动固定翼无人机	1.电动复合翼、电动固定翼无人机螺旋桨、电机、电调、电池的基本知识; 2.电动复合翼、电动固定翼无人机构成体系的知识
	航线设计	1.能选择合适的航摄仪等传感器; 2.能根据航摄设计要求,对一般地区进行航线设计	1.航摄仪等传感器的类型、型号、参数; 2.航摄参数计算的知识; 3.航线敷设的知识

续表 4-32

职业功能	工作内容	技能要求	相关知识要求
电动复合翼、电动固定翼无人机航空摄影	弹射、回收装置的架设	1.能架设弹射、回收装置； 2.能折叠与安装降落伞(回收为伞降)	1.弹射、回收装置的相关知识； 2.降落伞回收安装的相关知识
	地面站操作	1.能操控地面站通信、导航和监视程序,能正确操作应急飞行程序； 2.能安全释放、回收飞行设备(采用全自主弹射、伞降或扑地)	1.电动复合翼、电动固定翼无人机应急处置的相关知识； 2.无人机释放和回收的相关知识
	电动复合翼、电动固定翼无人机飞行	1.能使用遥控器连接电动复合翼、电动固定翼无人机,保障各伺服器正常工作,飞行设备链路数据正常； 2.能操控电动复合翼、电动固定翼无人机,能正确操控应急飞行程序,处置飞行突发状况； 3.能安全完成电动复合翼、电动固定翼无人机飞行任务	1.电动复合翼、电动固定翼无人机数据通信的相关知识； 2.电动复合翼、电动固定翼无人机操控的相关知识； 3.空中交通管制(空域)的相关知识
航摄数据检查整理与预处理	数据检查整理	1.能检查飞行质量,根据现场飞行状态及时调整方案,保证飞行质量； 2.能检查不同条件下的影像质量,现场调整设置合适的传感器参数； 3.能按照航摄数据整理要求及规范,进行数据资料检查及规范性整理	1.飞行质量检查的相关知识； 2.影像质量检查的相关知识； 3.航摄数据整理要求及规范
	数据预处理	1.能利用图像处理软件,对航摄数据进行简单增强等预处理； 2.能进行影像快速拼接	1.航摄数据增强处理的相关知识； 2.快速拼接软件的相关知识
仪器设备维护	飞行平台维护	1.能定期对动力系统进行维护； 2.能定期保养电池	1.动力系统维护的相关知识； 2.电池保养相关知识
	弹射及回收设备维护	1.能定期对弹射设备进行维护； 2.能定期对回收设备进行维护	1.弹射装置相关知识； 2.回收装置相关知识

表 4-33 无人机测绘操控员高级工(三级)工作要求

职业功能	工作内容	技能要求	相关知识要求
准备	航飞空域申请与航飞前系统检查	1.能结合任务情况，根据民用航空飞行相关法律法规进行空域申请与空管通信； 2.能对无人机及相关设备进行系统检查	1.空域申请与空管通信的知识； 2.油电混合旋翼、固定翼、复合翼无人机，油动旋翼、固定翼无人机系统检查的知识
	像控点布设	1.能进行像控点布设； 2.能对布设的像控点进行优化调整	1.航空摄影测量外业的规范； 2.像控布设的相关知识
	油电混合旋翼、固定翼、复合翼无人机，油动旋翼、固定翼无人机组装	1.能根据测区与任务情况选择合适的油电混合旋翼、固定翼、复合翼无人机，油动旋翼、固定翼无人机螺旋桨、发动机； 2.能组装油电混合旋翼、固定翼、复合翼无人机，油动旋翼、固定翼无人机	1.纯油动和油电混合发动机的基础知识； 2.油电混合旋翼、固定翼、复合翼无人机，油动旋翼、固定翼无人机结构的知识
	航线设计	1.能进行地形复杂测区的航区划分、正常航线及构架航线设计； 2.能根据测区与任务情况进行航线优化； 3.能规划应急航线	1.航区划分、构架航线敷设的知识； 2.航摄航线优化的知识
无人机航空摄影	地面站操作	1.能调整飞行控制参数； 2.能调试自驾仪、各类传感器等设备	1.自驾仪飞行控制的相关知识； 2.各类传感器的相关知识
	油电混合旋翼、固定翼、复合翼无人机；油动旋翼、固定翼无人机飞行	1.能使用遥控器连接油电混合旋翼、固定翼、复合翼无人机，油动旋翼、固定翼无人机，保障各伺服器及飞行设备链路数据正常； 2.能操控油电混合旋翼、固定翼、复合翼无人机，油动旋翼、固定翼无人机，具备处置各种突发状况的应急能力； 3.能判断飞行气象条件； 4.能够完成固定翼无人机滑起滑降操作； 5.能安全完成油电混合旋翼、固定翼、复合翼无人机，油动旋翼、固定翼无人机飞行任务技能要求	1.无人机数据通信的知识； 2.油电混合旋翼、固定翼、复合翼无人机，油动旋翼、固定翼无人机操控的相关知识； 3.无人机气动布局基础知识和飞行原理知识； 4.航空气象的相关知识

续表 4-33

职业功能	工作内容	技能要求	相关知识要求
航摄数据检查整理与预处理	数据整理成果质量检查	1.能对像控点测量资料进行质量检查； 2.能对航摄数据整理成果进行质量检查	1.像控点测量的相关知识； 2.航摄数据质量检查知识
	数据预处理	1.能对航摄数据进行更有利于后期处理的匀色、融合等预处理； 2.能对快速拼接影像进行效果增强	1.航摄数据匀光匀色等处理的相关知识
仪器设备维护	飞行平台维护	1.能定期对电气系统进行维护； 2.能对飞行平台进行维修	1.电气系统维护的相关知识； 2.无人机维修的相关知识
	飞行平台优化	1.能对飞行平台进行优化； 2.能进行飞行平台的优化调试	1.无人机材料的相关知识； 2.无人机结构的相关知识

表 4-34　无人机测绘操控员技师(二级)工作要求

职业功能	工作内容	技能要求	相关知识要求
方案设计	工作方案设计	1.能理解项目设计书,明确项目任务； 2.能根据项目特点制订无人机测绘操控实施工作方案； 3.能进行像控点布设方案的设计及优化调整； 4.能制订项目质量及工作计划	1.无人机测绘航空摄影的相关规范； 2.像控布设的相关知识； 3.测绘航空摄影实施工作方案编写的相关知识
	技术方案制订	1.能根据项目特点制订测绘航空摄影的技术方案； 2.能进行航摄设计书的编写； 3.能编制作业流程和编写作业指导书	1.测绘航空摄影技术方案编写的知识； 2.测绘航空摄影作业流程和作业指导书编写的相关知识
组织实施	组织项目开展	1.能组织开展旋翼无人机航空摄影； 2.能组织固定翼无人机航空摄影	1.无人机测绘项目管理的相关知识； 2.无人机作业安全的相关知识
	指导项目实施	1.能指导解决无人机航空摄影的技术难点； 2.能对项目的进度、质量、成本进行控制管理； 3.能与各方沟通协调生产实施	1.无人机测绘项目组织管理的相关知识； 2.无人机测绘航空摄影质量控制的相关知识

续表 4-34

职业功能	工作内容	技能要求	相关知识要求
固定翼无人机航空摄影	地面站操作	1.能判断自驾仪故障原因； 2.能解决地面站软件设置错误导致的问题	1.自驾仪的相关知识； 2.地面站软件的相关知识
	固定翼无人机的调试、飞行	1.能进行固定翼无人机的滑起滑降操作； 2.能对新飞行平台进行试飞与调试	1.固定翼无人机气动布局相关知识； 2.航空气象学的相关知识
技术与质量管理	质量管理	1.能撰写航测技术设计书； 2.能撰写航测技术总结； 3.能撰写航摄成果检查报告	1.测绘技术设计与总结编写的相关知识； 2.无人机测绘成果质量评定检查的知识
	指导与培训	1.能根据项目特点与难点对初、中、高级无人机测绘操控员进行具体技术指导； 2.能根据培训计划与内容进行技术培训的授课	1.学术论文及报告编撰相关知识； 2.职业技能培训相关知识

表 4-35 无人机测绘操控员高级技师(一级)工作要求

职业功能	工作内容	技能要求	相关知识要求
方案设计	技术方案设计优化	1.能对技术设计方案进行优化； 2.能对技术实施方案进行优化	1.技术设计方案优化相关知识
	作业方案审核	1.能对技术方案及作业流程进行审核； 2.能对数据存储与管理方案进行审核	1.作业方案审核知识
固定翼无人机航空摄影	地面站操作	1.能合理布置多个移动监控站确保飞行安全； 2.能配置多机作业和异地起降作业	1.多个移动监控站数据通信的知识； 2.多机作业和异地起降的知识
	固定翼无人机的调试、飞行	1.能对固定翼无人机进行滑起滑降及空中飞行调试； 2.能为新型无人机提供试飞参数	1.无人机飞控系统相关知识

续表 4-35

职业功能	工作内容	技能要求	相关知识要求
成果检查与审核	成果检查	1.能对无人机航摄相关成果进行检查； 2.能根据各类成果资料检查的具体情况编写检查报告	1.航摄相关成果检查的相关知识； 2.检查报告编写的知识
	成果审核	1.能对工作报告、技术总结等成果进行审核； 2.能对质检报告等成果进行审核	1.测绘项目成果审核的相关知识
技术与质量管理	质量控制	1.能监督质量体系在无人机测绘项目中的实施； 2.能把控无人机测绘操控的质量关键点	1.质量监督的相关知识
	指导与培训	1.能编写无人机测绘操控培训辅导材料； 2.能对各级无人机测绘操控员进行现场技术培训； 3.能解决无人机测绘操控作业中遇到的疑难问题	1.学术论文及报告编撰的相关知识； 2.职业技能培训的相关知识
	新技术推广与应用	1.能对新技术、新标准的应用试验制订计划和组织实施； 2.能对新仪器、新设备、新软件的性能进行基本的测试； 3.能编写测试报告	1.试验报告编制的基本要求和内容； 2.试验开展的基本步骤和要求； 3.新仪器、新设备、新软件测试的基本条件、方法和步骤

任务九　地理信息采集员

一、职业定义

地理信息采集员是指使用移动测量系统、激光扫描仪、卫星定位仪等采集和记录地物空间位置和属性信息的人员。

二、职业任务

地理信息采集员从事的主要工作包括：

(1)根据作业要求，制订采集方案和布设路线。

(2)使用移动测量车、卫星定位仪、惯性导航系统等仪器和设备按设计路线采集地物实景地理信息。

(3)使用激光扫描仪、立体测量摄影机等仪器设备,获取地物的二维、三维及全景影像信息。

(4)使用卫星定位仪、数码相机和惯性导航系统,获取道路和导航兴趣点(POI)的位置信息和属性信息。

(5)采集、记录作业对象的地表自然要素、人文地理要素等属性信息。

(6)检查获取影像、数据的数量和质量。

(7)维护保养仪器设备和工具。

三、职业要求

(一)基础知识

1.测量基础知识

(1)地面点定位知识。

(2)平面、高程测量知识。

(3)测量数据处理知识。

(4)测量仪器设备知识。

(5)地形图及其测绘知识。

(6)测绘航空摄影知识。

(7)摄影测量与遥感知识。

(8)无人机基本知识。

(9)地理基础知识。

2.计算机基础知识

(1)计算机操作基础知识。

(2)测量相关软件使用知识。

3.安全生产与环境保护知识

(1)野外安全生产知识。

(2)气象知识。

(3)地理知识。

(4)仪器设备的安全操作及维护知识。

(5)资料保管、保密知识。

(6)空域申请相关知识。

(7)应急处置知识。

(8)军事保护及涉密禁区知识。

(9)车辆驾驶基础知识。

4.相关法律法规知识

(1)《中华人民共和国劳动法》相关知识。

(2)《中华人民共和国测绘法》相关知识。

(3)其他有关法律法规及技术标准基本知识。

(二)工作要求

地理信息采集员初级工(五级)工作要求如表4-36所示,地理信息采集员中级工(四级)工作要求如表4-37所示,地理信息采集员高级工(三级)工作要求如表4-38所示,地理信息采集员技师(二级)工作要求如表4-39所示,地理信息采集员高级技师(一级)工作要求如表4-40所示。

表4-36 地理信息采集员初级工(五级)工作要求

职业功能	工作内容	技能要求	相关知识要求
准备	资料准备	1.能收集外业采集资料、作业范围和一般性数据、影像资料; 2.能整理所提供的数据和影像资料	1.数据和影像采集、保存知识; 2.测绘资料保密知识
	仪器准备	1.能进行实景地理信息采集系统、地理信息导航设备、多维地理信息采集设备等的准备; 2.能识别仪器性能参数和技术指标	1.测绘仪器和软件使用、保养知识; 2.有关测绘仪器和软件的用途
地理信息采集	实景地理信息采集	1.能按规定的实景地理信息采集路线出行; 2.能进行一般地区实景地理信息采集	1.布设采集方案和线路知识; 2.地物的实景地理信息采集方法
	多维地理信息采集	1.能按多维地理信息采集计划合理设站; 2.能进行一般地区多维地理信息采集	1.激光扫描仪、立体测量摄影机等设备的使用
	导航地理信息采集	1.能按照规定的导航地理信息路线出行; 2.能进行道路、导航兴趣点(POI)位置和属性信息采集	1.地理知识; 2.地形图及其测绘知识
	地理国情信息采集	1.能进行影像判读; 2.能进行一般地区地理国情信息采集、核实; 3.能采集地理国情影像解译样本	1.影像判读和解译的基础知识; 2.地理国情信息采集知识
数据处理	数据自查	1.能进行数据完整性自查; 2.能进行地理信息数据自查	1.数据检查的知识

表 4-37 地理信息采集员中级工(四级)工作要求

职业功能	工作内容	技能要求	相关知识要求
准备	资料准备	1.能按要求收集已有资料、设计书、规范等	1.数据资料的用途; 2.数据可靠性分析相关知识
	仪器准备	1.能准备相应仪器设备、软件等; 2.能进行仪器和软件相关参数设置	1.测绘仪器的原理、构造及使用要求; 2.测绘软件的安装和设置
	仪器维护	1.能进行仪器设备日常维护保养	1.测绘仪器和软件的日常维护知识
地理信息采集	实景地理信息采集	1.能制订实景地理信息采集路线; 2.能进行不同地区实景地理信息采集; 3.能进行实景地理信息采集数据现场评判,确定补采方案	1.测绘和地理知识; 2.不同地区布设采集方案和线路的知识
	多维地理信息采集	1.能制订多维地理信息采集路线; 2.能进行不同地区多维地理信息采集; 3.能进行多维地理信息采集数据现场评判,确定补采方案	1.测绘和地理知识; 2.二维、三维及全景影像信息采集的知识
	导航地理信息采集	1.能制订导航地理信息野外采集线路; 2.能进行不同地区导航地理信息采集; 3.能进行采集道路和导航兴趣点(POI)的位置信息、属性信息现场评判,确定补采方案	1.使用移动测量车、卫星定位仪、惯性导航系统等仪器设备,行驶路线设计,采集地物的实景地理信息的知识; 2.道路和导航兴趣点(POI)采集的知识; 3.野外安全生产知识
	地理国情信息采集	1.能制订地理国情信息采集线路; 2.能进行不同地区地理国情信息采集、核实、补调; 3.能进行地理国情信息数据和影像解译样本质量现场评判; 4.能进行外业调查和补调漏调复核,确定补采方案	1.测绘和地理知识; 2.不动产测量等知识; 3.摄影测量和遥感知识
数据处理	数据整理	1.能进行采集数据整理和检查; 2.能导入和上传数据、影像成果; 3.能完成数据格式转换; 4.能绘制地理信息采集所需的图表	1.数据整理和检查知识; 2.数据格式转换知识; 3.图表整理知识

表 4-38 地理信息采集员高级工(三级)工作要求

职业功能	工作内容	技能要求	相关知识要求
准备	资料准备	1.明确技术要求,确定资料的适用性; 2.能对技术设计方案提出建议	1.地理信息采集的知识; 2.地图设计书编写的基础知识
	仪器准备	1.能根据项目要求选配适合的仪器设备	1.常用仪器设备的型号和性能; 2.常用测量辅助设备的基本知识
	仪器维护	1.能进行仪器设备常见故障排查	1.常用测量仪器的日常维护知识
信息采集	实景地理信息采集	1.能合理安排实景地理信息采集外业作业; 2.能解决实景地理信息采集中的一般问题,调整作业路线和方案	1.测量知识; 2.摄影测量与遥感知识; 3.相应软件和设备的使用知识
	多维地理信息采集	1.能合理安排多维地理信息采集外业作业; 2.能解决多维地理信息采集中的一般问题,调整作业方案	1.多维地理信息采集知识和设备的使用知识; 2.地理信息采集中路线的布设知识
	导航地理信息采集	1.能合理安排导航地理信息采集外业作业; 2.能解决导航地理信息采集中的一般问题,调整作业方案	1.地理信息数据采集知识和设备使用知识; 2.导航地理信息采集中路线的布设知识
	地理国情信息采集	1.能合理安排地理国情信息采集外业作业; 2.能解决地理国情信息采集中的一般问题,调整作业方案	1.数字测图知识; 2.地理信息数据采集设备使用知识; 3.测量知识
数据处理	数据计算	1.能进行数据、影像整合,补充更新; 2.能进行成果分类和识别; 3.能进行邻接地物要素提取和人工分类	1.不同设备数据采集后数据的下载、处理知识; 2.摄影测量和遥感数据的判读和解译知识
	数据整理	1.能进行原始数据、计算方法检查; 2.能进行各种精度指标的符合性检查; 3.能进行数据属性信息完整性和正确性检查	1.各种内业数据处理软件的使用和数据的检查知识; 2.三维模型成果质检原理及方法
技术与质量管理	技术指导	1.能对他人进行技术指导; 2.能进行作业分工安排	1.工作报告、技术报告编写的基本要求; 2.地理信息数据采集作业文件的编写要求
	质量管理	1.能进行地理信息矢量数据、影像数据质量检查; 2.能进行地理信息属性信息、分类分析质量检查	1.地理信息测量成果质量等级; 2.测量成果质量等级评定知识等

表 4-39 地理信息采集员技师(二级)工作要求

职业功能	工作内容	技能要求	相关知识要求
方案设计	实施方案编写	1.能进行实景地理信息采集实施方案编写； 2.能进行多维地理信息采集实施方案编写； 3.能进行导航地理信息采集实施方案编写； 4.能进行地理国情信息采集实施方案编写； 5.能进行生产管理和质量管理作业指导书制订	1.实施方案编写的技术规定； 2.生产管理与质量管理的知识
方案设计	实施方案交底	1.能进行作业实施人员技术交底； 2.能进行项目执行进度、质量情况、安全预防前期预判	1.保密知识； 2.质量、安全管理的相关规定
信息采集	实景地理信息采集	1.能组织实施实景地理信息采集工作； 2.能组织实施特殊需求的实景地理信息采集作业； 3.能进行项目进度、质量、成本控制，协调生产实施	1.测量和测绘设备的使用知识； 2.测量平差原理和软件知识； 3.不动产测绘知识； 4.摄影测量和遥感知识； 5.项目进度、质量、成本控制知识
信息采集	多维地理信息采集	1.能组织实施多维地理信息采集工作； 2.能组织实施特殊需求的多维地理信息采集作业； 3.能进行项目进度、质量、成本控制，协调生产实施	1.激光扫描仪、立体测量摄影机等设备的使用知识； 2.测绘地理信息知识； 3.项目进度、质量、成本控制知识
信息采集	导航地理信息采集	1.能组织实施导航地理信息采集工作； 2.能组织实施困难地区导航地理信息采集作业； 3.能进行项目进度、质量、成本控制，协调生产实施	1.测绘地理信息知识； 2.地理信息外业数据采集方法； 3.项目进度、质量、成本控制知识
信息采集	地理国情信息采集	1.能组织实施地理国情信息采集工作； 2.能组织实施困难地区地理国情信息采集作业； 3.能进行项目进度、质量、成本控制，协调生产实施	1.不动产测绘知识和软件使用知识； 2.三维裸眼测图软件使用知识； 3.摄影测量和遥感知识及软件的使用知识； 4.项目进度、质量、成本控制知识
技术与质量管理	技术指导	1.能进行技术培训的授课； 2.能进行作业指导书的编写	1.PPT 幻灯片的制作知识； 2.技术设计、技术总结编写的基本要求
技术与质量管理	质量管理	1.能进行地理信息采集关键工序和质量控制； 2.能进行各类汇总成果质量审验	1.地理信息数据采集成果的质量检查规定； 2.相关质量报告编写的基本要求

表 4-40 地理信息采集员高级技师(一级)工作要求

职业功能	工作内容	技能要求	相关知识要求
方案设计	技术设计	1.能进行实景地理信息采集技术设计书编写； 2.能进行多维地理信息采集技术设计书编写； 3.能进行导航地理信息采集技术设计书编写； 4.能进行地理国情信息采集技术设计书编写	1.技术设计的规定； 2.技术问题处理的基本流程
	技术交底	1.能进行技术设计书要点及相互衔接的讲解； 2.能进行技术设计书修正和完善	1.技术流程的重要节点； 2.产品质量的检查要点
项目总结	工作总结	1.能进行项目日常工作汇报； 2.能进行项目实施工作总结，编写工作总结报告	1.项目技术关键点； 2.项目实施细则
	技术总结	1.能进行实景地理信息采集技术的总结，编写总结报告； 2.能进行多维地理信息采集技术的总结，编写总结报告； 3.能进行导航地理信息采集技术的总结，编写总结报告； 4.能进行地理国情信息采集技术的总结，编写总结报告	1.技术总结报告编写的基本要求和内容； 2.质检报告和验收报告的内容及编写基本要求； 3.涉及的专业知识
技术与质量管理	技术指导	1.能进行工作报告和技术报告审核； 2.能进行培训辅导材料编写	1.培训讲稿、教案编写知识； 2.技术指导与培训的知识
	质量管理	1.能进行地理信息采集成果质量等级评定； 2.能进行质检报告审核	1.地理信息采集成果验收规范； 2.质检报告和验收报告的内容及编写基本要求
	新技术推广与应用	1.能进行新技术、新标准应用试验，制订计划和组织实施； 2.能进行新仪器、新设备、新软件的性能测试，编写测试报告	1.新技术、新标准应用的相关知识； 2.新仪器、新设备、新软件的性能测试相关知识

任务十　地理信息处理员

一、职业定义

地理信息处理员是指使用地理信息系统(GIS)软件和工作平台,进行地理信息数据标准化录入,建立地理信息数据库和空间模型,以及管理、维护、格式化转换地理信息数据(库)的人员。

二、职业任务

地理信息处理员从事的主要工作包括:

(1)使用地理信息软件和工作平台进行地理信息数据标准化录入,建立地理信息数据库,进行数据库逻辑检验和修改。

(2)利用收集的现状资料和辅助资料制作地理信息二维、三维和实景空间模型。

(3)进行社会经济数据等非空间化数据的扫描、录入和数字化,地理信息数据和非空间化数据的关联、叠加和集成。

(4)进行交换格式数据与所需的物理存储格式数据的转换。

(5)进行地理信息数据(库)的整理、存储、备份、维护、管理和数据安全保密。

(6)维护地理信息系统、遥感和卫星导航定位系统等。

三、职业要求

(一)基础知识

1.测量基础知识

(1)地面点定位知识。

(2)平面、高程测量知识。

(3)测量数据处理知识。

(4)测量仪器设备知识。

(5)地形图及其测绘知识。

(6)测绘航空摄影知识。

(7)摄影测量与遥感知识。

(8)地理信息系统原理基础知识。

2.计算机基础知识

(1)计算机操作基础知识。

(2)测量相关软件使用知识。

(3)数据库相关知识。

(4)GIS软件操作基础知识。

(5)软件开发基础知识。

3.安全生产与环境保护知识

(1)仪器设备的安全操作及维护知识。

(2)资料保管、保密知识。

(3)应急处置知识。

(4)劳动保护知识。

4.相关法律法规知识

(1)《中华人民共和国劳动法》相关知识。

(2)《中华人民共和国测绘法》相关知识。

(3)其他有关法律法规及技术标准基本知识。

(二)工作要求

地理信息处理员初级工(五级)工作要求如表 4-41 所示,地理信息处理员中级工(四级)工作要求如表 4-42所示,地理信息处理员高级工(三级)工作要求如表 4-43 所示,地理信息处理员技师(二级)工作要求如表 4-44 所示,地理信息处理员高级技师(一级)工作要求如表 4-45 所示。

表 4-41 地理信息处理员初级工(五级)工作要求

职业功能	工作内容	技能要求	相关知识要求
准备	资料准备	1.能领取所需的数据资料; 2.能领取所需的影像资料	1.现状资料和辅助资料的获取途径; 2.影像基本知识
	仪器准备	1.能识别仪器设备性能参数和技术指标; 2.能进行常用设备、软件的准备和检视	1.常用仪器设备的型号和性能; 2.常用测量辅助设备的基本知识
地理信息数据库	数据输入	1.能进行专题地理信息数据标准化录入; 2.能进行非空间数据标准化录入	1.数据库基本知识; 2.数据标准化规范
	数据连接	1.能进行各类地理信息数据扫描、录入、数字化; 2.能进行地理信息数据和非空间数据关联、连接	1.社会经济数据等非空间化数据的扫描、录入和数字化,地理信息数据和非空间化数据的关联、叠加和集成知识
	数据编辑与更新	1.能对数据库数据进行简单逻辑检验和修改; 2.能进行数据增补、删除和简单更新	1.地理信息数据(库)的整理、存储、备份、维护、管理和数据安全保密知识; 2.数据处理软件的使用知识

续表 4-41

职业功能	工作内容	技能要求	相关知识要求
地理信息可视化建模	二维可视化建模	1.能使用地理信息软件和工作平台设置二维符号库； 2.能进行地理信息符号化处理	1.地理信息软件使用知识； 2.地理信息符号化表示知识
	三维可视化建模	1.能使用地理信息软件和工作平台设置三维符号库； 2.能进行简单三维模型制作、地理信息三维符号化	1.三维建模软件使用知识； 2.三维建模知识
	实景建模	1.能使用地理信息软件和工作平台进行实景建模设置； 2.能进行简单实景建模	1.地理信息软件使用知识； 2.实景建模知识
数据存储与查询	数据存储	1.能进行数据存储与管理	1.数据库相关知识
	数据查询	1.能使用可视化查询工具进行常用空间查询	1.地理信息数据查询方法
地理信息数据产品输出	输出数据产品	1.能使用绘图仪完成地理信息输出打印	1.地理信息数据产品整饰和输出知识

表 4-42　地理信息处理员中级工(四级)工作要求

职业功能	工作内容	技能要求	相关知识要求
准备	资料准备	1.能收集所需要的设计书、设计图、规范、已知数据等资料； 2.能进行资料整理和归类	1.数据资料的用途； 2.数据可靠性分析相关知识
	仪器准备	1.能进行仪器设备安装； 2.能完成常用软件安装和更新	1.测绘仪器的原理、构造及使用要求
	仪器维护	1.能进行仪器设备日常保养	1.测绘仪器和软件的维护与保养知识

续表 4-42

职业功能	工作内容	技能要求	相关知识要求
地理信息数据库建设	数据输入	1.能应用地理信息软件和专业平台进行数据预处理； 2.能完成综合地理信息和基础地理信息标准化录入	1.地理信息数据处理软件使用知识； 2.数据库的建立和维护知识； 3.地理信息数据标准化录入知识
	数据连接	1.能进行扫描、录入或数字化的非空间数据检查整理； 2.能进行各类空间信息与属性数据的连接检查	1.社会经济数据等非空间化数据的扫描、录入和数字化，地理信息数据和非空间化数据的关联、叠加和集成知识； 2.数据的逻辑检验和修改知识
	数据编辑与更新	1.能进行数据库常规逻辑检验和修改； 2.能根据更新的补充数据情况完成数据更新	1.数据采集的基本知识； 2.数据的几何特征； 3.基础地理要素分类与代码知识； 4.数据的逻辑检查和修改知识； 5.数据的更新和维护知识
地理信息可视化建模	二维可视化建模	1.能使用地理信息软件和工作平台进行二维符号库更新； 2.能进行常规地理信息符号化及图面整饰	1.数据库知识； 2.地理信息符号化及图面整饰知识
	三维可视化建模	1.能使用地理信息软件和工作平台进行三维符号库符号更新； 2.能进行常规三维模型制作和地理信息三维符号化； 3.能进行三维场景效果渲染和三维场景集成	1.三维建模软件使用知识； 2.三维模型制作和地理信息三维符号化知识； 3.三维场景效果渲染和三维场景集成知识
	实景建模	1.能进行实景采集数据预处理； 2.能根据实景建模要求进行常规实景建模； 3.能进行常规性实景场景集成	1.数据预处理知识； 2.实景空间模型知识

续表 4-42

职业功能	工作内容	技能要求	相关知识要求
地理信息集成	互联网地图集成	1.能按互联网地图服务要求进行互联网地图集成预处理； 2.能使用地理信息软件进行常规互联网地图集成； 3.能使用互联网工作平台发布互联网地图	1.互联网地图相关规范； 2.地理信息软件使用知识； 3.数据库知识； 4.互联网地图内容的表示方法
	导航电子地图集成	1.能按导航电子地图服务要求进行导航电子地图集成预处理； 2.能进行常规导航电子地图集成	1.导航电子地图制作要求； 2.导航电子地图制作方法
	地理国情信息集成处理	1.能按地理国情普查与监测要求进行地理国情数据集成预处理； 2.能进行常规地理国情信息集成	1.地理国情普查与监测要求； 2.常规地理国情信息集成方法
数据存储与管理	数据存储	1.能进行规范化数据存储	1.数据库知识
	数据库维护	1.能进行地理信息数据库常规维护	1.数据库管理与维护知识
空间查询与分析	查询与分析	1.能进行空间查询与分析	1.空间数据查询与分析知识
地理信息数据产品输出	输出地理信息数据产品	1.能发现和解决地理信息输出打印中的常见问题； 2.能进行地理信息系统或平台数据格式转换	1.地理信息数据产品整饰与输出知识； 2.数据格式转换方法

表 4-43　地理信息处理员高级工(三级)工作要求

职业功能	工作内容	技能要求	相关知识要求
准备	资料准备	1.能根据技术设计书要求进行资料收集; 2.能进行资料分析,确定适用性	1.技术设计书编写要求
	仪器准备	1.能根据项目要求,选择适合的软件和设备	1.地理信息数据处理软件选择知识
	仪器维护	1.能进行仪器设备、软件常见故障排查	1.地理信息数据处理软件维护知识
地理信息数据库建设	数据输入	1.能编绘和制作各类地理信息数据	1.数据库建立与数据输入知识
	数据入库	1.能进行地理信息数据逻辑一致性和完整性检查; 2.能发现和解决数据入库过程中的常见问题	1.数据入库及数据检查知识
	数据编辑与更新	1.能进行交换格式数据与所需物理存储格式的数据转换; 2.能进行数据的逻辑检验和修改; 3.能针对多比例尺数据、多源数据、矢量数据和栅格数据及不同数据模型完成地理信息数据库更新	1.常用地理信息数据处理软件的数据编辑与更新知识
地理信息可视化建模	二维可视化建模	1.能进行图面可视化要素及其关系表达正确性检查; 2.能进行图面整饰检查及效果调整	1.地理信息可视化建模知识; 2.地理信息数据检查知识
	三维可视化建模	1.能进行各类三维符号库设置及符号系统设计; 2.能进行三维模型制作和地理信息三维符号化建库; 3.能进行三维可视化要素及其关系表达正确性检查; 4.能进行三维场景数据质量及渲染效果检查和调整	1.符号库的制作和设计知识; 2.三维建模知识
	实景建模	1.能进行各类常规实景建模; 2.能进行复杂实景建模场景集成	1.实景建模知识和要求; 2.复杂实景建模场景集成知识

续表 4-43

职业功能	工作内容	技能要求	相关知识要求
地理信息集成	互联网地图集成	1.能应用各类软件和专业平台进行互联网地图集成和发布	1.互联网地图制作原理和方法； 2.互联网地图制作要求
	导航电子地图集成	1.能根据导航电子地图服务要求进行导航电子地图集成	1.导航电子地图制作要求； 2.导航电子地图制作方法
	地理国情信息集成	1.能进行地理国情信息数据集成	1.地理信息系统原理； 2.地理国情普查规范
数据存储与管理	数据存储与管理	1.能协助制订数据存储与管理要求规范	1.数据库原理； 2.地理信息系统原理
	数据库维护	1.能进行地理信息数据库的整理、存储、备份、维护知识； 2.能进行数据库安全保密系统设置	1.数据库整理、存储、备份、维护知识
空间查询与分析	查询与分析	1.能根据需要进行各种空间查询与统计； 2.能根据需要进行各种空间分析及组合分析	1.空间查询与分析方法
技术与质量管理	技术指导	1.能对他人进行技术指导； 2.能进行作业分工安排	1.地理信息系统的相关知识； 2.技术指导与培训的基本知识
	质量管理	1.能进行地理信息数据库建设质量控制； 2.能进行地理信息可视化建模质量控制； 3.能进行地理信息集成质量控制	1.项目管理基本知识； 2.地理信息系统建立知识； 3.质量管理与控制知识

表 4-44 地理信息处理员技师(二级)工作要求

职业功能	工作内容	技能要求	相关知识要求
方案设计	实施方案编写	1.能进行地理信息数据库建设实施方案制订； 2.能进行地理信息实景建模实施方案制订； 3.能进行地理信息集成实施方案制订； 4.能进行生产管理和质量管理作业指导书的编写	1.地理信息系统建设项目方案撰写方法； 2.地理信息系统建设要求； 3.地理信息系统建设技术方法； 4.实施方案编写的技术规定； 5.生产管理与质量管理的知识
	实施方案交底	1.能进行实施人员的技术交底工作； 2.能进行项目执行进度、质量情况、安全预防前期预判	1.保密知识； 2.质量、安全管理的相关规定
组织实施	组织项目开展	1.能组织开展地理信息数据库建设工作； 2.能组织开展地理信息可视化建模工作； 3.能组织开展地理信息集成工作	1.地理信息系统知识； 2.地理信息建模知识； 3.项目管理与实施知识
	指导项目实施	1.能指导解决数据库建设过程中的技术难点； 2.能对项目进度、质量、成本进行控制管理； 3.能与相关方面沟通、协调生产实施	1.数据库建设原理、方法与关键技术知识； 2.项目进度、质量、成本管理知识
成果检查	质量检查	1.能对数据库的数据质量进行系统性检查； 2.能对地理信息建模成果进行系统性检查	1.数据库建设质量检查与控制的知识； 2.地理信息建模成果检查知识
	成果审验	1.能编制质量管理和验收方案，设立质量管理点； 2.能对各类汇总成果进行质量核定	1.质量管理和验收方案设计； 2.成果质量审查方法
技术与质量管理	技术指导	1.能进行技术培训的授课； 2.能进行作业指导书的编写	1.地理信息系统相关知识； 2.技术指导与培训的基本知识
	质量管理	1.能进行测量成果的检查、检验； 2.能进行技术报告、质检报告撰写	1.测绘地理信息成果质量检查知识； 2.质检报告撰写要求

表 4-45 地理信息处理员高级技师(一级)工作要求

职业功能	工作内容	技能要求	相关知识要求
方案设计	技术设计	1.能进行数据处理技术设计书的编写; 2.能进行数据存储与管理技术设计书编写; 3.能进行数据库维护技术方案制订	1.技术设计的规定; 2.技术问题处理的基本流程
	技术交底	1.能进行技术设计书要点及相互衔接的讲解; 2.能进行技术设计书的修正和完善	1.技术设计要点; 2.技术设计书的编写与修改知识
组织实施	质量控制	1.能监督质量体系在项目中的实施; 2.能把控项目质量关键点	1.质量管理体系知识; 2.项目技术难点和关键点
	进度和成本控制	1.能指导项目生产,调整生产计划; 2.能结合项目生产,调控生产成本	1.项目进度和成本控制方法
成果检查与验收	成果审核	1.能对工作报告、技术总结、质检报告等成果进行审核; 2.能对数据库成果进行审核	1.成果审核与验收技术规定
	成果验收	1.能对数据库成果及集成地理信息进行验收; 2.能根据各类成果资料验收的具体情况编写验收报告	1.数据库成果验收技术规定
技术与质量管理	技术指导	1.能进行工作报告和技术报告的审核; 2.能进行培训辅导材料的编写	1.地理信息系统相关知识; 2.工作报告、技术报告编写的基本要求
	质量管理	1.能进行地理信息处理成果质量等级评定; 2.能进行质检报告的审核	1.地理信息处理成果质量等级; 2.地理信息处理成果质量等级评定知识
	新技术推广与应用	1.能进行新技术、新标准应用试验,制订计划和组织实施; 2.能进行新仪器、新设备、新软件的性能测试,编写测试报告	1.新技术、新标准应用试验的方法、步骤; 2.新仪器、新设备、新软件的性能测试或试验报告编制的内容和基本要求

任务十一　地理信息应用作业员

一、职业定义

地理信息应用作业员是指使用专业软件和操作平台进行地理信息集成、开发和利用，生产导航地理信息、互联网地理信息等产品，并辅助专业人员进行定位、导航、监测、规划等地理信息应用服务的人员。

二、职业任务

地理信息应用作业员从事的主要工作包括：

(1)搜集和整理影像、资料和数据；

(2)根据导航定位产品设计架构，集成、编绘、制作导航地理信息产品，提供位置监控、灾害预警、应急救援等导航与位置服务；

(3)基于互联网平台和标准制作互联网地理信息产品，提供地图搜索、下载、发送和地理信息标注、引用服务；

(4)根据地理国情监测工程设计和指标体系对监测对象的变化情况进行比对、标注和汇总，生产地理国情监测产品；

(5)提供国土、交通、农林、地矿、环境、水利、建设、城市管理等方面的地理信息应用技术服务；

(6)使用测评软件进行室内外地理信息数据产品的质量和功能测评。

三、职业要求

(一)基础知识

1.测量基础知识

(1)地面点定位知识。

(2)平面、高程测量知识。

(3)测量数据处理知识。

(4)测量仪器设备知识。

(5)地形图及其测绘知识。

(6)测绘航空摄影知识。

(7)摄影测量与遥感知识。

(8)地理信息系统基础知识。

2.计算机基础知识

(1)计算机操作基础知识。

(2)GIS 软件操作基础知识。

(3)软件开发基础知识。

3.安全生产与环境保护知识

(1)劳动保护知识。

(2)仪器设备的安全使用知识。

(3)资料保管、保密知识。

4.相关法律法规知识

(1)《中华人民共和国劳动法》相关知识。

(2)《中华人民共和国测绘法》相关知识。

(3)其他有关法律法规及技术标准基本知识。

(二)工作要求

地理信息应用作业员初级工(五级)工作要求如表 4-46 所示,地理信息应用作业员中级工(四级)工作要求如表 4-47 所示,地理信息应用作业员高级工(三级)工作要求如表 4-48所示,地理信息应用作业员技师(二级)工作要求如表 4-49 所示,地理信息应用作业员高级技师(一级)工作要求如表 4-50 所示。

表 4-46 地理信息应用作业员初级工(五级)工作要求

职业功能	工作内容	技能要求	相关知识要求
准备	资料准备	1.能收集项目所需数据资料; 2.能收集项目所需影像资料	1.数据和影像采集、保存知识; 2.测绘资料保密的知识
	仪器准备	1.能进行常规软件和仪器设备的准备和检视	1.测绘仪器和软件使用、保养的知识
测绘地理信息产品服务	互联网地图服务	1.能基于互联网平台和标准制作互联网地理信息产品; 2.能基于互联网平台提供地图搜索、下载、复制、发送和地理信息标注、引用知识	1.互联网平台和标准知识; 2.地图搜索、下载、发送和地理信息标注、引用服务知识
	导航地理信息服务	1.能进行导航道路、兴趣点信息、绿地等要素采集和属性赋值; 2.能基于互联网、通信技术等提供一般性位置监控,灾害预警、应急救援等导航与位置服务	1.地理信息系统相关知识; 2.地理信息产品设计知识
	地理国情监测服务	1.能理解地理国情普查和监测指标; 2.能按照地理国情普查和监测指标体系搜集、采集地理信息数据和影像资料	1.地理国情监测工程设计和指标体系; 2.影像数据的获取
测绘地理信息出版服务	图书、期刊、电子出版物的出版	1.能依据出版要求说明进行简单的线划要素和注记选择; 2.能依据补充资料数据进行要素更新; 3.能对有关出版的地图及其他数据进行简单排版编辑工作	1.地图的编辑和处理; 2.地图的整饰和出版

表 4-47　地理信息应用作业员中级工(四级)工作要求

职业功能	工作内容	技能要求	相关知识要求
准备	资料准备	1.能进行所需要的设计书、设计图、规范、已知数据等资料的收集; 2.能进行资料的分类、整理	1.数据资料的用途; 2.数据可靠性分析、整理知识
	仪器准备	1.能进行常用软件参数设置; 2.能进行常用仪器设备安装	1.常用仪器的原理、构造及使用要求; 2.常用软件的安装、设置知识
	仪器维护	1.能进行常用软件更新和仪器设备日常保养	1.仪器和软件的日常维护知识
测绘地理信息产品服务	互联网地图服务	1.能基于互联网平台进行互联网基础地图整合、兴趣点收集整理、数据制作等; 2.能对互联网地理信息进行汇总、统计和分析	1.测绘和地理知识; 2.互联网地图的编辑、整饰知识; 3.互联网地理信息汇总、统计和分析方法
	导航地理信息服务	1.能进行导航电子地图采集、编辑和拓扑关系处理; 2.能完成导航地理信息归纳和统计分析	1.导航电子地图采集、编辑和拓扑关系处理方法; 2.导航地理信息归纳和统计分析方法
	地理国情监测服务	1.能按需求搜集、采集、整理地理国情,普查和监测地理信息数据资料; 2.能进行地理国情信息分类处理和统计分析	1.地理国情普查规范; 2.地理国情信息分类处理和统计分析方法
测绘地理信息出版服务	图书、期刊、电子出版物的出版	1.能依据出版要求完成线划要素和注记选择; 2.能进行出版有关的地图及其他数据的常规性排版编辑	1.测绘地理信息数据的编辑和处理知识; 2.地图的整饰和排版知识
地理信息相关服务	中介服务	1.能与用户交流介绍地理信息服务业务内容; 2.能提供地理信息常规中介服务	1.测绘地理信息产品生产技术知识
	产品代理和销售	1.能对代理和销售的地理信息产品进行安装装配和使用培训	1.测绘地理信息基础知识和产品涉及关键技术知识
	咨询服务	1.能进行地理信息技术咨询和测试评估	1.测绘地理信息产品特点和测试要点知识

表 4-48　地理信息应用作业员高级工(三级)工作要求

职业功能	工作内容	技能要求	相关知识要求
准备	资料准备	1.能根据技术设计书要求进行资料收集； 2.能进行资料分析,确定资料适用性	1.地理信息系统的知识； 2.地理信息设计书编写的基础知识
	仪器准备	1.能根据项目要求选择适合的软件设备	1.常用软件设备的型号和性能知识
	仪器维护	1.能进行仪器设备常见故障排查	1.常用测量仪器和软件的日常维护知识
测绘地理信息产品服务	互联网地图服务	1.能使用地理信息软件和专业平台制作互联网电子地图产品； 2.能基于互联网地图平台进行各比例尺电子地图嵌套、配图	1.地理信息软件和专业平台使用知识； 2.地图制作知识
	导航地理信息服务	1.能集成、编绘和制作导航电子地图； 2.能基于网络、通信技术编辑处理导航与位置信息	1.导航电子地图制作方法； 2.基于网络、通信技术编辑处理导航与位置信息的方法
	地理国情监测服务	1.能按照技术规程对地理国情要素进行动态挖掘分析； 2.能编制地理国情监测图集,协助编制地理国情监测报告	1.地理国情普查规范； 2.地理国情数据挖掘与分析知识； 3.地理国情相关地图制作知识
测绘地理信息出版服务	图书、期刊、电子出版物的出版	1.能根据用户需求进行地理要素编绘； 2.能完成出版有关的地图和地理信息数据排版编辑； 3.能进行出版页面整饰	1.地理要素编绘知识； 2.地图编辑、整饰和排版知识

续表 4-48

职业功能	工作内容	技能要求	相关知识要求
地理信息相关服务	中介服务	1.能开展日常中介服务业务； 2.能根据客户需要拓展地理信息相关中介服务	1.测绘、地理信息和计算机相关知识； 2.地理信息产品设计知识
	产品代理和销售	1.能对代理和销售的地理信息产品进行售后跟踪服务； 2.能根据用户需求对代理和销售的地理信息产品进行推荐介绍	1.测绘、地理信息和计算机相关知识； 2.地理信息产品设计知识； 3.销售知识
	咨询服务	1.能根据用户需求进行地理信息管理咨询和技术培训	1.测绘、地理信息和计算机相关知识； 2.产品技术知识
技术与质量管理	技术指导	1.能对他人进行技术指导； 2.能进行作业分工安排	1.测绘、地理信息和计算机相关知识； 2.技术设计、技术总结编写的基本要求
	质量管理	1.能进行测绘地理信息产品关键工序和质量控制； 2.能进行测绘地理信息出版服务质量管理	1.地理信息数据产品的质量检查规定； 2.相关质量报告编写的基本要求

表 4-49　地理信息应用作业员技师(二级)工作要求

职业功能	工作内容	技能要求	相关知识要求
方案设计	实施方案编写	1.能根据技术设计和用户需求制订实施方案； 2.能进行生产管理和质量管理作业指导书的编写	1.实施方案编写的技术规定； 2.生产管理与质量管理的知识
	实施方案交底	1.能进行实施人员技术交底工作； 2.能进行项目执行进度、质量情况、安全预防前期预判	1.保密知识； 2.质量控制、安全管理的相关规定

续表 4-49

职业功能	工作内容	技能要求	相关知识要求
测绘地理信息产品服务	互联网地图服务	1.能与用户深入沟通，根据用户需求定制互联网地理信息产品； 2.能根据市场需求协助开发互联网地理信息应用平台	1.测绘地理信息相关知识； 2.计算机开发知识； 3.互联网地图制作及要求
	导航地理信息服务	1.能解决导航地理信息产品生产中的问题； 2.能根据用户和市场需求定制导航地理信息服务	1.导航地理信息产品制作及要求； 2.导航定位产品设计架构知识； 3.集成、编绘、制作导航电子地图方法
	地理国情监测服务	1.能对地理国情要素进行动态分析和变化监测； 2.能协助搭建地理国情要素信息和指标体系	1.地理国情普查规范； 2.地理国情监测工程设计和指标体系制作知识； 3.地理国情数据统计与分析知识
测绘地理信息出版服务	图书、期刊、电子出版物的出版	1.能解决各类地理信息出版产品生产中的问题； 2.能与用户沟通，设计出版要素编绘技术方案	1.地理要素编绘知识； 2.地图编辑、整饰和排版知识
地理信息相关服务	中介服务	1.能进行地理信息中介服务流程制订； 2.能根据行业发展完成中介服务内容升级更新	1.测绘、地理信息和计算机相关知识； 2.地理信息产品设计知识
	产品代理和销售	1.能根据行业发展和用户需求完成地理信息产品升级更新； 2.能与相关方面沟通、协调产品生产、使用和售后服务	1.测绘、地理信息和计算机相关知识； 2.地理信息产品设计知识； 3.销售知识
	咨询服务	1.能与各方面沟通，提供用户所需的技术、管理、政策咨询	1.测绘、地理信息和计算机相关知识； 2.产品技术知识
	地理信息质检技术服务	1.能根据技术方案要求进行测绘、地理信息产品检测服务； 2.能按照有关规范要求进行测绘仪器检定、校准等计量服务	1.测绘、地理信息产品检测规范

续表 4-49

职业功能	工作内容	技能要求	相关知识要求
地理信息开发应用服务	开发与服务	1.能提供地理信息系统工程应用服务； 2.能进行地理信息集成开发,维护地理信息系统运行	1.地理信息集成开发知识； 2.测评软件知识
技术与质量管理	技术指导	1.能进行技术培训的授课； 2.能进行作业指导书的编写	1.PPT 幻灯片的制作知识； 2.技术设计、技术总结编写的基本要求
	质量管理	1.能进行地理信息产品服务检查、检验	1.地理信息产品的质量检查规定； 2.相关质量报告编写的基本要求

表 4-50 地理信息应用作业员高级技师(一级)工作要求

职业功能	工作内容	技能要求	相关知识要求
方案设计	技术设计	1.能进行技术服务设计书的编写	1.技术设计的规定
	技术交底	1.能进行技术服务设计书要点及相互衔接的讲解； 2.能进行技术服务设计书优化	1.技术流程的重要节点； 2.产品质量的检查要点
测绘地理信息产品服务	互联网地图服务	1.能设计和制订互联网电子地图生产流程； 2.能指导互联网地图产品生产过程	1.互联网电子地图生产流程； 2.互联网平台和标准知识
	导航地理信息服务	1.能对导航电子地图生产过程中的问题提供解决方案； 2.能根据市场需求设计基于位置的地理信息服务	1.导航地理信息产品制作及要求； 2.导航定位产品设计架构知识； 3.导航电子地图服务知识
	地理国情监测服务	1.能协助完成地理国情普查及监测工程设计和指标体系构建； 2.能为用户提供地理国情监测咨询	1.地理国情普查规范； 2.地理国情监测工程设计和指标体系制作知识； 3.地理国情数据统计与分析并总结

续表 4-50

职业功能	工作内容	技能要求	相关知识要求
测绘地理信息出版服务	图书、期刊、电子出版物的出版	1.能根据出版要求,组织图书、期刊、电子出版物出版服务工作	1.地理要素编绘知识; 2.地图编辑、整饰和排版知识
地理信息相关服务	中介服务	1.能根据行业发展编制地理信息中介服务发展计划	1.测绘、地理信息和计算机相关知识; 2.地理信息产品设计知识; 3.行业前沿知识
	产品代理和销售	1.能组织地理信息产品代理和销售服务工作; 2.能编制地理信息产品代理和销售业务发展计划	1.测绘、地理信息和计算机相关知识; 2.地理信息产品设计知识; 3.销售知识
	地理信息质检技术服务	1.能组织测绘和地理信息质检标准化服务	1.测绘、地理信息和计算机相关知识; 2.产品检查知识
地理信息开发应用服务	地理信息应用系统的开发与服务	1.能根据用户需求,提供国土、交通、农林、地矿、环境、建设、城市管理等方面的地理信息应用技术服务; 2.能提供地理信息服务平台应用咨询和大数据服务	1.地理信息集成开发知识; 2.测评软件知识; 3.地理信息服务平台应用咨询和大数据技术知识; 4.国土、交通、农林、地矿、环境、建设、城市管理等方面的地理信息应用技术知识
	地理信息应用营销和推广	1.能与客户沟通,为客户提供地理信息需求服务; 2.能开展市场调查,挖掘市场地理信息服务需求	1.地理信息产品知识; 2.室内外地理信息数据产品的质量和功能测评知识
技术与质量管理	技术指导	1.能进行工作报告和技术报告的审核; 2.能进行培训辅导材料的编写	1.培训讲稿、教案编写知识; 2.技术指导与培训的知识
	质量管理	1.能进行地理信息应用服务等级评定; 2.能进行质检报告审核	1.地理信息产品验收规范; 2.质检报告和验收报告的内容及编写基本要求
	新技术推广与应用	1.能进行新技术、新标准应用试验,制订计划和组织实施; 2.能进行新仪器、新设备、新软件的性能测试,编写测试报告	1.新技术、新标准应用的相关知识; 2.新仪器、新设备、新软件的性能测试相关知识

【知识拓展】

“天地图”

2024版“天地图”(www.tianditu.gov.cn)具有更丰富的地图数据、更完善的服务功能、更多样的地图产品。

2024版“天地图”更新发布交通、居民地、水系、绿地、政区、地名、地址等地理信息要素约1 231.12万条,其中政府机构、教育机构、医疗机构等政务兴趣点数量增加54.97万条;更新发布2 m分辨率遥感影像达794万km^2、优于1 m分辨率遥感影像达655万km^2。截至目前,“天地图”在线服务地理信息数据要素总量达3.3亿条,2 m分辨率遥感影像覆盖全部陆地国土,优于1 m分辨率遥感影像覆盖陆地国土的98%。

2024版“天地图”首次开放多时相影像专题,公众可查看32个省级节点近半个世纪的历史影像;新增上海市黄浦区、徐汇区,北京市朝阳区、大兴区等100多个城市建成区建筑物立体展示功能,支持居民地、建筑物的三维立体可视化浏览;新增全球地形山影服务,支持地形山影与矢量地图、影像地图叠加展示,直观表达地面起伏变化。

此外,2024版“天地图”还优化了地名检索服务,提升了地名查询匹配准确度;结合应用需求,扩展了城市搜索接口,提升了接口的易用性;优化了地理编码功能,提升了地址匹配精准度;重构了数据可视化引擎,扩展了水波图、亮度图等多类可视化模板,大幅提升用户数据共享的便捷性,在专业地图上更凸显个性风格。

“天地图”也在持续丰富完善公共服务数据产品和服务功能,不断提升服务支撑能力,更好地满足数字化发展对测绘地理信息的需求。

【测绘故事】

故事一:“为国测绘是天职,使命必达”——国测一大队郁期青

郁期青作为新中国第一代测绘人,扎根青藏高原30余年,在无氧、极寒环境下完成珠峰高程测量等国家级任务。从一名江南书生到成为千里跋涉的测绘者,40年的测绘生涯里,他的足迹遍布青、藏、甘、新、蒙、陕等西部边陲,徒步行程超12万km。他在昆仑山、祁连山上宿营,在腾格里、毛乌素沙地挥洒汗水,体验过吐鲁番盆地超50 ℃的高温,也忍受过雪域高原零下40多℃的严寒。

1975年,郁期青参与珠穆朗玛峰高程测量。珠峰地区是“生命禁区”,环境恶劣,空气含氧量低,测绘队员不仅要背负几十斤重的仪器登山测量,还要面对雪崩、冰缝等危险。在向海拔7 050 m的北坳发起冲击时,坡度达70°,狂风呼啸,严重缺氧让每一步都艰难无比,但他和队友凭借顽强意志成功登顶,完成重力测量和航测调绘任务。

我们现如今的美好生活,祖国的繁荣昌盛,积攒了无数的测绘工作者奋力挥洒的汗水,离不开测绘工作者为建设美好家园而付出的努力。那么在享受如今交通、导航等各种便利的同时,我们是不是也应该做出一些努力呢?我们现在要做的就是定好目标,学好专业知识,将来能像郁期青一样在测绘行业发光发热。

故事二:亚冬会测绘保障的幕后英雄

在哈尔滨第九届亚冬会期间,700 多名黑龙江测绘地理信息人通过高精度数据采集、实景三维建模等技术,为赛事提供坚实的技术保障。他们克服严寒天气,完成亚布力比赛场地遥感影像数据采集,确保赛事顺利进行,打造数字孪生环境,优化赛事安保和服务设施,完成亚布力雪上项目改扩建任务,确保赛道安全稳定。

早在亚冬会筹备阶段,他们就开始了紧张的工作。通过航空摄影测量、卫星遥感等技术手段,获取了大量高精度的地理数据。然后,运用先进的地理信息系统(GIS)技术,对这些数据进行处理、分析和整合,制作出了详细的亚冬会专用地图。这些地图不仅包含了比赛场馆、运动员村、交通枢纽等重要设施的位置信息,还标注了周边的地形地貌、水系分布、道路状况等详细情况,为亚冬会的组织者、运动员、工作人员和观众提供了准确、便捷的地理信息服务。

他们的工作虽然不为人所熟知,但却为亚冬会的成功举办作出了重要贡献。他们是亚冬会测绘保障的幕后英雄,值得我们所有人的尊敬和赞扬。

项目小结

本项目从技能岗位的职业定义、职业任务和职业要求对大地测量员、摄影测量员、地图绘制员、工程测量员、不动产测绘员、海洋测绘员、无人机测绘操控员、地理信息采集员、地理信息处理员和地理信息应用作业员 10 个岗位进行了阐述,重点对不同岗位、不同等级需要具备的知识和技能要求进行了介绍。

思考题

1.结合测绘岗位分类,谈谈你喜欢的岗位需要具备的知识和技能有哪些?

2.结合所学内容,写写你对未来自己的学业规划和职业规划。

3.你所了解的还有哪些在平凡测绘岗位上发光发热的人物?

项目五　测绘法律法规及政策认知

测绘法律法规
及政策认知

【项目概述】

测绘专业的学生除掌握必要的专业技能外，还应该懂管理，懂测绘法律法规，知法、守法、用法会让我们少走弯路，成为真正的栋梁之才。本项目围绕我国测绘法律法规和基本测绘管理体制，讲解测绘行业主要法律法规、测绘资质管理、测绘成果管理、地图管理、测绘标志保护等内容，对测绘专业学生毕业后自觉依法从事相关测绘工作具有重要的现实意义。“法律+技术”的复合型能力建构，不仅关乎学生个体职业发展的合规性根基，更是维护国家地理信息安全、推动测绘行业高质量发展的必然要求——让未来的测绘工程师既能用仪器丈量山河，更能以法治捍卫疆土。

【学习目标】

知识目标：

1.系统了解测绘法律法规框架。

2.了解测绘资质管理机制。

3.学习测绘成果管理的内容和方法。

技能目标：

1.具备测绘法律法规的应用能力。

2.具备地图内容审核及规范使用地图的能力。

3.具备非法测绘的甄别与应对能力。

思政目标：

1.筑牢依法测绘的法治根基。

2.增强国家标准与规范的权威性意识。

3.增强国家版图意识，捍卫国家主权和领土完整。

任务一　测绘地理信息法律法规体系

我国测绘地理信息法律法规体系（见图 5-1）由测绘法、测绘行政法规、测绘地方性法规及规章、测绘技术规范等构成主干，由散见于其他法律法规中适用于测绘领域的规定共同组成。

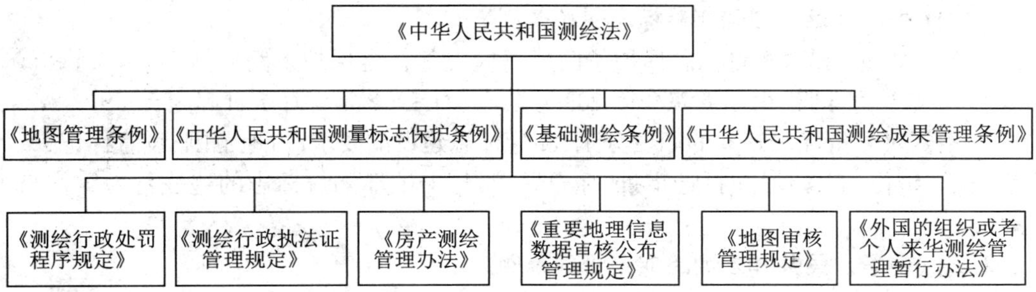

图 5-1　我国测绘地理信息法律法规体系

截至 2020 年，我国已建成以《中华人民共和国测绘法》为核心，4 部行政法规、6 部部门规章、35 部地方性法规、近百部地方政府规章和大量规范性文件组成的测绘地理信息法律规范体系，为我国测绘地理信息发展提供了有力的法治保障。

此外，在从事测绘地理信息相关活动时，还会涉及其他相关法律法规，如《中华人民共和国行政许可法》《中华人民共和国保守国家秘密法》《中华人民共和国招标投标法》《互联网信息服务管理办法》等。

一、法律

《中华人民共和国测绘法》（简称《测绘法》），是在我国从事测绘活动及进行测绘管理的基本准则和依据。它是我国测绘工作的基本法律，是从事各类测绘活动的基本准则。

《测绘法》于 1992 年 12 月 28 日由第七届全国人民代表大会常务委员会第二十九次会议通过；2002 年 8 月 29 日，第九届全国人民代表大会常务委员会第二十九次会议第一次修订；2017 年 4 月 27 日第十二届全国人民代表大会常务委员会第二十七次会议通过了第二次修订的《中华人民共和国测绘法》，经习近平主席签署主席令予以公布，自 2017 年 7 月 1 日起施行。

《测绘法》共 10 章 68 条，分为总则、测绘基准和测绘系统、基础测绘、界线测绘和其他测绘、测绘资质资格、测绘成果、测量标志保护、监督管理、法律责任、附则。

二、行政法规

行政法规是由国务院依法制定的有关管理条例、办法等。行政法规的地位和效力仅次于法律，服从于宪法和法律。

我国目前现行的测绘行政法规如下。

（一）《地图管理条例》

《地图管理条例》于 2015 年 11 月 11 日国务院第 111 次常务会议通过，自 2016 年 1 月 1 日起施行。国务院 1995 年 7 月 10 日发布的《中华人民共和国地图编制出版管理条例》同时废止。

为了加强地图管理，维护国家主权、安全和利益，促进地理信息产业健康发展，为经济建设、社会发展和人民生活服务，根据《测绘法》制定该条例。条例对国家版图意识教育，地图编制、审核、出版，互联网地图服务、监督检查等方面作出了明确的规定。

（二）《中华人民共和国测量标志保护条例》

《中华人民共和国测量标志保护条例》简称《测量标志保护条例》。

1996 年 9 月 4 日，由国务院令第 203 号公布，自 1997 年 1 月 1 日起施行。

该条例对测量标志管理的职责分工，测量标志建设的要求、占地范围、设置标记、义务保管、检查维修、有偿使用、拆迁审批、标志保护、打击破坏测量标志的违法行为等作出了规定。

（三）《中华人民共和国测绘成果管理条例》

《中华人民共和国测绘成果管理条例》简称《测绘成果管理条例》。

为了加强对测绘成果的管理，维护国家安全，促进测绘成果的利用，满足经济建设、国防建设和社会发展的需要，根据《测绘法》制定该条例。2006 年 5 月 27 日，由国务院令第 469 号公布，自 2006 年 9 月 1 日起施行。该条例是对 1989 年国务院颁布的《中华人民共和国测绘成果管理规定》的全面修订。

《测绘成果管理条例》对测绘成果的汇交、保管、秘密范围和等级确定、利用涉及国家秘密的测绘成果保密技术处理、利用测绘成果的审批、著作权保护、重要地理信息数据的审核公布与使用等作出了规定。

（四）《基础测绘条例》

为了加强基础测绘管理，规范基础测绘活动，保障基础测绘事业为国家经济建设、国防建设和社会发展服务，根据《测绘法》制定该条例。2009 年 5 月 12 日，由国务院令第 556 号公布，自 2009 年 8 月 1 日起施行。

该条例对基础测绘的分级管理、规划和计划制定、经费来源、组织实施、成果更新、信息共享等作出了规定。

三、部门规章

部门规章由国务院各部、各委员会、中国人民银行、审计署和具有行政管理职能的直属机构，根据法律和国务院的行政法规、决定、命令，在本部门的权限范围内制定。部门规章经部务会议或委员会会议决定，由部门首长签署命令予以公布。

现行的测绘部门规章如下。

（一）《测绘行政处罚程序规定》

该规定是为实施行政处罚法制定的部门规章，主要对测绘行政处罚案件的管辖、处罚简易程序、处罚一般程序、测绘行政处罚听证、测绘行政处罚决定书送达等作出详细规定。

2000 年 1 月 4 日，由原国家测绘局令第 6 号颁布；2010 年 11 月 30 日，中华人民共和国国土资源部令第 50 号修改。

（二）《测绘行政执法证管理规定》

该规定主要对测绘行政执法证的配置范围、证件样式类型、申领人员要求、使用保管要求等作出规定。

2000 年 1 月 4 日，由原国家测绘局令第 7 号颁布。

（三）《房产测绘管理办法》

该办法根据《测绘法》和《中华人民共和国城市房地产管理法》制定，主要对房产测绘的委托、资格管理、成果管理、法律责任等作出了规定。

2000年12月28日，由建设部、原国家测绘局令第83号发布，自2001年5月1日起施行。

(四)《重要地理信息数据审核公布管理规定》

为了加强重要地理信息数据审核、公布工作的管理，确保对外公布的重要地理信息数据的权威性和准确性，根据《测绘法》的有关规定，制定本规定。主要对重要地理信息数据的涵义、审核公布的主体、建议人提出审核公布建议的办法、审核的主要内容、公布的方法、罚则等作出规定。

2003年3月25日，由中华人民共和国国土资源部令第19号发布，自2003年5月1日起施行。

(五)《地图审核管理规定》

为实施《测绘法》和《地图管理条例》的有关规定而制定的部门规章。主要对地图审核主体、地图审核的申请与受理、地图内容审查、审批与备案、罚则等作出规定。

2006年6月23日，由中华人民共和国国土资源部令第34号公布，自2006年8月1日起施行。

(六)《外国的组织或者个人来华测绘管理暂行办法》

为规范有关外国组织或者个人来华实施测绘活动而制定的部门规章。规定了外国组织或者个人来华实施测绘活动必须遵循的原则、组织形式、审批和监督管理、禁止从事的活动、资质条件和资质的申请审批、一次性测绘的申请审批、罚则等。

2007年1月19日，由中华人民共和国国土资源部令第38号公布，自2007年3月1日起施行；2011年4月27日，中华人民共和国国土资源部令第52号修订；2019年7月16日自然资源部令第5号第二次修正。

四、行业颁布的重要规范性文件

规范性文件是各级党政机关、团体、组织制发的各类文件中最主要的一类，因其内容具有约束和规范人们行为的性质，故而称为规范性文件。

目前，我国法律法规对规范性文件的含义、制发主体、程序等尚无全面、统一的规定，但在实际工作中应用较多。测绘地理信息行政主管部门及相关部门经常发布一些规范性文件，部分重要规范性文件如下。

(一)《测绘资质管理办法》《测绘资质分类分级标准》

为了加强对测绘资质的监督管理，规范测绘资质行政许可行为，维护市场秩序，促进地理信息产业发展，原国家测绘地理信息局于2014年7月1日发布了《测绘资质管理规定》，自2014年8月1日起施行。2021年6月7日，自然资源部办公厅发布《关于印发〈测绘资质管理办法和测绘资质分类分级标准〉的通知》(自然资办发〔2021〕43号)，自2021年7月1日起施行。原国家测绘地理信息局2014年7月1日发布的《关于印发测绘资质管理规定和测绘资质分级标准的通知》(国测管发〔2014〕31号)同时废止。

《测绘资质管理办法》主要包括测绘资质监督管理主体、测绘资质等级划分、专业范围划分、资质条件、申请、受理、审查批准、注册、监督检查、罚则等内容。《测绘资质管理办法》规定，在中华人民共和国领域和中华人民共和国管辖的其他海域从事测绘活动的单位，应当依照本办法的规定取得测绘资质证书，并在测绘资质等级许可的专业类别和作业限制范围内从事测绘活动。测绘资质分为甲、乙两个等级。测绘资质的专业类别分为大地测量、测绘航空摄影、摄影测量与遥感、工程测量、海洋测绘、界线与不动产测绘、地理信息系统工程、地图编制、导航电子地图制作、互联网地图服务。

《测绘资质分类分级标准》分为通用标准、专业标准两部分。凡申请测绘资质的单位，应当有法人资格，并同时达到通用标准和所申请专业类别的专业标准要求。通用标准明确了测绘单位应符合的测绘地理信息安全保障措施和管理制度要求、技术和质量保证体系要求、测绘成果和资料档案管理制度要求；专业标准明确了测绘单位申请各专业资质时应符合的专业技术人员、技术装备、测绘业绩要求。

（二）《涉密基础测绘成果提供使用管理办法》

为规范涉密基础测绘成果提供使用的管理，根据《测绘法》《中华人民共和国行政许可法》《中华人民共和国保守国家秘密法》《测绘成果管理条例》等有关法律法规，制定该办法。2023 年 3 月 3 日，自然资源部发布《关于印发〈涉密基础测绘成果提供使用管理办法〉的通知》（自然资规〔2023〕3 号），自发布之日起施行。

该办法对基础测绘成果提供使用管理机构、使用条件、申请、受理、批准、领取、提供、使用原则、使用情况跟踪检查等作出了规定。

（三）《测绘作业证管理规定》

此项规定为实施《测绘法》中有关测绘作业证件的条款而制定。2004 年 4 月 19 日，原国家测绘局发布《关于印发〈测绘作业证管理规定〉的通知》（国测法字〔2004〕5 号），于 2004 年 6 月 1 日起施行。

该规定主要包括测绘作业证的管理、申请、受理、审核、发放、注册、使用、当事人的权利义务等内容。

（四）《建立相对独立的平面坐标系统管理办法》

为规范相对独立的平面坐标系统管理，避免重复投入，促进测绘成果共享与时空数据的互联互通，根据《测绘法》等法律法规，制定该办法。2023 年 6 月 11 日自然资源部发布《自然资源部关于印发<建立相对独立的平面坐标系统管理办法>的通知》（自然资规〔2023〕5 号），自发布之日起施行。原国家测绘局于 2006 年 4 月发布的《建立相对独立的平面坐标系统管理办法》（国测法字〔2006〕5 号）同时废止。

该办法重点对独立坐标系的建立原则、审批权限、审批要件、审批程序、监管措施等进行了明确、优化和补充，并制定了申请材料规范样式。

（五）《自然资源标准化管理办法》

该办法根据《中华人民共和国标准化法》《全国专业标准化技术委员会管理办法》及相关规定制定。2020 年 6 月 24 日，自然资源部发布《关于印发〈自然资源标准化管理办法〉的通知》（自然资发〔2020〕100 号），自发布之日起施行。

该办法主要规定了自然资源标准化工作的工作领域、主要任务，组织机构与职责，自然资源标准的立项、制修订、审批、发布、实施与监督等方面的程序和要求。该办法的实施对提高自然资源治理效能、促进科学技术进步、加强自然资源标准化工作将发挥重要作用。

(六)《测绘计量管理暂行办法》

该办法根据《中华人民共和国计量法》制定。1996 年 5 月 22 日,原国家测绘局发布《测绘计量管理暂行办法》(国测国字〔1996〕24 号),自发布之日起施行。

该办法对计量标准的考核认证、测绘计量器具的检定机构的授权、计量检定人员的考核认证、测绘计量器具的检定办法和要求等作出了规定。

(七)《测绘质量监督管理办法》

该办法根据《测绘法》和《中华人民共和国产品质量法》制定。1997 年 8 月 6 日,原国家测绘局发布,自发布之日起施行;2010 年 12 月 26 日,由原国家测绘局发布《关于修改部分测绘规范性文件的决定》(国测法发〔2010〕7 号)作出修改。

该办法对测绘产品质量遵循的原则、测绘单位的责任和义务、测绘标准化、计量检定、产品验收、测绘产品质量监督、罚则等作出了规定。

(八)《测绘生产质量管理规定》

该办法根据《测绘法》制定。1997 年 7 月 22 日,原国家测绘局发布《关于颁布〈测绘生产质量管理规定〉的通知》(国测国字〔1997〕20 号),自发布之日起施行。

该规定主要包括测绘单位质量管理机构和人员、测绘质量责任制、生产组织准备的质量管理、生产作业过程的质量管理、产品使用过程的质量管理、质量奖惩等内容。

(九)《测绘成果质量监督抽查管理办法》

此项规定根据《测绘法》制定。2010 年 3 月 24 日,原国家测绘局发布《关于印发〈测绘成果质量监督抽查管理办法〉的通知》(国测国发〔2010〕9 号),自发布之日起施行。

该办法对测绘成果质量监督抽查计划与方案的制订、监督检验、异议受理、结果处理等作出了规定。

五、地方性法规与政府规章

(一)地方性法规

各省、自治区、直辖市的人民代表大会及其常务委员会,根据本行政区域的具体情况和实际需要,在不与宪法、法律、行政法规相抵触的前提下,可以制定地方性法规。

较大城市的人民代表大会及其常务委员会,根据本市的具体情况和实际需要,在不同宪法、法律、行政法规和本省、自治区、直辖市的地方性法规相抵触的前提下,可以制定地方性法规,报省、自治区、直辖市的人民代表大会常务委员会批准后施行。

目前,绝大多数省、自治区、直辖市都制定了测绘地方性法规,多见于各地的测绘管理条例或者实施测绘法办法。

(二)政府规章

各省、自治区、直辖市和较大城市的人民政府,可以根据法律、行政法规和本省、自治区、直辖市的地方性法规,制定规章。

地方政府规章应当经政府常务会议或者全体会议决定,由省长或者自治区主席或者市长签署命令予以公布。

六、标准

标准是指农业、工业、服务业以及社会事业等领域需要统一的技术要求。按照标准级别，通常将标准分为国家标准、行业标准、地方标准和团体标准、企业标准。

我国根据测绘地理信息发展的需求，不断丰富完善测绘标准体系和国家地理信息标准体系，着力提升测绘地理信息标准化发展整体质量效益。截至 2018 年 9 月，建立了由 162 项国家标准、149 项行业标准、70 余项地方标准构成的测绘地理信息标准体系。

（一）国家标准

国家标准分为强制性标准、推荐性标准。强制性标准必须执行，国家鼓励采用推荐性标准。

对保障人身健康和生命财产安全、国家安全、生态环境安全以及满足经济社会管理基本需要的技术要求，应当制定强制性国家标准。强制性国家标准由国务院批准发布或授权发布。

对于满足基础通用、与强制性国家标准配套、对各有关行业起引领作用等需要的技术要求，可以制定推荐性国家标准。推荐性国家标准由国务院标准化行政主管部门制定。

强制性国家标准代号为 GB，推荐性国家标准代号为 GB/T，国家标准化指导性技术文件代号为 GB/Z。GB 即“国标”的汉语拼音缩写，T 是“推荐”的意思，Z 是“指导”的意思。国家标准的编号由国家标准的代号、国家标准发布的顺序号和国家标准发布的年号（发布年份）构成。例如，《工程测量标准》（GB 50026—2020）是强制性国家标准，50026 是标准发布的顺序号，2020 是标准发布的年份；《国家三、四等水准测量规范》（GB/T 12898—2009）是推荐性国家标准，12898 是标准发布的顺序号，2009 是标准发布的年份。

GB 代号国家标准含有强制性条文及推荐性条文，强制性条文是保障人体健康、人身、财产安全的标准和法律及行政法规规定强制执行的国家标准。

（二）行业标准

行业标准是国务院有关行政主管部门依据其行政管理职责，对没有推荐性国家标准而又需要在全国某个行业范围内统一的技术要求所制定的标准。法律、行政法规和国务院决定另有规定的，从其规定。行业标准在相应国家标准实施后，应自行废止。行业标准是推荐性标准，过去行业标准也有强制性标准与推荐性标准之分，2017 年新版《中华人民共和国标准化法》已经去除了强制性行业标准。

行业标准代号及范围由国务院标准化行政主管部门依据国务院有关行政主管部门的申请及其职责审查批准并公布。未经批准公布的行业标准代号不得使用。目前，国务院标准化行政主管部门已批准发布了 67 个行业的标准代号。部分行业标准代号具体如下：测绘 CH；教育 JY；林业 LY；化工 HG；医药 YY；交通 JT；航空 HB。

行业标准的编号由行业标准的代号加“/T”、行业标准发布的顺序号和行业标准发布的年份号构成。“/T”表示推荐性标准，顺序号为自然数。例如，《测绘地理信息技能人员职业分类与能力评价》（CH/T 1048—2019）是推荐性测绘行业标准，1048 是标准发布的顺序号，2019 是标准发布的年份。

（三）地方标准和团体标准

地方标准是指在国家的某个地区通过并公开发布的标准。地方标准由省、自治区、直辖市人民政府标准化行政主管部门报国务院标准化行政主管部门备案，由国务院标准化行政主管部门通报国务院有关行政主管部门。地方标准在本行政区域内适用。在相应的国家标准或行业标准实施后，地方标准应自行废止。

地方标准代号为DB+省、自治区、直辖市的行政区划代码，如福建的行政区划代码为35。福建推荐性地方标准代号为DB35/T。

团体标准是由团体按照团体确立的标准制定程序自主制定发布，由社会自愿采用的标准。国家鼓励学会、协会、商会、联合会、产业技术联盟等社会团体协调相关市场主体共同制定满足市场和创新需要的团体标准，由本团体成员约定采用或者按照本团体的规定供社会自愿采用。

（四）企业标准

企业标准是对企业范围内需要协调、统一的技术要求、管理要求和工作要求所制定的标准。企业可以根据需要自行制定企业标准，或者与其他企业联合制定企业标准。

国家支持在重要行业、战略性新兴产业、关键共性技术等领域利用自主创新技术制定团体标准、企业标准。企业标准不得低于相应的国家标准或行业标准的要求。企业标准由企业制定，由企业法人代表或法人代表授权的主管领导批准、发布。企业标准应在发布后30日内向政府备案。

在通常情况下，选用标准的顺序为：国家标准→行业标准→团体标准→企业标准。当同时发布有同类产品的国家标准、行业标准或地方标准之后，企业应该如何制定和执行标准呢？有国家标准和行业标准时优先选用国家标准和行业标准，没有国家标准和行业标准时制定企业标准。但在有国家标准和行业标准时制定的企业标准必须高于国家标准和行业标准，指标低于国家标准和行业标准的企业标准为无效标准。如果企业标准高于行业标准或者国家标准，也可以执行所备案的企业标准；否则，按照国家标准、行业标准、企业标准的顺序执行。可以这样认为：国家标准、行业标准、企业标准允许同时存在，但前提条件是制定标准时，企业标准应优于（高于）行业标准，行业标准又优于（高于）国家标准。

常用的部分国家标准和测绘行业标准见表5-1。

表5-1　部分国家标准和测绘行业标准

序号	标准名称	标准号	出台年份	来源	强制性/推荐性/指导性
1	国家一、二等水准测量规范	GB/T 12897—2006	2006	国家标准	推荐性
2	国家三、四等水准测量规范	GB/T 12898—2009	2009	国家标准	推荐性
3	工程测量标准	GB 50026—2020	2020	国家标准	强制性
4	工程测量通用规范	GB 55018—2021	2021	国家标准	强制性
5	全球导航卫星系统（GNSS）测量规范	GB/T 18314—2024	2024	国家标准	推荐性
6	1:500　1:1 000　1:2 000 外业数字测图规程	GB/T 14912—2017	2017	国家标准	推荐性

续表 5-1

序号	标准名称	标准号	出台年份	来源	强制性/推荐性/指导性
7	地籍调查规程	GB/T 42547—2023	2023	国家标准	推荐性
8	国家基本比例尺地图图式 第 1 部分 1:500 1:1 000 1:2 000 地形图图式	GB/T 20257.1—2017	2017	国家标准	推荐性
9	测绘成果质量检查与验收	GB/T 24356—2023	2023	国家标准	推荐性
10	数字测绘成果质量检查与验收	GB/T 18316—2008	2008	国家标准	推荐性
11	测绘基本术语	GB/T 14911—2008	2008	国家标准	推荐性
12	工程测绘基本技术要求	GB/T 35641—2017	2017	国家标准	推荐性
13	城市测绘基本技术要求	GB/T 35637—2017	2017	国家标准	推荐性
14	卫星导航定位基准站术语	GB/T 39611—2020	2020	国家标准	推荐性
15	低空数字航摄与数据处理规范	GB/T 39612—2020	2020	国家标准	推荐性
16	卫星导航定位基准站网络实时动态测量(RTK)规范	GB/T 39616—2020	2020	国家标准	推荐性
17	1:500 1:1 000 1:2 000 地形图航空摄影测量外业规范	GB/T 7931—2008	2008	国家标准	推荐性
18	1:500 1:1 000 1:2 000 地形图航空摄影测量内业规范	GB/T 7930—2008	2008	国家标准	推荐性
19	城市测量规范	CJJ/T 8—2011	2011	行业标准	推荐性
20	无人船水下地形测量技术规程	CH/T 7002—2018	2018	行业标准	推荐性
21	水下地形测量成果质量检验技术规程	CH/T 1056—2023	2023	行业标准	推荐性
22	无人机航空摄影成果质量检查与验收	CH/T 1054—2022	2022	行业标准	推荐性
23	倾斜数字航空摄影技术规程	CH/T 3021—2018	2018	行业标准	推荐性
24	三、四等导线测量规范	CH/T 2007—2001	2001	行业标准	推荐性
25	测绘地理信息技能人员职业分类和能力评价	CH/T 1048—2019	2019	行业标准	推荐性
26	测绘单位质量管理体系通用要求	CH/T 1042—2018	2018	行业标准	推荐性
27	无人机航摄系统技术要求	CH/Z 3002—2010	2010	行业标准	指导性
28	低空数字航空摄影规范	CH/Z 3005—2021	2021	行业标准	指导性
29	低空数字航空摄影测量外业规范	CH/Z 3004—2021	2021	行业标准	指导性
30	低空数字航空摄影测量内业规范	CH/Z 3003—2021	2021	行业标准	指导性

通过全国标准信息公共服务平台(https://std.samr.gov.cn/)或者自然资源标准化信息服务平台(http://www.nrsis.org.cn/portal/)可以查阅测绘相关国家标准和行业标准。

任务二　维护国家安全和权益制度

测绘工作是国民经济和社会发展的一项前期性、基础性工作,通过提供与地理位置有关的各种综合性和专题性基础信息,广泛服务于经济建设、国防建设、科学研究、文化教育、行政管理、人民生活等领域,是社会主义现代化建设事业必不可少的一项重要保障手段,也是国民经济实现可持续发展的重要基础性工作。

测绘工作事关国家主权、安全和利益,地理信息数据更是被各国视为“国之重器,不可示人”。作为国家战略性信息资源的重要内容,地理信息特别是重要军事设施、国家重要基础设施等敏感信息一旦泄露,被国外的敌对势力获得,在信息化战争条件下,就会成为精确军事打击的重点目标,将会对国家的安全和主权利益造成不可估量的影响。

一、测绘成果保密管理

近年来,随着信息技术的快速发展和地理信息的广泛应用,涉密测绘地理信息安全管理面临严峻形势。部分涉密测绘地理信息生产和使用单位保密意识淡薄,在非涉密计算机上违规存储涉密信息,甚至在互联网上发送、传递涉密信息;非法获取、提供和买卖涉密测绘地理信息的案件时有发生;多次发生境外组织和个人窃取我国重要地理信息数据的案件等。

测绘成果保密是指测绘成果由于涉及国家秘密,综合运用法律和行政手段将测绘成果严格限定在一定范围内和被一定的人员知悉的活动。

《测绘法》《测绘成果管理条例》明确规定:

(1)地理信息生产、保管、利用单位应当对属于国家秘密的地理信息的获取、持有、提供、利用情况进行登记并长期保存,实行可追溯管理。

(2)测绘成果的秘密范围和秘密等级,应当依照保密、行政法规的规定,按照保障国家秘密安全、促进地理信息共享和应用的原则确定并及时调整、公布。

(3)测绘成果保管单位应当建立健全测绘成果资料的保管制度,配备必要的设施,确保测绘成果资料的安全,并对基础测绘成果资料实行异地备份存放制度。测绘成果资料的存放设施与条件,应当符合国家保密、消防及档案管理的有关规定和要求。

(4)测绘成果保管单位应按照规定保管测绘成果资料,不得损毁、散失、转让。测绘项目的出资人或者承担测绘项目的单位,应当采取必要的措施,确保其获取的测绘成果安全。

(5)对外提供属于国家秘密的测绘成果,应当按照国务院和中央军事委员会规定的审批程序,报国务院测绘行政主管部门或者省、自治区、直辖市人民政府测绘行政主管部门审批;测绘行政主管部门在审批前,应当征求军队有关部门的意见。

2020年6月18日,自然资源部、国家保密局联合印发了《测绘地理信息管理工作国家秘密范围的规定》，规定明确测绘地理信息管理工作国家秘密包括绝密级事项、机密级事项、秘密级事项，具体国家秘密事项名称、密级、保密期限、知悉范围等参见《测绘地理信息管理工作国家秘密目录》。

2023年3月3日，自然资源部印发了《涉密基础测绘成果提供使用管理办法》。涉密基础测绘成果是指按照《测绘地理信息管理工作国家秘密范围的规定》属于国家秘密事项的基础测绘成果。申请使用涉密基础测绘成果应当符合下列条件：

(1)申请人为法人或者其他组织。

(2)有明确、合法、具体的使用目的。

(3)申请的涉密基础测绘成果范围、种类、数量与使用目的相一致。

(4)保管和使用条件符合国家保密法律法规及政策要求。

对涉密单位明确规定：

(1)涉密单位应当建立保密管理领导责任制，设立保密工作机构，配备保密管理人员。应当区分核心、重要和一般涉密人员，实行分类管理，进行岗前涉密资格审查，签署保密责任书。

(2)涉密单位应当建立严格登记管理制度，加强涉密计算机和存储介质的管理。

(3)涉密单位要确定涉密测绘成果保密要害部门。保密要害部门是指本单位涉及绝密级或者较多机密级、秘密级国家秘密的内设机构。

(4)涉密单位不得使用无安全保密保障的设备处理、传输、存储涉密测绘成果。

(5)经审批获得的涉密测绘成果使用完成后，用户要及时销毁涉密测绘成果，由专人核对、造册、报批，并报提供成果的单位备案；也可请提供成果的单位核对、回收，统一销毁。

(6)用户若委托第三方承担成果开发、利用任务，第三方必须具有相应的成果保密条件，涉及测绘活动的，还应具备相应的测绘资质；用户必须与第三方签订成果保密责任书，第三方承担相关保密责任；委托任务完成后，用户必须及时回收或监督第三方按保密规定销毁涉密测绘成果及其衍生产品。

(7)涉密测绘成果严格实行管用分开。测绘成果保管单位不得擅自使用涉密测绘成果。确因工作需要使用的，必须按照涉密测绘成果提供使用管理办法，办理审批手续。

(8)要及时准确地为涉密测绘成果标明密级和保密期限。

(9)外国的组织或者个人经批准在中华人民共和国领域内从事测绘活动的，所产生的测绘成果归中方部门或单位所有；未经国家测绘地理信息局批准，不得向外方提供，不得以任何形式将测绘成果携带或者传输出境。严禁任何单位和个人未经批准擅自对外提供涉密测绘成果。

涉密测绘地理信息的保管和使用是安全管理的重点环节，目前存在的主要问题是存储和使用涉密地理信息的计算机、信息系统、移动存储介质管理混乱，应对照以下管理要求严格执行：

(1)涉密计算机和涉密信息系统管理要求。涉密测绘地理信息必须在涉密计算机或涉密信息系统中存储和处理，涉密计算机应当登记备案并进行标识，涉密信息系统应当符合分级保护要求。涉密计算机和涉密信息系统严禁接入互联网及其他公共信息网络。

(2)介质使用和保管要求。存储涉密测绘地理信息的涉密移动存储介质不得在非涉密计算机上或非涉密信息系统中使用;非涉密移动存储介质以及手机、音视频播放器等具有存储功能的电子产品不得在涉密计算机或涉密信息系统中使用;严禁非法复制、记录、存储涉密测绘地理信息;不得非法获取、持有涉密测绘地理信息载体。涉密单位承担横向合作项目所持有的涉密载体必须纳入本单位统一管理范围,不留死角。

(3)涉密计算机外接设备管理要求。存储、处理涉密测绘地理信息的涉密计算机,必须拆除机内无线网卡等无线互联设备,切断无线联网渠道,不得连接无线鼠标、无线键盘等无线外围设备。

(4)涉密信息系统配置管理要求。涉密单位应当按照分级保护要求,建立涉密测绘地理信息系统设施、设备安全配置和审计制度,严格账户、口令管理,安装病毒防护软件并定期升级。

(5)涉密载体销毁管理要求。存储和处理涉密测绘地理信息的涉密计算机、涉密移动存储介质的淘汰、销毁,需履行清点登记审批手续,送保密行政管理部门授权的销毁机构或指定的承销单位销毁。

【案例1】有关部门在工作中发现,某设计研究院工程师郭某违规使用连接互联网的计算机存储、处理7份机密级和16份秘密级涉密地形图。

经查,郭某2008年以前参与了国内多个项目的投标和建设工作,项目甲方向其提供涉密地形图作为投标报价和方案设计的参考。郭某违反保密规定,擅自将其拷贝到连接互联网的计算机中存储、处理,并在使用完毕后作为项目资料备份存档。案件发生后,有关部门给予郭某行政记大过处分。

【解析】本案中,郭某违规使用连接互联网的计算机存储、处理涉密信息,负有直接责任。但调查发现,郭某所存储、处理的大部分涉密地形图来自项目甲方,并且甲方单位未提出任何保密要求。根据《国家涉密基础测绘成果资料提供使用审批程序规定》要求,使用涉密基础测绘成果应当履行严格的申请审批手续,并签订安全保密责任书。但在实践中,一些单位在购买涉密测绘成果后,未按照涉密载体有关规定进行严格管理,反而为工作方便或其他原因,违规扫描复制,甚至反复拷贝电子地形图,泄密隐患十分严重。

【案例2】有关部门在工作中发现,某铁路勘测设计研究院余某、路某、杨某3人使用连接互联网的计算机存储、处理50份机密级、77份秘密级涉密地形图。经查,该研究院在相关设计工作中,使用1:50 000全要素地形图用于选线,并据此制作铁路沿线地形图。但在工作完成后,研究院未将该衍生成果按保密规定标密交付项目甲方。案件发生后,有关部门给予余某、路某、杨某3人行政警告处分及相应经济处罚。

【解析】原国家测绘局、国家保密局在2003年印发的《测绘地理信息管理工作国家秘密范围的规定》中,明确规定了测绘成果的保密等级,给定密工作提供了依据。但在实践中,一些测绘成果使用单位视保密规定于无物,未按规定对涉密测绘成果的衍生品进行标密;还有一些测绘资质单位为满足用户要求,未及时对生产的测绘成果进行准确定密,造成大量涉密测绘成果处于无管理的“真空”状态,极易造成泄密。

二、严厉打击非法测绘

非法测绘包括外国的组织或个人未经批准在中国领域和海域从事测绘活动，以及一些地图爱好者将自家门口的军事禁区在卫星地图上加以精准标记并上传到网络，一些境外组织和个人利用合法外衣的掩护，有的以探险、考古为幌子，测绘交通要道、军事设施等地理信息；有的以招商引资、技术援助等手段，索取或套取地理空间信息数据；更有甚者用专业器材在军事管理区周围进行测绘拍照。由于地理信息获取、传输便捷，专业人员和非专业人员的界限模糊，单靠执法部门难以及时掌控、监管到位，对我国地理信息安全构成了极大威胁。

近年来，随着智能 GNSS 芯片在各个领域的广泛应用、测绘装备技术的日益成熟，地理信息采集工作操作愈加简单、价格愈加低廉，使得非法测绘活动形式变得更为隐蔽。无人机行业近年来高速发展，在测量测绘、航空摄影、遥感地图、应急救灾等专业领域大显身手。但是很多使用者在不具备航空摄影测绘资质且未申请空域的情况下，往往有意无意地进行航空测绘活动，涉嫌非法测绘地图。

有些非法测绘活动对军事设施安全威胁极大，极易造成军事目标坐标点位暴露。2019 年上半年，一名不明身份人员在某军事禁区周边进行测绘，被该基地执勤哨兵发现并及时控制。经查，该测绘项目经过地方有关部门审批和备案，但进入重要军事目标周边作业未向部队通报情况。同时经鉴定，该航拍图资料涉及军事秘密，而且进行测绘数据处理及航拍图电子底图存储的笔记本电脑经常连接国际互联网，存在严重失泄密隐患。在地方政府和安全部门配合下，责令其暂停该项目测绘，封存相关航拍图电子、纸质资料。

【案例 3】某国公民阿某在新疆非法测绘案

2016 年 8 月，新疆维吾尔自治区测绘地理信息局接到有关部门移送的一起某国公民涉嫌非法实施一次性测绘活动的案件，即刻将案件交由新疆阿勒泰地区测绘地理信息局查办。经查，2016 年 3 月，某国公民阿某在新疆阿勒泰地区旅游过程中，使用手持 GPS 接收机采集新疆境内多个地理坐标点位信息。阿某在未经依法批准的情况下，擅自采集我国地理信息坐标数据的行为，违反了《测绘法》(2002 年修订版)第七条"外国的组织或者个人在中华人民共和国领域和管辖的其他海域从事测绘活动，必须经国务院测绘行政主管部门会同军队测绘主管部门批准"的规定。2016 年 9 月，新疆阿勒泰地区测绘地理信息局依据《测绘法》第五十一条的规定，对阿某作出责令停止违法测绘行为，没收测绘成果和测绘工具，并处 10 000 元罚款的行政处罚。

三、规范使用地图

(一)增强国家版图意识

地图之上无小事。

摊开中国地图，祖国辽阔的疆域、神圣的主权，便有形地展现在我们眼前，地图中的一点一线，事关国家的主权、安全与利益。

近年来，地图应用服务繁荣发展，同时，种种"问题地图"也层出不穷，有的错绘我国国界线和重要岛屿，有的登载敏感地理信息，极大地损害了国家领土主权、安全和利益。

正确的国家版图是国家主权和领土完整的象征。不难想象,若是"问题地图"流传开来,不仅会混淆大众的认知,还会成为境外敌对势力攻击的把柄,甚至引发国际纠纷。

维护国家版图尊严,是一场广泛而深刻的全民行动。对于每一个中国人来说,"规范使用地图"是规矩,也应是常识。"一点都不能少"是底线,也应是红线。世界上最壮美的画卷是祖国的大好河山。最真挚的情感是对祖国母亲的热爱。国家版图中的每一点、每一线,都是不容抹去的疆域。

祖国河山,一寸都不能丢;

中国地图,一点都不能错。

测绘宣传日

2004 年,原国家测绘地理信息局将每年的 8 月 29 日定为测绘法宣传日。自 2019 年至今,测绘法宣传日的主题都是"规范使用地图 一点都不能错",意在不断强化公众的国家版图意识,让人们"规范使用地图"。如图 5-2 所示为 2024 年测绘法宣传日主题和宣传画。

图 5-2 2024 年测绘法宣传日主题和宣传画

(二)标准地图服务

标准地图依据中国和世界各国国界线画法标准编制而成,可用于新闻宣传用图、书刊报纸插图、广告展示背景图、工艺品设计底图,也可作为编制公开版地图的参考底图。社会公众可以免费浏览、下载标准地图,直接使用标准地图时需要标注审图号。

标准地图有 JPG、EPS 两种数据格式,地图幅面分为 64 开、32 开、16 开、8 开、4 开、对开等。需要编辑 EPS 格式地图时,建议使用 Adobe Illustrator 软件。对地图内容编辑(包括放大、缩小和裁切)改动的,公开使用前需要送自然资源主管部门审核(见图 5-3)。

图 5-3　标准地图服务网站

自然资源部免费向公众提供标准地图的在线服务。公众只需登录自然资源部官网，在“数据服务”的“测绘”栏目下，点击进入标准地图服务页面即可下载。

各省级地区也已开通标准地图服务，累计发布标准地图 8 000 余幅。公众从自然资源部标准地图服务页面下方的“各省（区、市）标准地图服务”链接，即可快速访问各地相关网站，获取内容更多样化的各省（区、市）地图。

官网页面还提供在线自助制图功能。使用者可通过简单操作制作统计地图，或选取地图要素，编辑要素的颜色及增加点、线、面标记与文字，制作出个性化地图，并输出地图图片。

此外，政务工作用图、参考地图、城市地图集、反映党和国家重大发展成果地图集等公益性地图服务更加丰富，不断满足日益多样化的地图需求。

（三）地图审核管理

《测绘法》颁布至今，我国已基本建立了地图管理的法规体系，如《地图管理条例》《地图审核管理规定》《公开地图内容表示规范》《遥感影像公开使用管理规定（试行）》《基础地理信息公开表示内容的规定（试行）》等。依据《地图管理条例》规定，国家实行地图审核制度。向社会公开的地图，应当报送有审核权的测绘地理信息行政主管部门审核。景区图、街区图、地铁线路图等内容简单的地图除外。

2023 年 2 月 6 日，自然资源部发布《公开地图内容表示规范》，公开地图或者附着地图图形产品的内容表示，应当遵守本规范。规范指出，中国全图应当遵守下列规定：一是准确反映中国领土范围。二是中国全图除了表示大陆、海南岛、台湾岛外，还应当表示南海诸岛、钓鱼岛及其附属岛屿等重要岛屿；南海诸岛以附图形式表示时，中国地图主图的南边应当绘出海南岛的最南端。三是地图上表示的内容不得影响中国领土的完整表达，不得压盖重要岛屿等涉及国家主权的重要内容。

任务三　测绘基础设施保护制度

走在城市的公路上或街巷里，我们常会发现一些小水泥柱，一半埋在地下，一半露出地面，上面标有一些数字，或有“测量标志”的字样。有了这些测量标志，我们才能确定地面上的楼房建在什么位置，地面下的地壳是否发生了变化。测量标志是国家经济建设、国防建设和科学研究的一项重要的基础设施。国家历来重视测量标志保护，早在1955年国务院就颁布了《关于长期保护测量标志的命令》，这是新中国第一个测绘法规文件。

新中国成立以来，国家投资近百亿元建造了90余万座测量标志，目前已有54%遭到损毁。这一数字触目惊心，测量标志维护管理工作任重道远。测量标志除长时间受风雨侵蚀，以及山洪、泥石流、滑坡、地震等影响自然损毁外，遭人为破坏的情况也十分严重。特别是随着我国经济社会快速发展，大量测量标志因水利、交通、城建等工程建设遭损毁失效。随着卫星导航定位技术的快速普及，天文大地点、三角点等传统测量标志逐渐被卫星定位基准站替代，导致各地对测量标志保护工作重视不够、投入不足、保护不力，严重影响了测绘活动的开展。

一、测量标志

（一）测量标志的分类

测量标志是标定地面测量控制点位置的标石、觇标，以及其他用于测量的标志物的通称，是测绘部门在测量时建立和测量后留存在地面、地下或者建筑物上的各种标志。每一个测量标志都经过精确的测量、计算，以获得它在地面上的平面位置和海拔数据。

测量标志是指在陆地和海洋标定测量控制点位置的标石、觇标以及其他标志的总称。标石一般是指埋设于地下一定深度，用于测量和标定不同类型控制点的地理坐标、高程、重力、方位、长度等要素的固定标志；觇标是指建在地面上或者建筑物顶部的测量专用标架，作为观测照准目标和提升仪器高度的基础设施。根据使用用途和时间期限，测量标志可分为永久性测量标志和临时性测量标志两种。

永久性测量标志是指设有固定标志物以供测量标志使用单位长期使用的需要永久保存的测量标志，包括国家各等级的三角点、基线点、导线点、军用控制点、重力点、水准点和卫星定位点的木质觇标、钢质觇标和标石标志，以及用于地形测图、工程测量、变形测量等的固定标志和海底大地点设施等。

临时性测量标志是指测绘单位在测量过程中临时设立和使用的，不需要长期保存的标志和标记。如测站点的木桩、活动觇标、测旗、测杆、航空摄影的地面标志、描绘在地面或者建筑物上的标记等，都属于临时性测量标志。

测量标志是国家重要的基础设施，是国家经济建设、国防建设、科学研究和社会发展的重要基础，如图5-4所示。长期以来，我国在陆地和海洋边界内布设了大量的用于标定测量控制点空间地理位置的永久性测量标志，这些标志在我国各个时期的国民经济建设和国防建设中都发挥了巨大的作用，是国家一笔十分宝贵的财富。

(a) (b) (c) (d)

图 5-4　测量标志

(二)中华人民共和国大地原点

在我国测绘事业发展中,有诸多不可磨灭的里程碑。其中,大地原点的建成具有特殊意义,标志着我国基础测绘工作不再依赖别国,实现了独立自主。

从大地原点出发,测绘工作者一步步填补空白,一代代更新技术设备,立下一座座丰碑。他们砥砺前行,勇于创新,面对时代发展新挑战,适应技术革命新要求,使得我国在测绘地理信息科技水平上由追赶者的角色转变为世界领先者。

国家大地坐标系统的建立是国民经济建设和国防建设的前提和基础。

新中国成立初期,我国采用的 1954 北京坐标系,是苏联 1942 年坐标系统在我国的延伸,其原点位于苏联列宁格勒(今俄罗斯圣彼得堡)的普尔科沃天文台。大地坐标传算到我国,会产生较大误差,并且该坐标系与我国的地形地貌不贴近,极大地影响到国家经济建设的方方面面。

1975 年 3 月,国家大地测量工作座谈会提出了建立中国大地原点的设想。

原国家测绘局国测一大队接到任务后,收集分析了大量资料,组织专家对全国可能设置原点的地方进行了初步筛选。对武汉、广元、西安等多个城市的地形、地质、大地构造、天文、重力和大地测量等因素，开展实地考察、综合分析，把选点范围缩小到了以西安为中心的宝鸡至华阴和铜川一带。

当时已是寒冬，测绘专家冒着严寒实地考察，奔走于各个地质队，收集地质和地震资料。最后，在泾阳县的永乐镇北流村境内，发现了一个高约 8 m、占地 10 亩（1 亩 = 1/15 hm^2）左右的大平台。经过钻探和地质、地震资料的分析，专家们认为这里是设置大地原点的理想地方。

1976 年初，原国家测绘局同意了这一选址方案。《中华人民共和国大地原点选点报告》对选址原因作了解释：泾阳县的永乐镇位于中国大陆的中部，并且这里地质构造稳定，地下物质稳定，便于观测，交通便利。

中华人民共和国大地原点（见图 5-5）于 1978 年建成并交付使用，其由主体建筑、中心标志、仪器台、投影台四部分组成。

图 5-5　中华人民共和国大地原点

主体为七层塔楼式圆顶建筑，半球形玻璃钢屋顶，可自动开启，以便天文观测。

中心标志是原点的核心部分，用玛瑙做成，半球顶部刻有“十”字线。它被镶嵌在稳定埋入地下的花岗岩标石外露部分的中央，永久稳固保留。“十”字中心就是测量起算中心。

仪器台建在中心标志上方，为空心圆柱形，顶部供安置测量仪器用。

大地原点建成后不久，还增设并施测了国家基本重力点和天文基本点。

中华人民共和国大地原点是我国大地坐标系（1980 西安坐标系）的起算点。大地原点的建成，是国家尊严和中国测绘事业独立自主的象征，标志着我国拥有了自己独立完整的大地测量体系和符合国情的国家坐标系统，在经济建设、国防建设、社会发展和科学技术研究等方面发挥了举足轻重的作用。

20 世纪末以来，以全球导航卫星系统为主的现代空间定位技术快速发展，导致国际上获得位置的测量技术和方法迅速变革。1980 西安坐标系是二维、非地心的坐标系，制约了地理空间信息的精确表达和各种先进的空间技术的广泛应用，采用地心坐标系势在必行。

原国家测绘局会同有关部门对我国采用地心坐标系的必要性、科学性、可行性进行了深入研究，认为技术条件、实施条件已经具备，实施方案科学可行。

2008 年 3 月，原国土资源部正式上报国务院《关于中国采用 2000 国家大地坐标系的请示》，并于 2008 年 4 月获得国务院批准。自 2008 年 7 月 1 日起，我国全面启用 2000 国家大地坐标系。

如果把大地原点比作我国测绘事业独立自主的起点，那么 2000 国家大地坐标系就是为我国测绘事业和地理信息产业发展打造腾飞的平台。

水准原点与水准零点

（三）中华人民共和国水准原点

在青岛观象山上，有一座由花岗岩砌成的神秘石屋，这里就是中华人民共和国水准原点。珠峰高程测量就从这里起算。

石屋建于 1954 年，水准原点就位于石屋的旱井中，由一个原点、两个附点、三个参考点和一个验潮站组成（见图 5-6）。

图 5-6 青岛观象山水准原点外景

中华人民共和国成立前，曾设有吴淞、坎门等几个水准起始点（旧称"高程基点"或"零点"），但均属局部系统。

国家水准原点要求所在地的地质构造长期稳定、地层及岩层坚固，靠近条件较好和有长期连续记录潮位的验潮站，交通便利，易于进行高精度水准观测与联测。新中国建立后，中国人民解放军总参谋部测绘局经过对多个地区的实地踏勘，于 1953 年底确定将水准原点选在青岛观象山花岗岩层上。该水准原点于 1954 年 12 月全部建成。

（四）中华人民共和国水准零点

位于青岛市东海中路银海大世界内的"中华人民共和国水准零点"是国内唯一的水准零点。1954 年，"中华人民共和国水准原点"在青岛观象山建成，全国所有海拔都是以水准原点为基准测量计算出来的。2006 年 5 月，为更好地利用水准原点这一独特的资源，经原国家测绘局批准，由专家精确移植水准原点信息数据，在青岛银海大世界内建起了中华人民共和国水准零点。建于青岛观象山的中华人民共和国水准原点，是测算全国高程的起算基准。而建于青岛银海大世界内的中华人民共和国水准零点（见图 5-7），主要供游人参观，有助于普及测绘知识。

图 5-7　青岛市南区海滨的中国水准零点标志地面雕塑

二、测量标志保护条例

国家对测量标志保护和管理历来都十分重视。1984 年 1 月 7 日，国务院公布了《中华人民共和国测量标志保护条例》(简称《测量标志保护条例》)。1992 年 12 月 28 日，第七届全国人民代表大会常务委员会第二十九次会议审议通过了我国第一部《测绘法》，对测量保护的基本原则和要求进行了规定。1996 年 9 月 4 日，国务院重新修订发布了《测量标志保护条例》，使测量保护制度进一步得到完善。2011 年 1 月 8 日修订。

(一) 测量标志的建设

《测绘法》第四十二条规定：永久性测量标志的建设单位应当对永久性测量标志设立明显标记，并委托当地有关单位指派专人负责保管。

建设永久性测量标志需要占用土地的，地面标志占用土地的范围为 36~100 m^2，地下标志占用土地的范围为 16~36 m^2。

国家对测量标志实行义务保管制度。设置永久性测量标志的部门应当将永久性测量标志委托测量标志设置地的有关单位或者人员负责保管，签订测量标志委托保管书，明确委托方和被委托方的权利和义务，并由委托方将委托保管书抄送乡级人民政府和县级以上地方人民政府管理测绘工作的部门备案。

(二) 测量标志的使用

《测绘法》第四十四条规定：测绘人员使用永久性测量标志，应当持有测绘作业证件，并保证测量标志的完好。保管测量标志的人员应当查验测量标志使用后的完好状况。

这项规定对测量标志的使用人员和测量标志的保护单位及保管人员提出了明确要求。测绘人员在使用测量标志过程中要保证测量标志的完好，避免损坏，使用之后要整饰恢复原状。如盖好标志盖和井盖，将地下标志培土埋好，最好请保管人员现场检查，确认测量标志完好无损后再离开现场。保管单位和保管人员对使用后的测量标志有查验其完好状况的权利和义务。

(三)测量标志的拆迁

《测绘法》第四十三条规定:进行工程建设,应当避开永久性测量标志;确实无法避开,需要拆迁永久性测量标志或者使永久性测量标志失去使用效能的,应当经省、自治区、直辖市人民政府测绘地理信息主管部门批准;涉及军用控制点的,应当征得军队测绘部门的同意。所需迁建费用由工程建设单位承担。

进行工程建设,应当避开永久性测量标志;确实无法避开,需要拆迁永久性测量标志或者使永久性测量标志失去使用效能的,工程建设单位应当履行下列批准手续:①拆迁基础性测量标志或者使基础性测量标志失去使用效能的,由国务院测绘行政主管部门或者省、自治区、直辖市人民政府管理测绘工作的部门批准。②拆迁部门专用的永久性测量标志或者使部门专用的永久性测量标志失去使用效能的,应当经设置测量标志的部门同意,并经省、自治区、直辖市人民政府管理测绘工作的部门批准。

拆迁永久性测量标志,还应当通知负责保管测量标志的有关单位和人员。

【测绘故事】

故事一:北京某公司无测绘资质实施无人飞行器航摄案

2013 年 12 月,北京某公司在首都空中管制区进行无人飞行器测绘航空摄影作业,导致多架次民航飞机避让、延误。北京市规划委员会对该案件立案调查,经查,北京某公司无测绘资质,擅自从事无人飞行器航摄活动,该公司的行为违反了《中华人民共和国测绘法》(2002 年版)第二十二条"从事测绘活动的单位应当具备下列条件,并依法取得相应等级的测绘资质证书后,方可从事测绘活动"的规定。同时,该公司相关人员的行为违反了《中华人民共和国刑法》的有关规定。2015 年 4 月,北京市平谷区人民法院对相关人员作出过失以危险方法危害公共安全罪的刑事判决,并没收涉案测绘工具和测绘成果。2016 年 5 月,北京市规划委员会依据《中华人民共和国测绘法》(2002 年版)第四十二条的规定,对北京某公司作出处以 210 000 元罚款的行政处罚。

故事二:某出版书籍中出现问题地图案

2020 年 3 月,某图书出版社出版的美食类图书中登载使用的部分地图图片,存在未依法履行地图审核程序且使用地图不符合国家有关规定等违法行为,漏绘钓鱼岛、赤尾屿、南海诸岛及南海断续线,台湾岛底色与我国大陆颜色不一致。鉴于该出版社主动采取措施减轻违法后果,自主改进今后工作,依据《中华人民共和国行政处罚法》相关规定及其违法情形,对其作出"警告,没收相关书籍 2 207 册,处 4 万元罚款"的行政处罚。

项目小结

本项目以"依法测绘、安全测绘、规范测绘"为主线,围绕测绘地理信息行业的核心法律框架、测绘地理信息成果安全管理及测绘基础设施保护三大维度展开,通过理论学习和实践案例结合,系统解析《中华人民共和国测绘法》《测绘成果管理条例》《测量标志保护条例》等法规,融入依法测绘、国标规范教育、国家版图意识、地理信息安全意识、测量标志保护意识,培养学生实现从"知法懂规"到"守法善用"的能力跃迁,为未来从事测绘地理信息工作奠定坚实的法律法规基础。

思考题

1.测绘资质等级及各等级要求的条件有哪些?

2.如何申请测绘资质?

3.测绘成果保密措施有哪些?

4.阐述非法测绘的危害。

5.依据《公开地图内容表示规范》,我国境内的地图不得表示哪些内容?

6.阐述测量标志保护的意义。

项目六 测绘职业素养教育

测绘职业
素养教育

【项目概述】

本项目旨在全面提升测绘行业从业人员的职业素养,重点聚焦于测绘精神和测绘职业道德的培养。测绘精神作为测绘人员的内在动力,强调忠诚事业、艰苦奋斗、无私奉献的价值观,激励测绘人员不断追求卓越,为国家地理信息事业贡献力量。同时,测绘职业道德是测绘人员在工作中的行为准则,要求测绘人员具备爱岗敬业、维护版图、严谨求实、崇尚科学、服务用户、遵纪守法等职业素养。通过本项目的学习,深入解读测绘精神和职业道德的内涵,引导测绘人员树立正确的职业观念,提升职业技能和道德水平,以激励其不断进步,为测绘行业的持续健康发展提供有力支撑。

【学习目标】

知识目标:

1.深入理解测绘精神。

2.认识测绘精神的时代价值。

3.掌握测绘职业道德规范。

技能目标:

1.提升职业素养实践能力。

2.掌握测绘项目管理技能。

3.强化团队协作与沟通能力。

思政目标:

1.树立正确的世界观、人生观、价值观。

2.培养家国情怀。

3.增强法治观念和责任意识。

测绘职业素养教育的目的是帮助学生建立民主和法治的观念,培养具有敬业精神,讲文明、讲礼貌、讲宽容、尊重他人,具备竞争意识、合作精神、健全人格的合格测绘行业从业人员。只有具备创造能力、职业技能、适应能力、学习能力的新时代高素质技术技能人才,才能跟上科技和社会发展的步伐,适应经济社会的飞速发展。

任务一 测绘精神

测绘精神不仅是一种口号和象征,也逐渐成为测绘行业独有的、具有强烈行业特色和文化特征的思想体系。

“热爱祖国、忠诚事业,艰苦奋斗、无私奉献”。短短十六个字,浓缩了中国测绘事业发展的历史,是新中国测绘人在半个多世纪的岁月中,探索、追求而凝练出的巨大精神财富。

测绘精神是测绘文化的精神内核,而测绘文化作为重要的文化现象,愈来愈清晰地显现在全国人民的面前,成为新中国文化中不可缺少的部分。

一、测绘精神起源

测绘工作者是国家各项建设的先行军。从内蒙古戈壁到青藏无人区,从港珠澳大桥到珠穆朗玛峰,在中国大地上,每一寸土地都有“测绘人”的足迹。

在 1991 年全国地理信息会上,“热爱祖国、忠诚事业,艰苦奋斗、无私奉献”的测绘口号,首次作为一种行业精神被提出。经过全国测绘人不断地丰富和发展,测绘精神已日渐成为测绘行业独有的精神标识。

自然资源部第一大地测量队简称“国测一大队”(见图 6-1),属事业性质,是全国首批甲级测绘资质单位。

图 6-1　国测一大队

1991 年,国测一大队获得国务院通令嘉奖,授予“功绩卓著、无私奉献的英雄测绘大队”荣誉称号。正是此次嘉奖,引出了“热爱祖国、忠诚事业,艰苦奋斗、无私奉献”的测绘精神,如图 6-2 所示。

图 6-2　国测一大队精神展示室

新中国成立之初,百业待兴,经济和国防建设急需测绘依据。

1954 年,国测一大队在西安成立。这支队伍的主要职责是:承担国家测绘基准的建立工作,包括高程基准、重力基准、天文基准、大地坐标系的建立等。这些都是国家经济建设和国防建设不可或缺的基础资料。

国测一大队成立之初,在技术人员、测绘设备、工作装备等方面都很匮乏。队员们克服了种种困难,在艰苦的条件下,测绘出精确的成果,满足了国家建设的需要,如图 6-3 所示。

图 6-3　1978 年国测一大队在藏北高原开展重力测量

1978 年完成的"国家大地原点"的建设,建起了我国第一个相对独立、高精度的"国家大地坐标系统"。这是国家独立自主与科学技术进步的象征,在国民经济建设和国防建设中发挥着巨大的作用。

60 多年的斗转星移,见证了国测一大队几代测绘人的无私奉献与执着坚守。

历史上的珠峰测量

1959 年,在新疆阿勒泰作业的宋泽盛,因抢救队友和测绘仪器不幸坠崖牺牲。

1960 年,在新疆南湖戈壁作业的吴昭璞,遭遇断水干渴不幸牺牲;16 年后,他的儿子吴永安成为国测一大队的新成员,继续着父辈的事业。

1963 年,在甘南腊子口地区作业的钟亮其,被土匪残害。

1975 年,珠峰测量,老党员邵世坤等 8 名同志,在生命的禁区奋战 80 多 d,最终将测量觇标牢牢地矗立于珠峰之巅,如图 6-4 所示。

图 6-4　1975 年国测一大队首测珠峰

1984 年,南极科考,老队员刘永诺航程 4 万 km,第一次把测绘点布设到 2 万 km 之外的南极,制作了中国第一张南极地形图,填补了中国极地测绘空白,如图 6-5 所示。

图 6-5　1984 年国测一大队在南极"长城站"测量

2005 年,珠峰高程测量,国测一大队运用多种手段,精确测得迄今为止国内乃至国际上历次珠峰高程测量中最为详尽、精确的数据。

2012—2015 年,测绘工作者用 3 年的时间,建立了我国新一代大地控制网和现代测绘基准体系,处于世界领先水平。而之前国家测绘基准的建设,要用十几年的时间才能完成。

2018 年 10 月,世界最长的跨海大桥港珠澳大桥正式开通。国测一大队前后历时 6 个多月,依托技术优势,精准施测,完成了港珠澳大桥首级测量控制网建立工作,测绘成果达到国际先进水平,为大桥的后期施工建设提供了精准的测量数据。

创新是国测一大队矢志不渝的追求。"十二五"期间,国测一大队与时俱进、开拓创新,为全面装备生产一线,先后引进了 GYROMAT 3000 全自动陀螺经纬仪、LEICA ALS70-HP机载 LiDAR 系统、A10 型绝对重力仪、GT-2A 航空重力测量系统、IBIS 微形变监测系统、SeaBat 7125-SV2 高精度多波束回声测深仪等一批具有国际领先水平的高新仪器设备,投入生产并形成生产力,拓展了大队的业务范围和测绘服务领域,为大队转型升级提供了支撑。

多年来,国测一大队测绘出的精准的测绘成果已广泛应用到水利、国土、规划、交通、防灾减灾、自然资源管理和开发利用等多个领域,为三峡工程、青藏铁路、西气东输、南水北调等多个重大工程提供了强有力的测绘支撑,为国家经济建设和社会发展提供了精准的测绘服务保障。

野外测绘工作是艰辛而危险的。从 1954 年成立到 1989 年,国测一大队就先后有 46 名队员在野外测绘一线殉职。2006 年国家实施的西部 1:50 000 地形图空白区测图工程,工程作业区域主要在南疆沙漠、青藏高原和横断山脉等地区,许多高寒地区被视作"生命禁区",国测一大队始终奋战在测绘第一线。建队 70 年来,国测一大队始终保持着优良的工作作风、坚强的战斗力,在诸多的急难险重任务中挺身而出,走在前列。

如果说有什么力量,支撑着国测一大队全体队员,数十年如一日献青春、洒热血,那就是"热爱祖国、忠诚事业,艰苦奋斗、无私奉献"的测绘精神。国测一大队最大的财富,就是忠诚与奉献的精神品质,在功利主义一定程度影响全社会工作和生活的当下,这种精神更加显得弥足珍贵。

测绘精神到底是什么?

1975年,参加珠穆朗玛峰首测的老队员郁期青说:测绘精神的实质就是尽最大努力,不惜一切代价,去完成党和国家交给的任务,哪怕牺牲自己的生命。

伴随着祖国奋进的铿锵步伐,国测一大队作为改革开放的实践者、见证者、受益者,自身也得到了长足发展。变化的是技术水平、装备能力、服务领域、队容队貌,而不变的是爱党爱国的情怀、忠诚奉献的品质和敬业奋斗的精神,如图6-6所示。

图6-6 2020年5月27日珠峰高程登山队成功登顶

二、测绘精神的历史传承

测绘精神传承到今天,如何进一步传承、发展,是我们这一代人所必须面对、必须回答的重要问题,也是我们必须重视的重要问题。

早在改革开放初期,这个问题就一直在各级测绘组织中萦绕。计划经济下形成的测绘精神,能否在改革开放的形势下得以继承,并赋予它新的内涵,是曾经困扰着测绘人的重要问题。新一代测绘人秉承测绘精神的思想内核,在新的环境里,顶住了各种思潮的侵扰,克服了前进、发展道路上的层层障碍,依然保持了这一精神的全部内容,并为之注入了新的内涵、丰富了具体内容。

当人造卫星沿着轨道在茫茫寰宇遨游,当勘探队员在荒漠峻岭寻找石油、煤炭、矿藏,当一座座水电站拔地而起……这一切,都离不开测绘队员提供的一组组由经度、纬度和高程组成的大地坐标。

测绘是国家建设的开路先锋。开路先锋意味着率先吃苦、率先拼搏、率先排除困难、率先打开禁区。国测一大队就是这样的开路先锋。该队始建于1954年,现有干部职工近300人。70年来,他们坚持用双脚丈量祖国大地,用仪器测绘壮美山河,先后七测珠峰、两下南极,39次进驻内蒙古戈壁荒原,52次深入西藏无人区,53次踏入新疆沙漠腹地,徒步行程超过6 000多万km,相当于绕地球1 500多圈,在中国测绘史上写下光辉一页。

2015年7月1日,习近平总书记给国测一大队老队员老党员回信,充分肯定他们爱国报国、勇攀高峰的感人事迹和崇高精神,对全国测绘工作者和广大共产党员提出"不忘初心,方得始终""忠诚一辈子　奉献一辈子"的殷切希望。国测一大队以回信精神为指引,不畏艰险、迎难而上,胜利完成党和国家交办的各项任务,不断开拓事业发展新局面。

国测一大队被称为"我国经济建设的野战军",在抗灾重建、城市规划、国土资源、水利、电力、交通、国防等领域,他们付出辛勤汗水,作出了重要贡献。新中国成立以来,这支队伍的几代人满怀理想和激情,投身祖国的测绘事业,前赴后继,用青春和生命谱写了气壮山河的爱国诗篇。1991年,他们获得国务院通令嘉奖,并被授予"功绩卓著、无私奉献的英雄测绘大队"称号。

岁月峥嵘,时光流逝,如今,这支英雄的队伍怎么样了?在市场经济的大潮中,他们的所思所想、所作所为,是否有很多改变?在重新扬起精神追求风帆、呼唤理想激情回归的今天,他们的做法又能给我们带来哪些有益的启示?让我们走进测绘队员中间,了解他们的故事,倾听他们的心声,感受他们走过的艰辛历程和真实的生活轨迹。

(一)融进大地的思念

"一个人就这么平平淡淡、无声无息地走了。"在54岁的翟建全眼里,那个"永生难忘的夜晚"留在了他的记忆深处,刻骨铭心,几乎每一次想起,他都禁不住热泪长流。

那年,他刚刚25岁,随着测绘小组来到了天山深处的巩乃斯河边。这条河,全是冰山上融化的雪水,即使在夏日也冰凉刺骨。

测绘小组副组长王方行,上海人。1979年,他已年近50岁,还没结婚。翟建全也是单身,两人经常一起喝酒、聊天,成为莫逆之交。

测绘点在天山深处,没有公路,只能骑马。测绘小组租了30多匹马、4匹骆驼。进山前的简单休整,是练习骑马的最好时机。而王方行最不愿意骑马,大家都劝他:"还是骑吧,否则无法工作。"

无奈之下,王方行"硬着头皮"学习骑马,动作笨拙,十分吃力。

此次出门前,有人给王方行介绍了对象,这让他尝到恋爱的滋味,并商定年底结婚。因此,"只要路过一些市镇,王方行左顾右盼,总想给未婚妻买点什么。"翟建全回忆说。

进山前,测绘小组派人到100多km外的小镇上,一边采购,一边取寄来的家信。果然,有一张王方行的包裹通知单,上面写着"巧克力",是未婚妻寄来的。当时,大家起哄要他请客，王方行爽快地说：“行，等完成任务，请大家吃巧克力。”

包裹要到很远的县城邮局才能取，王方行决定等测量结束、离开天山的时候再去。就这样，怀揣着领取包裹的通知单，王方行跟大家一起进山了。

深山里，常年积雪，异常寒冷，每次作业、露营，都要中蹚水过河。翟建全深深记住了“6 月 24 日”这个日子。当天晚上，太阳要落山了，王方行作业归来，与大家聊了一会儿天儿，就到另外一个露营点去了。

一个多小时后，一匹马飞快地驰来，测绘小组的蒙古族翻译一下马，就摔倒在地上。

翟建全赶紧上去问：“怎么了？”“出事了，出事了。”蒙古族翻译喊着。“到底咋回事啊？”翟建全更着急了。“王方行死了。”蒙古族翻译泣不成声。“什么？”翟建全不敢相信自己的耳朵。

原来，傍晚时分，河滩上的帐篷里升起炊烟。由于此时王方行还是不太会骑马，分配给他的是一匹温顺的老马，缰绳牵在蒙古族翻译的手里。饿了一天的王方行用手抓住马鞍子，骑马涉水过河。谁知，马失前蹄，一下子跪倒在河里，王方行一头摔进冰冷刺骨的河水里。“他一下子被河水冲走了，甚至没有来得及吭一声。”翟建全回忆说。

蒙古族翻译见状，连忙打马在岸边追赶。王方行被冲到 2 km 之外的河滩上，此时，他身上的鸭绒衣被撕碎了，身上没有一点血。

当天晚上，谁也没有心思工作，夜空里，不时传来野狼的嚎叫。大家点起了篝火，用被子卷起了王方行的遗体，旁边是他的遗物，一张写着“巧克力”的包裹单尤其让翟建全揪心。“巧克力是不能再取了，我们回去咋跟王方行的女朋友说啊？”“人这辈子真不容易，王方行的好日子才刚开始啊！”同伴们悲伤地议论着。

“我们都是城市里长大的，谁不愿意过幸福安逸的好日子？此时此刻，城市里的年轻人都在干什么呢？”翟建全望着凝重的夜色问自己，“在周末聚会？在开舞会？在逛夜市？我们在这里，工作辛苦不说，眼看着这么好的同伴就这样静悄悄地死去了，却没有任何人知道，这是为什么？”想到这儿，他无语问天，心潮难平。

3 个月后，当这项工作完成时，翟建全回到西安，一下火车，感觉“恍如隔世”。“测绘小组走的时候是 13 个人，回来了，却只有 12 个。”在以后的无数个日夜里，翟建全都一直想念着王方行，他用“永生难忘”来形容自己 25 岁时度过的这个不眠之夜。“每次想到这些，都特别难受。”他说。

11 年后，他所在的国测一大队被国务院授予“功绩卓著、无私奉献的英雄测绘大队”称号。为此，翟建全感慨地说：“我们这个测量队一共有 46 名职工以身殉职，他们大多像王方行一样，牺牲在大西北的荒山野岭中，有的死得很壮烈，有的死得很平淡，但他们都牺牲在自己的岗位上，他们中没有人被追认为烈士，甚至大多数人连一块墓碑都没有，但在我们每个测绘队员心中，为他们竖起了永久的丰碑。”

（二）人生事业的高度

珠峰是中华大地的高度，是世界的高度，也是国测一大队队员们人生事业的高度——“尽最大努力，不惜一切代价，去完成党和国家交给的任务，哪怕牺牲自己的生命”。

2020 珠峰
登顶测量

8 848.86 m，珠峰的“身高”。这是中华大地的高度，是世界的高度，也是国测一大队队员们人生事业的高度。1966 年、1968 年、1975 年、1992 年、1998 年、2005 年，为精确测量珠峰高程，国测一大队队员六闯“生命禁区”，用青春和生命在地球的第三极谱写出动人的英雄之歌。

2019 年 10 月，习近平总书记访问尼泊尔时签署中尼联合声明并提出，双方将共同宣布珠峰高程并开展科研合作。

珠峰登顶路线

这一重大政治任务，再次赋予国测一大队。尽管都知道在珠峰作业面临的困难和潜在的威胁，所有队员都积极主动报名参战。“难的是不让谁去，而不是动员谁去。”国测一大队大队长兼 2020 珠峰高程测量总指挥李国鹏回忆。

在珠峰地区，每年 10 月至次年 4 月是风季，6—9 月是雨季；唯有 5 月，风季雨季交替的短暂时间，风雪较小，会出现登山窗口期。但即便此时，也只有两三次适宜登山的机会，每次仅有连续两三天左右的好天气，机会稍纵即逝。

2020 年 5 月 6 日，测量登山队准时出发，向顶峰发起冲击，在海拔约 7 000 m 的北坳冰壁，雪深风大，极易引起流雪及雪崩危险，不得不下撤至海拔 5 200 m 的大本营；5 月 16 日，第二次突击冲顶，至海拔 7 790 m 时，受气旋风暴影响，8 000 m 海拔区域已雪深过米，指挥部再次作出下撤决定。

两次冲顶、两次下撤，是否还有第三个窗口期？若是有，怎样把握住？鉴于珠峰天气复杂多变、峰顶地域狭窄、地势险峻，指挥部作出决定：选派有 8 000 m 以上冲顶经验的队员组成突击队。

5 月 24 日，8 名攻顶队员第三次向峰顶发起冲击。到达 7790 营地后，耗时 2 个多小时才搭起 7 顶帐篷，但很快就有 3 顶被刮破。深夜，指挥部收到汇报：目前队员们正在帐篷中与大风抗衡。指挥部回复：坚持！坚持！坚持！预测第二天天亮时风会小！凌晨 2 点，连接指挥部的对讲机突然响起：冲顶的冲锋号吹响了！队员们正式出发！

5 月 27 日上午 11 时，测量登山队员成功登顶。这个日子与 1975 年老一代测量登山队员登顶是同一天。时隔 45 年，测量觇标又一次竖立在世界之巅。

登顶成功，只是珠峰高程测量的第一步。在大家欢庆的时候，对于测绘人来说，真正的工作才刚刚开始。

当橘红色觇标在峰顶竖起，在珠峰脚下海拔 5 200~6 000 m 的 6 个交会点上，驻守多日的测量交会队员们凝神屏气，用仪器对准峰顶觇标，展开交会测量。任务完成时，他们已在高寒缺氧、狂风暴雪的恶劣环境下坚守 11 天 10 夜。

“80 后”谢敏负责海拔最高交会点东绒 3 点的测量任务，他总是挑最苦、最累的活儿，高强度的工作能让他暂时忘却心中的悲伤。测峰期间，父亲谢忠华——国测一大队老队员因病辞世。“说实话很想送父亲最后一程，但最终没能如愿。母亲劝我留下来，因为就算回去也来不及。她说：‘好好干你的工作，把数据测好测准，这也是他的心愿。’”谢敏说。

“80 后”史志刚是唯一一个走遍 6 个交会点的人。由于长期缺氧，他的嘴唇变得干裂发紫，原本健壮的身躯变得消瘦。“我也有自己的孩子，但就是不想视频。因为人的状态不是太好。给我动力让我坚持下来的是：多年来，队里的老前辈也是这么过来的。”

艰苦奋斗、勇攀高峰，是国测一大队代代相传的优良传统。曾 3 次参加过珠峰测量的郁期青曾笑着指向自己的牙说，都是假的。野外作业的艰苦，让他很早就掉光了所有牙齿。他说："测绘精神的实质，就是尽最大努力，不惜一切代价，去完成党和国家交给的任务，哪怕牺牲自己的生命。"

2020 年 12 月 8 日，国家主席习近平同尼泊尔总统班达里互致信函，共同宣布珠穆朗玛峰的最新高程为 8 848.86 m。

测绘人在珠峰脚下，完成了壮阔的使命交接。

(三)至死不变的精神

新中国成立初期，国家百业待兴，各项建设急需测绘依据。国家最先组建了国测一大队，由总参测绘二大队、地矿部大地测量队共同组成，驻地西安。大队第一代队员大部分为革命军人，他们受命于危难，在艰苦条件下，用简单的仪器设备，克服极大困难，奠定了我国测绘事业的基础。

吴昭璞，技术员，1954 年 8 月毕业分配到队。1960 年 4 月，年仅 31 岁的他和队友在新疆戈壁测绘作业，在饮用水断绝、面临生死抉择的关键时刻，作为组长的他果断决定，让队友出去寻找水源，自己留下来看护仪器、资料。几天后，当队友返回救援时，发现吴昭璞因干渴不幸遇难，但仪器和资料却用工作服包裹得严严实实、完好无损。

建队 70 年来，像吴昭璞这样牺牲在工作岗位的测绘队员共计 46 人。他们大多英年早逝，连墓碑也没能留下。老一辈用自己的牺牲奉献，为后人树立了榜样。

凡是苦活、累活、重活、危险的活，干部先，普通队员后，老队员先，新队员后——这是国测一大队一条"不成文的军规"。大队纪委书记、工会主席任秀波始终记得刚进队的一段经历：一次外测归来，早上还干涸的河床，因融雪变成一片汪洋，无法分辨哪里是路基、哪里有沼泽，车上的老师傅二话不说，挽起裤管，脱掉鞋袜，下河为车辆探路，双脚却被枯枝、冰凌划出一道道血口子。在潜移默化中被感染、被熏陶，后面的征程中再遇到急难险重，年轻人也会奋不顾身、迎难而上。

这些年来，国测一大队一直在求变：准确把握测绘"两支撑、一提升"定位，跟踪世界最新的科技手段，更新科技装备，改革管理机制，构建新型业务服务体系。同时，他们也一直在坚持：不管外界环境如何变化，国测一大队艰苦奋斗的精神没有变，忠诚奉献的品格没有变，严谨踏实的作风没有变，党员干部冲在前面、干在前头的传统没有变。用李国鹏的话："改变的是技术和装备，不变的是精神和作风。"

在国测一大队精神展示室里有两个相向而立的板块：英名永存板块，陈列着 46 名以身殉职的队员的黑白肖像和光辉事迹；典型模范板块，展示着建队以来涌现的优秀测绘人的彩色照片和荣誉事迹……

"不忘初心，方得始终。"测绘精神就如同一粒种子，在一代又一代队员心中生根、发芽、开花、结果。

国测一大队这个英雄群体，从邵世坤等第一代队员的"测一代"起，历时 70 余年，已传到了"测三代"。时代变迁了，人员变动了，然而，"能吃苦、能攻关、能创新、能协作"的国测一大队的优良传统没有变，"热爱祖国、忠诚事业，艰苦奋斗、无私奉献"的测绘精神没有变。历经时代的大浪淘沙和多种思潮的冲击打磨，仍能始终保持英雄本色，国测一大队的事迹令人感佩。

市场经济是以追求个人利益最大化为原动力的，这与测绘精神相背离。受到浮躁社会和急功近利思想的影响，当代年轻人正面临着忠诚奉献精神传承的危机。老一辈人“干一行爱一行”的朴素就业观，似乎并不太被当代年轻人所接受：他们更追求轻松体面的工作，更加注重个人收获和自我感受。很少有年轻人会扪心自问：我能够为社会和工作岗位奉献什么？我能够为祖国奉献什么？

国测一大队年轻队员们，秉承老队员的精神血脉，在新时代屡立新功，这样的年轻人让我们眼前一亮。他们把自身价值与崇高责任紧紧联系在一起，在进行高精度脑力劳动的同时，还付出了艰辛的体力劳动；在常人难以想象的极端环境下，沿着老一辈测绘人的足迹继续奔波在崇山峻岭、大漠戈壁。他们风餐露宿，栉风沐雨，用汗水乃至生命，复测珠峰、南下极地，为国家完成了很多重大工程的测量任务，得到了党和国家的认可。虽然他们负疚于父母高堂、娇妻幼子，但是，他们无愧于党、无愧于人民，在为祖国奉献的同时，也在实现着自身的人生价值。

国测一大队的辉煌历程证明：一种精神信仰，一旦坚守便力量无穷。

国测一大队新老队员的共同实践，给出了满意的答案：接受传统教育，学习英雄事迹是年轻人到队的第一课；在工作中，党员干部以身作则，吃苦在前，言传身教给他们树立了标杆；老一辈测绘人默默无闻地传帮带，也潜移默化地影响着测绘大队的青年一代。

正如他们自己所说：技术再先进，人总是主导测绘工作的。要是丢了测绘精神，什么工作都干不好。

三、测绘精神的历史发展

进入21世纪，测绘发展也呈现出全球化的新特征。一是测绘对象，从静态的地球表面向动态的地球表层乃至地球以外的星体发展；二是现代测绘技术的发展和应用，呈现全球化趋势；三是解决全球化问题（如环境问题），成为地理信息应用的重要方面；四是全球测绘外包服务正在兴起，国际上日益重视地理信息获取与应用服务，大力促进地理信息产业的发展，为我国测绘事业的发展创造了良好的国际发展环境。

随着导航定位、遥感、地理信息技术的发展，并与人工智能、计算机视觉等学科的交叉融合，测绘正迈向智能化时代。在空间对地观测、高性能计算以及新一代信息化等技术的推动下，自然资源、城市规划、交通运输、军事国防、航空航天、环保应急等领域，对测绘高层次人才的需求越来越迫切。

测绘地理信息技术的进步必然带来技术的更新换代，技术的更新换代必然带来观念上的革命。测绘地理信息事业，较之单纯的测绘工作，服务更宽，涉及领域更广，从业人员更多。它覆盖全社会的每个角落。在这种背景下，测绘精神的载体必然要更加扩大，这就为测绘精神的传承提出了巨大的挑战。

测绘部门通过大力推进“数字中国”建设，实施珠峰测量（见图6-7）等重大工程，成功举办全国地理信息产业峰会和测绘成果展，宣传国测一大队先进事迹等重要措施，大大提高了测绘工作的知名度和显示度，越来越多的人更加了解测绘、关注测绘。

图 6-7 测量登山队员在珠峰峰顶架设测量觇标

测绘为重大灾害,特别是南方冰雪灾害和汶川大地震等提供及时的应急保障,积极搭建各种地理信息公共平台等,让更多的人感受到测绘工作的巨大作用。测绘事业良好的发展势头为进一步开拓创新打下了坚实的基础。

心中有信仰,脚下有力量。

测绘精神,是新时代推动测绘地理信息事业改革创新、转型升级的坚强精神支撑。新一代测绘地理信息工作者,要紧跟时代潮流,凝聚时代力量,弘扬测绘精神,并赋予其新的内涵,生生不息,薪火相传,为做强事业、做大产业打造新时代的精神高地。

任务二 测绘职业道德

一、测绘职业道德内容

测绘工程师:咫尺有匠心

测绘职业道德是测绘从业人员在职业活动中应当遵循的行为准则和规范,它涵盖了多个方面的内容,以确保测绘工作的准确性、公正性、安全性和对社会发展的贡献。以下是对测绘职业道德内容的详细归纳。

(一)爱岗敬业、奉献测绘

测绘从业人员应大力弘扬“热爱祖国、忠诚事业,艰苦奋斗、无私奉献”的测绘精神,增强职业荣誉感,热爱测绘事业,乐于奉献,吃苦耐劳,不畏艰险。

忠实遵守测绘法律法规,认真履行职业责任,恪守职业道德,承担职业风险,服务社会。

(二)维护版图、保守秘密

测绘从业人员应具有强烈的爱国主义精神,增强政治责任感和国家版图意识,自觉维护国家版图的严肃性和完整性。

增强保密观念和信息安全意识,确保地理空间信息安全,对涉密信息和敏感数据必须严格保护，遵守相关保密法律法规和保密协议。

(三)严谨求实、质量第一

测绘从业人员应自觉维护国家测绘基准、测绘系统的法定性和统一性，严格遵守测绘技术标准、规范图式和操作规程。

在测绘工作中，应真实准确、细致及时，确保测绘成果的质量，对测绘资料成果的真实性、准确性负责。

(四)崇尚科学、开拓创新

测绘从业人员应弘扬科学精神，刻苦钻研技术，勇攀科技高峰，不断提高自身的专业能力和技术水平。

加强学习，大胆实践，与时俱进，积极进取，不断提高创新意识和能力，勇于尝试新技术、新方法，解决测绘工作中的难题。

(五)服务用户、诚信为本

测绘从业人员应牢固树立服务意识，主动服务、优质服务，拓宽服务领域，提高服务能力。

在测绘活动中，应树立信用观念，遵守合同，诚实守信，真诚地对待用户，尊重用户的合法权益，信守承诺，办事公道，无欺诈行为。

(六)遵纪守法、团结协作

测绘从业人员应树立法治观念，依法测绘，安全生产，合法经营，公平竞争，自觉维护测绘市场秩序。

增强集体意识和团队精神，友爱互助，文明作业，在测绘项目中学会倾听、分享与协作，共同完成测绘任务。

(七)环境保护与安全生产

在野外作业时，测绘从业人员应尊重自然环境，减少对生态的干扰和破坏，实施绿色测绘理念，保护自然资源。

严格遵守安全操作规程，做好个人防护，确保人身和设备安全，落实安全生产责任，加强测绘作业现场安全管理和安全监督。

(八)社会责任与公益测绘

测绘从业人员应意识到测绘工作对社会发展的贡献，积极参与公益测绘项目，为城市规划、灾害预防、环境保护等提供科学依据，服务社会。

支持公益事业，积极参加公益活动，以国家和用户利益为重，服从全局，主动协作配合。

二、测绘职业道德要求

测绘从业人员应当遵循以下测绘职业道德要求：

(1)大力弘扬“热爱祖国、忠诚事业，艰苦奋斗、无私奉献”的测绘精神。增强职业荣誉感，热爱测绘事业，乐于奉献，吃苦耐劳，不畏艰险。

(2)具有强烈的爱国主义精神，增强政治责任感和国家版图意识。自觉维护国家版图的严肃性和完整性，增强保密观念和信息安全意识，确保地理空间信息安全。

(3)自觉维护国家测绘基准、测绘系统的法定性和统一性。严格遵守测绘技术标准、规范图式和操作规程，真实准确，细致及时，确保成果质量。

(4)弘扬科学精神，刻苦钻研技术，勇攀科技高峰。加强学习，大胆实践，与时俱进，积极进取，不断提高创新意识和能力。

(5)牢固树立服务意识，主动服务，优质服务。拓宽服务领域，提高服务能力；在测绘活动中，应当树立信用观念，遵守合同，诚实守信。

(6)树立法治观念，依法测绘。安全生产，合法经营，公平竞争，自觉维护测绘市场秩序；增强集体意识和团队精神，友爱互助，文明作业。

【知识拓展】

攻克技术难题，推动测绘导航技术发展

【测绘故事】

故事一：开发沙漠油田中的痛哭

1993年，国测一大队三中队来到新疆克拉玛依古尔班通古特沙漠腹地，为油田开发做前期测量工作。三中队副中队长霍保华等4人在那里碰到了30年不遇的大风雪，雪深齐膝，夜里温度降到零下35 ℃，冻得实在睡不着，就到火堆旁烤火取暖，再回帐篷睡觉。有一次仪器出现故障，修好后重新开始作业，已是半夜一点多。他们一口气干到凌晨4点才收工。从作业点到驻地十几千米，几个人穿着鸭绒衣裤，扛着几十斤重的仪器，走了4个小时，直到早晨8点才返回驻地，身上一点儿汗都没有出，人人冻得脸发紫，随身带的酒精都点不着了，进了帐篷，谁都说不出一句话来，只是喝水充饥。

一次，霍保华乘坐的沙漠车在下坡时路滑翻车，撞到挡风玻璃上，粉碎的车玻璃扎伤了他的头和脸，过了许久，司机才从昏迷中苏醒过来，一把抱着霍保华失声痛哭。霍保华安置好司机，想到同伴们都在别的测量点上等他打开GPS接收机呢，于是背起仪器向沙丘走去。当离测量点还有200 m的时候，他实在走不动了，只好一路将身背的设备丢在沙坡上。走到测量点位，把仪器放下，再折回头把丢下的设备一件件拿到测量点上，然后通过电台与同伴们联络，打开机器开始测量。霍保华这天一直干到下午4点才完工，艰难地回到驻地时已是晚上9点，这才顾得上清理伤口里的玻璃碴子。

故事二：晕倒在海港测量现场

1999年7月初，国测一大队一中队党支部书记房宽宏带着队伍来到天津新港，进行码头变形测量工作。7月20日，大家开始埋石工作，总共有48块石头，原计划是一天的工作量。当时正赶上京津塘地区几十年不遇的高温天气，室外温度已高达39 ℃，炽热的太阳烤得人实在受不了，更谈不上干重体力活儿。到下午2点多时，标石还剩下9块没埋。这时，房宽宏已有脱水的反应，大家让他休息一下。可他却坚持说再顶一下困难就会过去，就这样，大家艰难地埋完了剩下的几块标石。等埋完最后一块标石，房宽宏因严重脱水而晕倒。

项目小结

本项目通过测绘职业素养精神教育，围绕测绘精神与测绘职业道德两大核心主题，深入探讨了测绘职业素养的丰富内涵，全面掌握了测绘精神的核心价值，深刻理解了"热爱祖国、忠诚事业，艰苦奋斗、无私奉献"测绘精神的实质与意义。同时，引导同学们对测绘职业道德的基本准则有了清晰的认识，明确了爱岗敬业、维护版图、严谨求实、崇尚科学、服务用户、遵纪守法等职业道德要求，为测绘工作的规范开展奠定了坚实的基础。

思考题

1.简述测绘精神在测绘职业发展中的重要性。

2.测绘人员应如何在工作中践行测绘职业道德？

3.如何理解测绘职业道德与测绘行业发展的关系？

4.在新时代背景下，你认为测绘精神应如何与时俱进，推动测绘行业创新发展？

项目七　测绘安全生产教育

测绘安全生产教育

【项目概述】

本项目旨在全面提升测绘人员的安全生产意识和技能，确保测绘作业全过程的安全进行。内容涵盖安全生产管理、作业前准备、行车饮食住宿安全、外业与内业生产安全、应急知识以及测绘生产仪器设备安全管理等多个方面。通过系统的讲解，深入了解测绘作业中可能遇到的各种安全风险，并掌握有效的预防措施和应急处理技能。项目注重理论与实践相结合，增强测绘人员安全意识和实际操作能力。通过本项目的学习，测绘人员将能够全面提升自身的安全生产能力，为测绘工作的顺利开展提供有力保障。

【学习目标】

知识目标：

1.掌握安全生产法律法规。

2.了解安全生产管理体系。

3.认识测绘作业安全风险。

技能目标：

1.提升应急处理能力。

2.掌握设备安全检查与维护方法。

3.提高安全作业实操技能。

思政目标：

1.树立安全责任意识。

2.弘扬团结协作精神。

3.培养遵守规章制度的习惯。

测绘安全生产工作事关生命财产安全，事关测绘地理信息事业的健康顺利发展。国务院办公厅发布的《安全生产“十三五”规划》，明确要求高度重视安全生产工作，大力推进安全执法、治理和宣传教育活动，切实加强安全生产法治体制、安全保障能力和安全监管监察队伍建设。

任务一　安全生产管理

随着测绘地理信息事业进入重要战略发展机遇期，测绘地理信息需求日益增强，测绘地理信息生产面临的环境越来越复杂，安全形势越来越严峻。测绘生产人员应当比任何时候更加重视安全生产工作，牢固树立以人为本、安全发展的理念，坚持“安全第一、预防为主、综合治理”的方针，持续提升测绘生产安全意识及应急防范能力，切实确保人民群众生命财产安全。

测绘单位和作业人员在安全生产过程中，应遵守以下法律法规：《中华人民共和国安全生产法》《生产安全事故报告和调查处理条例》《中华人民共和国消防法》《中华人民共和国道路交通安全法》《中华人民共和国突发事件应对法》《森林防火条例》《草原防火条例》《测绘作业人员安全规范》(CH 1016—2008)。

测绘安全生产

测绘单位应坚持“安全第一、预防为主、综合治理”的方针，建立健全安全生产管理机制、安全生产责任制度和安全保障及应急救援预案，配备安全管理人员，完善安全生产条件，强化安全生产教育培训，加强安全生产管理，确保安全生产。

测绘单位应根据本部门、各工种和作业区域的实际特点，制定安全生产操作细则，指导和规范职工安全生产作业。

测绘单位应根据内、外业作业环境，人员安全风险等级及单位实际情况，为测绘作业人员购买相应保险，进行体检；配备必要的人员安全保障装备，如野外安全防护装备、常用药品、应急通信设施、消防器材等。

测绘单位应设置安全员。作业人员(组)应遵守本单位的安全生产管理制度和操作细则，了解各作业场所、工作岗位存在的危险因素及防范措施。外业人员还应掌握和了解必要的野外生存、避险等基本应急知识和技能。

任务二　作业前准备

测绘单位在测绘项目开始前，应当针对生产情况，对进入测区的所有作业人员进行安全意识教育和安全技能培训。

测绘作业人员应当积极了解测区有关危害因素，包括动物、植物、流行传染病、自然环境、人文地理、交通、社会治安等状况，拟订具体的安全生产措施。

测绘单位应按规定配发劳动防护用品，并根据测区具体情况，添置必要的小组及个人的野外救生用品、药品、通信或特殊装备，并应检查有关防护及装备的安全可靠性。

测绘单位应掌握人员身体健康情况，进行必要的身体健康检查，避免作业人员进入与其身体状况不适应的地区作业。

对于赴疫区、污染区和有可能散发毒性气体地区作业的人员，应当组织学习防疫、防毒、防污染知识，并注射相应的疫苗和配备防毒、防污染装备。对于发生高致病的疫区，应禁止作业人员进入。

所有作业人员都应该熟练使用通信、导航定位等安全保障设备，以及掌握利用地图或地物、地貌等判定方位的方法。

测绘作业人员出测、收测前，应制订行车计划，对车辆进行安全检查，严禁疲劳驾驶。

对于所有参与作业的人员和车辆，应配备统一的安全管理系统。

任务三　行车、饮食、住宿安全

一、行车

(一)基本要求

(1)驾驶员应遵守道路交通安全有关的法律法规,严格遵守行车安全操作规程和安全运行的各种要求,具备野外环境下驾驶车辆的技能,掌握所驾驶车辆的构造、技术性能、技术状况、保养和维修的基本知识或技能。

(2)驾驶员应了解所运送物品的性能,保证人员和物品的安全。运送易燃易爆危险品时,应防止碰撞、泄漏,严禁危险物品与人员混装运送。

(3)车辆人货混载时,应按交通部门的有关规定执行,严防因货伤人。货车附载临时作业人员时,严禁超过货板高度乘人。

(二)行车前的准备

(1)应根据测区情况,对驾驶员进行针对性安全培训。

(2)应编制行车计划,明确负责人。单车行驶,应配有押车人员。

(3)外业生产车辆应配备必要的检修工具和通信设备。

(4)驾驶员应检查:车辆各部件是否正常,油、水是否足够,轮胎充气是否适度。应特别注意:检查传动系统、制动系统、方向系统、灯光照明等主要部件是否完好,发现故障即行检修,禁止勉强出车。

(5)机动车载货不得超过行驶证上核定的重量(见图 7-1)。运送的物资器材,须装牢捆紧,重量应分布均匀。

图 7-1　严重超载而发生车祸

(6)在戈壁、沙漠和高原等人员稀少、条件恶劣的地区,应配备专职驾驶员或 5 年以上驾龄的、有经验的驾驶员。采用双车作业,作业车辆应加装安全监控系统,配备适宜的轮胎,每车应有双备胎。

(三)行车途中注意事项

(1)在行车途中,车上人员应系好安全带。停车休息或就餐离开车辆时,应锁好车门、关闭玻璃窗。

(2)夜间行车,要保持灯光完好,降低行驶速度,充分判断地形及行进方向。

(3)遇暴风骤雨、冰雹、浓雾等恶劣天气时,应停止行车。视线不清时,禁止继续行车。

(4)在雨、雪或泥泞、冰冻地带行车时,应慢速,必要时应安装防滑链,避免紧急刹车。

(5)高温炎热天气行车,应注意检查油路、电路、水温、轮胎气压。频繁使用刹车的路段,应防止刹车片温度过高导致刹车失灵。

(6)高原山区行车,应注意车况信息。气压低时,应低挡行驶,少用制动,严禁滑行。遇到危险路段,如落石、滑坡、塌陷等,应仔细观察,谨慎驾驶。

(7)沙土地带行车,应停车观察,选择行驶路线,低挡匀速行驶,避免中途停车。若沙土松软难以通过,应事先采取铺垫等措施。

(8)车辆穿越河流时,要慎重选择渡口。了解河床地质、水深、流速等情况,采取防范措施安全渡河。

(9)收测时,应对车辆进行安全检查,制订行车计划,禁止夜间行车和疲劳驾驶。

(10)乘坐或驾驶摩托车、电瓶车,应佩戴安全头盔。行驶时,应注意与其他交通工具,尤其是大型货车保持车距。十字路口时应小心通过。在行驶途中,避免接打电话等妨碍安全驾驶行为。

二、饮食

测绘项目所处的生产环境复杂,应当保持良好的饮食习惯,谨防食物中毒(见图7-2)。

图7-2　谨防食物中毒

(1)禁止食用霉烂、变质和被污染过的食物,以及野菜、野果、野生菌菇等野生植物;禁止酗酒和暴饮暴食;不接触和不食用死、病畜肉;禁止饮用异味、异色和被污染的地表水和井水。

(2)生熟食物应分别存放,并应防止野兽、鼠等动物侵害食物。

(3)使用煤气、天然气等灶具,应保证其连接件和管道完好,消除漏气和煤气中毒等安全隐患;禁止点燃灶具后离人。

三、住宿

(一)室内住宿

(1)外业作业人员借宿民房或住宾馆(招待所)时,对住宿的房屋应进行安全性检查,了解住宿环境、安全通道、消防设备位置。禁止入宿存在安全隐患的房屋。

(2)住宿时,应注意用电安全。应使用具有安全认证的电源插座和充电器,并不得超出其额定功率;避免使用同一条线路给多个大功率电池或设备充电;对超过安全容量的充电设备充电时,应专人值守;便携式发电机应置于通风条件下使用,做到"人机分开、专人管理"。

(二)野外宿营

(1)应尽量避免野外宿营。

(2)必须在野外宿营时,应备好防寒、防潮、照明、通信等生活保障物品,以及必要的消防物品。

(3)搭设帐篷时,应了解地形情况。尽量选择干燥避风处,避开滑坡、雷击、崩陷、山洪、高辐射、觇标、枯树、大树、独立岩石、河边、干涸湖、输电设备及线路、虫蛇出没地等危险地带;帐篷周围应挖排水沟。在草原、森林地区,周围应开辟防火道,如图7-3所示。

图7-3 野外宿营

(4)宿营地位于治安情况复杂或野兽经常出没的地区时,应设专人值勤。

(5)应注意用火安全。严禁在仓库、木质建筑以及易燃物周围堆放可燃物,或在其附近用火。

任务四 外业生产安全

一、外业生产准备

测绘生产人员进入作业区域开展外业生产时,需要做好以下准备工作:

(1)应持有效证件和公函,与有关部门进行联系。进入军事要地、边境、民族地区、林区、自然保护区或其他特殊防护地区作业时,应事先征得有关部门同意,必要时可请有关部门派人陪同;提前了解当地民情和社会治安等情况,遵守所在地的风俗习惯及有关的安全规定。

(2)进入单位、居民宅院进行测绘时,应先出示相关证件,说明情况,得到允许后再作业。

(3)遇雷电天气,应立刻停止作业。选择安全地点躲避,禁止在山顶、开阔的斜坡上、大树下、河边等区域停留,避免遭受雷电袭击。

(4)在高压输电线路、电网等区域作业时,应采取必要安全防范措施。避免人员和标尺、测杆、棱镜支杆等测量设备靠近高压线路,严禁使用非绝缘的标尺、测杆、棱镜支杆等设备。

(5)应携带所需的装具、水和药品等用品,必要时应设立供应点,保证作业人员的饮食供给。野外一旦发生水、粮和药品短缺,应及时联系补给或果断撤离。

(6)所携带的燃油,应使用密封、非易碎容器单独存放、保管,防止暴晒。洒过易燃油料的地方,应及时处理。

(7)进入沙漠、戈壁、沼泽、高山、高寒、岛礁、人烟稀少地区,或者原始森林地区作业前,应认真了解、掌握测区水源、居民、道路、气象、方位等情况,并及时记录。必要时,应建立区域通信中心;作业人员应配备必要的通信器材,保持个人与小组、小组与通信中心的联系;应配备必要的判定方位的工具,如导航定位仪器、地形图等;必要时可聘请熟悉当地情况的向导。

(8)外业测绘必须遵守各地方、各部门相关的安全规定。例如:在铁路和公路区域应遵守交通管理部门的有关安全规定;进入草原、林区作业必须严格遵守防火法律法规及当地的安全规定;下井作业前必须学习相关的安全规程,掌握井下工作的一般安全知识,了解工作地点的具体要求和安全保护规定。

(9)安全员应随时检查现场的安全情况,发现安全隐患立即整改。

(10)人烟稀少地区外业测绘,严禁单人夜间行动。发生人员失联时,应立即寻找并尽快上报,同时与当地公安部门取得联系。

(11)涉外(境外)测绘时,应携带相应工作证件。严禁未经批准外出或作业。外出或作业时,须专业人员陪护,并配备通信设备。

二、外业现场操作

针对不同的作业地区现场,测绘外业生产安全应当注意以下作业要求。

(一)城镇地区

(1)在人、车流量大的道路作业时,应穿着色彩醒目的安全警示反光马夹,必要时应设置安全警示标志牌(墩),并安排专人担任安全警戒员,如图 7-4 所示。

图 7-4　城镇区域测绘

(2)迁站时,要撤除安全警示标志牌(墩),应纵向肩扛器材,防止发生意外。

(3)作业中骑行自行车、电动车等应遵守交通规则,严禁超速、逆行、闯红灯等行为发生。

（二）铁路、公路区域

（1）在铁路和封闭式道路作业前，应征得主管单位同意。

（2）沿铁路、公路作业时，应穿着色彩醒目的安全警示反光马夹，如图 7-5 所示。

图 7-5　铁路区域测绘

（3）在电气化铁路附近作业时，应注意作业窗口期。严禁使用非绝缘标尺、测杆、棱镜支杆等。

（4）在桥梁和隧道附近，以及公路弯道和视线不清的地点作业时，应事先设置安全警示标志牌（墩），必要时安排专人担任安全指挥。

（5）工间休息应离开铁路、公路路基，选择安全地点休息。

（三）沙漠、戈壁纵深地区

（1）应当配备卫星电话、容水器、绳索、地图资料、导航定位仪器、风镜、药品、色彩醒目的工作服和睡袋等，如图 7-6 所示。

图 7-6　沙漠地区测绘

（2）在距水源较远的地区作业，应制订切实可行的供水计划，必要时可分段设立供水站。

（3）应随时注意天气变化，防止沙漠寒潮和沙暴的侵袭。

（四）沼泽地区

（1）应当配备卫星电话、色彩醒目的工作服，必要的绳索、木板，以及长约 1.5 m 的探测棒。

（2）过沼泽地时，应组成纵队行进，禁止单人涉险，如图 7-7 所示。

图 7-7　沼泽地区测绘

(3)遇有繁茂绿草地带应绕道而行。

(4)陷入沼泽时应沉着冷静,及时采取妥善的救援、自救措施。

(5)应注意保持身体干燥清洁,防止皮肤溃烂。

(五)人烟稀少地区或草原、林区

(1)在人烟稀少地区,或者草原、林区作业(见图 7-8),应携带手持导航定位仪器及地形图,着装要扎紧领口、袖口、衣摆和裤脚,防止蛇、虫等的叮咬。

图 7-8　林区测绘

(2)要特别注意配备防止蛇、虫叮咬的面罩及药品,并注射森林脑炎疫苗。

(3)行进路线及点位附近,均应留下能为本队人员所共同识别的明显标志。

(4)禁止夜间单人外出,特殊情况确需外出时,应两人以上,应详细上报去向,并携带电源充足的照明和通信器材,保持随时联系;同时,宿营地应设置灯光引导标志。

(六)高原、高寒地区

(1)进入高海拔区域前要进行气候适应训练,掌握高原基本知识,如图 7-9 所示。

图 7-9　高原地区测绘

(2)应配带防寒装备和充足的给养,配置氧气袋(罐)及高原反应防治专用药品。有条件时,可配备高原医生。注意防止感冒、冻伤和紫外线灼伤。在高海拔区域,一旦发生高原反应、感冒、冻伤等疾病,应立即采取有效的救助措施,及时撤离高原地区送治。

(3)在冰川、雪山作业时,应选择合适的时间、气象条件进行。作业时,应戴雪镜,穿色彩醒目的防寒服,配备卫星电话。

(4)应按选定路线行进。遇无路情况,应选择缓坡、迂回行进;遇悬崖、绝壁、滑坡、崩陷、积雪较深,以及容易发生雪崩等危险地带时应该绕行,无安全防护保障不得强行通过。

(5)在高原、高寒地区作业前,应制订针对性的应急预案,配备专用的应急救援车辆。

(七)涉水、渡河

(1)涉水、渡河前,应观察河道宽度,探明河水深度、流速、水温及河床砂石等情况,了解上游水库和电站放水情况及最近上游降雨情况。根据以上情况选择安全的涉水地点,并应做好涉水时的防护措施,严禁从有流水的滚水坝上过河,如图7-10所示。

图7-10　涉水测绘

(2)水深在0.6 m以内、流速不超过3 m/s,或者流速较大但水深在0.4 m以内时,允许徒涉。水深过腰,流速超过4 m/s的急流,应采取保护措施涉水过河,禁止独自一人涉水过河。

(3)遇较深、流速较大河流,应绕道寻找桥梁或渡口。通过轻便悬桥或独木桥前,应检查木质是否腐朽。可通过时,应视情况采取逐人通过、架防护绳等措施。

(4)骑牲畜涉水时,一般只限于水深0.8 m以内。同时应逆流斜上,不应中途停留。要了解牲畜的水性,必要时在牲畜蹄上采取防滑措施。

(5)乘小船或其他水运工具时,应检查其安全性能,并雇用有经验的水手操纵,严禁超载。

(6)暴雨过后,应特别注意山洪、泥石流。严禁在无安全防护保障和河流暴涨时渡河。

(八)高空作业

(1)患有心脏病、高血压、癫痫、眩晕、深度近视、恐高等高空禁忌症,以及酒后人员,禁止从事高空作业。

(2)现场作业人员,应配戴安全防护带和防护帽,不得赤脚。作业前,应认真检查攀登工具和安全防护带,保证完好。安全防护带要高挂低用,不能打结使用,如图7-11所示。

图 7-11 高空作业

(3)应事先检查树、杆、梯、站台,以及觇标等各部位结构,是否牢固,有无损伤、腐朽和松脱。存在安全隐患的,应经过修补正常后才能作业。

(4)到达工作位置后,要选坚固的枝干、桩作为依托,并扣好安全防护带后,再开始作业。高楼作业时,应了解楼顶的设施和防护情况,避免在楼顶边缘作业。返回地面时,严禁滑下或跳下。

(5)传递仪器和工具时,禁止抛投。

(6)使用的绳索应结实,滑轮转动应灵活。禁止使用断股或未经检查过的绳索,防止脱落伤人。

(7)造(维修)标、拆标工作,应由专人统一指挥,分工明确,密切配合。在行人通过的道路,或居民地附近造(维修)标、拆标时,必须将现场围好,悬挂"危险"标志,禁止无关人员进入现场。作业场地半径不得小于 15 m。

(九)水域作业

(1)作业人员应穿救生衣,避免单人上船作业,如图 7-12 所示。

图 7-12 水域测绘

(2)应选择租用配有救生圈、绳索、竹竿等安全防护救生设备,以及必要通信设备的船只。行船听从船长指挥。

(3)租用的船只,应满足平稳性、安全性要求,并具有营业许可证。雇用的船工应熟悉当地水性并有载客的经验。

(4)风浪太大时段,不能强行作业。水流湍急地段,要根据实地具体情况,采取相应安全防护措施后，方可作业。

(5)海岛、海边作业时，应注意涨落潮时间。

(十)地下管线测量

(1)无向导协助，禁止进入情况不明的地下管道作业。

(2)作业人员必须佩戴防护帽、安全灯，身穿安全警示工作服，应配备通信设备，并保持与地面人员的通信畅通，如图 7-13 所示。

图 7-13　地下管线测量

(3)在城区或道路上进行地下管线探测作业时，应在管道口设置安全隔离标志牌(墩)。安排专人担任安全警戒员。打开窨井盖作实地调查时，井口要用警示栏圈围起来，必须有专人看管。夜间作业时，应设置安全警示灯。工作完毕，必须清点人员，在确保井下没有留人的情况下，及时盖好窨井盖。

(4)对规模较大的管道，在下井调查或施放探头、电极导线时，严禁明火，并应进行有害、有毒及可燃气体的浓度测定。有害、有毒及可燃气体超标时，应打开连续的 3 个井盖，排气通风半小时以上，确认安全并采取保护措施后，方可下井作业。

(5)禁止选择输送易燃、易爆气体管道，作为直接法或充电法作业的充电点。在有易燃、易爆隐患环境下作业时，应使用具备防爆性能的测距仪、陀螺经纬仪和电池等设备。

(6)使用大功率电器设备时，作业人员应具备安全用电和触电急救的基础知识。工作电压超过 36 V 时，供电作业人员应使用绝缘防护用品；接地电极附近应设置明显警告标志，并设专人看管；雷电天气，禁止使用大功率仪器设备作业；井下作业的所有电气设备外壳，都应接地。

(7)进入企业厂区进行地下管线探测的作业人员，必须遵守该厂安全保护规定。

任务五　内业生产安全

创造安全、舒适的内业工作环境，是保障内业工作顺利进行的重要条件。测绘作业单位应组织内业生产人员，分析、评估内业生产环境的安全情况，制定生产安全细则，确保安全生产(见图 7-14)。

图 7-14　测量内业工作

(1)照明、噪声、辐射等环境条件,应符合作业要求。

(2)计算机等生产仪器设备的放置,应有利于减少放射线对作业人员的危害。各种设备与建(构)筑物之间,应留有满足生产、检修需要的安全距离。

(3)在作业场所中,不得随意拉高电线,防止电线、电源漏电。通风、空调、照明等用电设施,要有专人管理、检修。

(4)面积大于 100 m^2 的作业场所,其安全出口不少于 2 个。安全出口、通道、楼梯等,应保持畅通,并设有明显标志和应急照明设施。

(5)作业场所应按《中华人民共和国消防法》规定,配备灭火器具,面积小于 40 m^2 的重点防火区域,如资料、档案、设备库房等,也应配置灭火器具。应定期检查消防设施和安全装置是否超出有效期和能否正常使用,保证安全有效。

(6)作业场所应配置必要的安全(警告)标志,如资料重地、严禁烟火、严禁吸烟、配电箱(柜)标志、紧急疏散示意图、上下楼梯警告线,以及玻璃隔断提醒标志等,且保证标志完好清晰。

(7)禁止在作业场所吸烟,以及使用明火取暖。禁止超负荷用电。使用电器取暖或烧水,不用时要切断电源。

(8)严禁携带易燃、易爆物品进作业场所。

任务六　应急知识

测绘单位应建立测绘生产突发事故应急处理预案。预案应包括组织体系(应急领导机构、应急执行机构、机构内部的隶属关系)、突发事故的应急处理、责任等。

一、测绘生产突发事故应急处理

(一)事故报告

安全事故一经发生或发现,现场人员应在第一时间报警。其后,自作业组开始,利用应急通信设备逐级上报事故情况。初步报告可采取口头方式,内容包括事件类型、发生时间与地点、涉及人员及财产的范围、危害程度、已采取和拟采取的措施。

前线应急领导小组在基本查明事故原因和损害后果的情况下,拟出事故情况的书面材料，上报单位应急领导小组。

安全事故报告时限为：泄密事故应在发生或发现后 24 h 内报告；轻伤事故应在发生或发现后 2 h 内报告；其他事故应在发生或发现后立即报告。

（二）预案启动

单位应急领导小组接到报告后，认为符合安全事故标准的，宣布启动预案。

对于较轻微的安全事故，应急领导小组指挥应急处理工作；对于较严重的安全事故，应急领导小组派员至前线指挥应急处理工作。

预案一经启动，前线应急领导小组及其成员必须按照责任分工立即就位，按照单位应急领导小组的指挥协同行动；相关作业队、作业组及作业人员必须无条件服从应急指挥人员的命令，全力投入应急处理工作。

（三）事故救援

1.救援基本要求

应急救援工作以最大限度地减少人员伤亡和经济损失为目标，遵循“统一指挥、分工负责、以人为本、损失最小”的方针，按照“现场自救与外部救援相结合”的原则实施救援。

事故发生现场的人员应当立即停止生产，第一时间采取先行控制措施开展自救，立即抢救受伤人员和物资，疏散危险区域人员，控制事故扩大，并保护好事故现场。

现场负责人及时向上级简要汇报案情、后果及先行处理情况，关注事故的发展和事故处理进展情况，随时向上级报告。

作业队接到现场报告后，及时向前线应急领导小组和单位应急领导小组报告，指挥安全保障组、临近作业组赴现场施救。

单位应急领导小组指挥前线应急领导小组，协调当地医疗、消防、公安等部门，以及武警部队、友邻作业队伍等外部救援力量开展救援，派出事故处理人员协调事故善后工作。

2.救援流程

救援流程如图 7-15 所示。

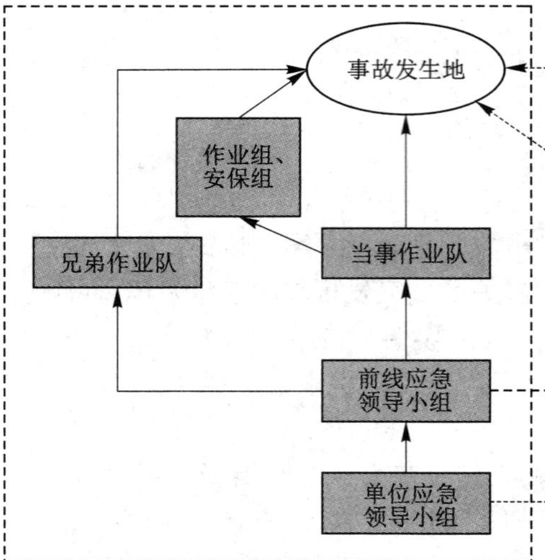

图 7-15　救援流程

3.人员受困事故处置

现场负责人立即收缩队伍,组织现场人员进行自救。尽量向路边靠,逐级上报事故情况,包括现场位置、受困原因、涉及的人员、脱困方案和救援需求。

作业队及救援组及时制订救援计划,指挥救援力量,携带救援器材及保障用品,前往现场营救。若有需要,及时向地方政府和当地武警部队报告,请求援助。

4.人员失踪事故处置

现场负责人立即收缩队伍,组织现场人员尽量利用通信设备与失踪人员取得联系。按照失踪人员行进路线,向最后发出信息的方向循迹搜寻,逐级上报事故情况,包括失踪人员、失踪位置、救援计划和救援需求等。

作业队及救援组应及时向地方政府和当地武警部队请求援助,制订救援计划,指挥救援力量前往现场营救,尽一切可能找到失踪人员。

5.意外伤害事故处置

现场负责人立即组织现场人员进行抢险、救护,随队医生实施急救,并监护伤员转运至就近医院。紧急时,拨打120或110电话求助。

现场负责人逐级上报事故情况,包括灾害类型、现场位置、涉及人员、抢险方案和救援需求,并组织现场人员撤离危险地带。

作业队立即组织力量,迅速赶赴现场处置。

6.交通事故处置

现场负责人立即组织现场人员抢救,随队医生实施急救,并监护伤员集中转运至就近医院。如果需要,向急救中心呼救,并派人到主要路口引导车辆。

现场负责人组织保护事故现场,及时向交通事故受理中心报警,逐级上报现场情况,配合当地公安、保险等部门勘查、清理现场。

7.火灾事故处置

现场负责人立即组织力量采取措施扑救,尽力控制火情,防止火灾蔓延,尽量确保人员安全,降低财产损失;若火势无法控制,应及时将现场人员疏散至安全区域。

现场负责人及时向消防中心报警,逐级上报火灾现场情况,包括方位、火势、火灾范围、抢险人员数量、灭火措施以及伤亡情况等,协助消防部门开展灭火及现场勘验工作。

8.中毒事故处置

现场负责人立即安排随队指挥医生实施急救,组织人员以最快速度将中毒人员送往就近医院。如果需要,向急救中心呼救,并逐级上报事故情况。

现场负责人组织事故现场保护,逐级上报事故情况。

根据事态严重程度,经单位应急领导小组同意,报告地方卫生管理部门,并配合调查。

9.疫病感染事故处置

现场负责人立即向当地疾病控制中心报警,配合防疫部门将被感染者送入定点医院。对与被感染者有密切接触的人员进行医学排查,必要时进行隔离观察。对驻地及相关设施进行全面消毒。

现场负责人逐级上报事故情况。

若存在疫情爆发的风险,作业队应及时撤离至安全区休整。

10.泄密事故处置

涉密测绘成果资料及涉密数据载体遗失后,现场负责人立即组织力量寻找。若确认已被盗,应及时向公安部门报警,保护现场,配合侦查。

现场负责人及时向上级报告涉密物品的密级、种类、数量、范围、发生环节、涉及人员、预计后果或影响程度、已采取措施等有关情况。

事关机密、绝密事项时,经单位应急领导小组同意,作业队向当地保密工作部门和国家安全部门报案,并派人协助调查处理。

(四)事故善后

事故救援结束后,在单位应急领导小组的协调下,单位按照规定对事故中的伤亡人员、救援参与人员、紧急调集单位或个人,给予抚恤、补助、补偿,并做好保险理赔和伤亡人员家属的安抚工作。

前线应急领导小组及作业队做好职工情绪稳定工作,注意维护正常的工作秩序,积极配合事故调查组开展事故调查工作。

未经单位应急领导小组的授权,任何人不得接受新闻媒体采访,或以个人名义发布消息,以避免因消息失真而导致不良影响。

二、测绘生产突发事故责任

单位应急领导小组对因管理不力而导致事故发生,因不听指挥而致延误战机的单位,按责任给予处罚。

对因瞒报虚报、临阵脱逃等行为造成严重后果的责任人,按相关规定给予处分。

根据事故的严重程度与影响,对单位的相关责任人,要追究相应的责任。

任务七　测绘生产仪器设备安全管理

测绘仪器基本上都是光学仪器、电子仪器,以及光、机、电、算相结合的仪器。

测绘仪器在运输、储存和使用过程中,受外界因素的影响,可能发生光学部件长霉起雾、电子部件受潮长霉,以及金属部件生锈、磨损等问题,造成部件损坏、技术失控,影响仪器正常使用,酿成事故,甚至整个仪器损坏报废。所以,正确使用、科学保养仪器,加强仪器设备的安全管理,是保障测量成果质量、提高工作效率、延长仪器使用年限的重要条件(见图7-16)。

图7-16　测量仪器实验室

一、仪器设备管理制度

(1)根据单位仪器设备情况,专设仪器管理员(或组),负责仪器设备的保管、维护、检校和一般鉴定、修理。

(2)仪器设备必须建立技术档案。其内容包括仪器规格、性能、附件、精度鉴定、损伤记录、修理记录、移交验收记录等。

(3)仪器设备的借用、转借、调拨、大修、报废等,应有一定的审批手续。

(4)外业队使用的仪器设备,必须由专人管理、使用。作业队的负责人,应经常了解仪器设备维护、保养、使用等情况,及时解决有关问题。

(5)仪器出入库,必须有严格的检查和登记制度。

二、仪器设备保管

(一)库房要求

(1)测量仪器库房应是耐火建筑(见图 7-17)。

图 7-17　测量仪器设备管理

(2)库房内的温度,不能有剧烈变化,最好保持在 12~16 ℃。

(3)库房应有消防设备,但不能用一般酸碱式灭火器,宜用液体 CO_2 或 CC_{14} 及其他新型灭火器,且保持在有效期内。

(二)测绘仪器的“三防”措施

生霉、生雾、生锈是测绘仪器的“三害”,直接影响测绘仪器的质量和使用寿命,影响观测使用。因此,需按不同仪器的性能要求,采取必要的防霉、防雾、防锈措施,确保仪器处于良好状态。

1.测绘仪器防霉措施

(1)每日收装仪器前,应将仪器光学零件外露表面清刷干净后,再盖镜头盖;清洁仪器外表后,方能装箱密封保管。

(2)仪器外壳有通孔的,用完后须将通孔盖住。

(3)仪器箱内放入适当的防霉剂。

(4)外业仪器一般情况下每6个月(湿热季节或湿热地区1~3个月),应对仪器的光学零件外露表面进行一次全面擦拭。内业仪器一般情况下1年(湿热季节或湿热地区6个月)须对仪器未密封的部分进行一次全面擦拭。

(5)每台内业仪器必须配备仪器罩,每次操作完毕,应将仪器罩罩上。

(6)检修时,对所修理的仪器外表和内部必须进行一次彻底擦拭。注意不能用有机溶剂和粗糙擦拭布用力擦仪器的密封部位,以免破坏仪器的密封性;对产生霉斑的光学零件表面,必须彻底除霉,使仪器的光学性能恢复到良好状态。

(7)修复的仪器装配时,须对仪器内部的零件进行干燥处理,并更换或补放仪器内腔的防霉片。修复装配后,必须密封的仪器部位,应恢复密封状态。

(8)仪器在运输过程中,必须有防振设施,以免因振动剧烈引起仪器的密封性能下降。密封性能下降的部位,应重新采取密封措施,使仪器恢复为良好的密封状态。

(9)作业中暂时停用的电子仪器,每周至少通电1 h,同时使各个功能正常运转。

2.测绘仪器防雾措施

(1)每次清擦完光学零件表面后,再用干棉球擦拭一遍,以便除去表面潮气。每次测区作业终结后,应对仪器的光学零件外露表面进行擦拭。

(2)调整或操作仪器时,勿用手心对准光学零件表面。在仪器运转时,避免将油脂挤压或拖粘于光学零件表面上。

(3)外业仪器一般情况下每6个月(湿热季节或湿热地区3个月)须对仪器的光学零件外露表面进行一次全面擦拭。内业仪器一般情况下1年(湿热季节或湿热地区3~6个月)应对仪器外表进行一次全面清擦,并用电吹风机烘烤光学零件外露表面(温度不得超过60 ℃)。

(4)防止人为破坏仪器密封,造成湿气进入仪器内腔,或浸润光学零件表面。

(5)除雾后或新配置的光学零件表面,须用防雾剂进行处理。一旦发现水性雾,应用烘烤或吸潮的方法清除;发现油性雾,应用清洗剂擦拭干净,并进行干燥处理。

(6)严禁使用吸潮后的干燥剂。

(7)保管室内,应配备除湿装置。长期不用的仪器外露光学零件,经干燥后,垫一层干燥脱脂棉,再将镜头盖上。

3.测绘仪器防锈措施

(1)测区作业终结收测时,将金属外露面的临时保护油脂全部清除干净,涂上新的防锈油脂。

(2)外业仪器防锈用油脂除了具有良好的防锈性能,还应具有优良的置换性,并应符合挥发性低、流散性小的要求。要根据仪器的润滑防锈要求和说明书用油的规定,适当选用不同配合间隙、不同运转速度和不同轴线方向所用的油脂。

(3)外业仪器一般情况下每6个月(湿热季节或湿热地区1~3个月)须对仪器外露表面的润滑防锈油脂进行一次更换。内业仪器一般情况下每1年(湿热季节或湿热地区6个月)须将仪器所用临时性防锈油脂全部更换一次。若发现锈蚀现象,必须立即除锈,并分析锈蚀原因，及时改进防锈措施。

(4)仪器进行检修时，对长锈部位必须除锈。除锈时，应保持原表面粗糙度值，或降低不超过相邻的粗糙度值，并且在对金属裸露表面清洗或除锈后，必须进行干燥处理。

(5)必须将原用油脂彻底清除，通过干燥处理后，涂抹新的油脂进行防锈。

(6)对有运动配合的部位涂防锈油脂后，必须来回运动几次，并除去挤压出来的多余油脂。

(7)对非成保护膜型防锈油脂涂抹后，应用电容器纸或防锈纸等加封盖。

(8)保管室在不能保证恒温恒湿的要求时，须做到通风、干燥、防尘。

三、仪器的安全运送与作业过程中的使用维护

(一)仪器的安全运送

(1)长途搬运仪器时，应将仪器装入专门的运输箱内。若无防振运输箱，而又需运输较精密的仪器时，可特制套箱，再把装有仪器的箱子装入特别套箱内；仪器箱与套箱内包面之间空隙处，可用刨花或纸片等紧紧填实。

(2)短途搬运仪器时，一般仪器可不装入运输箱内，但一定要专人护送。对特别怕振的仪器设备，必须装入仪器箱内。

(3)不论长短距运送仪器，均要防止日晒雨淋。放置仪器设备的地方，要安全妥当，并保持清洁和干燥。

(二)仪器在作业过程中的使用维护

(1)仪器开箱前，应将仪器箱平放在地上，严禁手提或怀抱着仪器开箱，以免仪器在开箱时落地损坏。

开箱后，应注意看清仪器在箱中安放的状态，以便在用完后，按原样入箱。

仪器在取出前，应松开各制动螺旋；提取仪器时，要用一只手托住仪器的基座，另一只手握持支架，将仪器轻轻取出，严禁用手提望远镜和横轴。

仪器及所用部件取出后，应及时合上箱盖，以免灰尘落入箱内。

仪器箱放在测站附近，箱上不许坐人。

(2)作业完毕后，应将所有微动螺旋退回到正常位置，并用擦镜纸或软毛刷除去仪器表面的灰尘。然后卸下仪器，双手托持，按出箱时的位置放入原箱。

盖箱前，应将各制动螺旋轻轻旋紧；检查附件齐全后，可轻合箱盖；箱盖吻合方可上盖，不可强力施压，以免损坏仪器。

(3)架设仪器时，先将三脚架架稳并大致对中，然后放上仪器，并立即拧紧中心连接螺旋。

(4)对仪器要小心轻放，避免强烈的冲击振动。安置仪器前，应检查三脚架的牢固性，在作业过程中，仪器要随时有人防护，以免造成重大损失。

(5)仪器在迁站时，可视迁站的远近、道路情况及周围环境等，决定仪器是否要装箱。应把仪器的所有制动螺旋略微拧紧，但不要拧得太紧，目的是仪器一旦受到碰撞时，还有转动的余地，免得仪器受伤。在仪器搬运过程中，三脚架必须竖直拿稳，不得横扛在肩上。

(6)仪器在野外使用时，必须用伞遮住太阳。仪器望远镜的物镜和目镜表面，不能让

太阳照射，也要避免灰沙或雨水的侵袭。

(7)仪器任何部分若发生故障，不应勉强继续使用，要立即检修；否则，将会使仪器损坏加剧。

(8)没有必要时，不要轻易拆开仪器。仪器拆卸次数太多，会影响其测量精度。

(9)光学元件应保持清洁。如沾染灰尘，必须用毛刷或柔软的擦镜纸清除；禁止用手指抚摸仪器的任何光学元件表面。

(10)在潮湿环境中作业，工作结束后，要用软布擦干仪器表面的水分或灰尘后，才能装箱。回到驻地后，立即开箱取出仪器，放置干燥处，彻底晾干后，才能装入仪器箱内。

(11)所有仪器在连接外部设备时，应注意相对应的接口、电极连接是否正确；确认无误后，方可开启主机和外围设备。拔插接线时，不要抓住线就往外拔；应握住接头、顺方向拔插，也不要边摇晃插头边拔插，以免损坏接头。数据传输线、GNSS 天线等在收线时，不要弯折，应盘成圈收藏，以免各类连接线被折断而影响工作。

【测绘故事】

故事一：娄底市资规局认真开展岁末年初测绘行业安全生产检查

为进一步筑牢岁末年初安全生产防线，切实维护人民群众财产安全和测绘行业稳定发展，2024 年 12 月，娄底市资规局开展年度测绘行业安全生产专项检查。

此次专项检查通过查阅资料、听取汇报等方式，对测绘资质单位的制度规范、预案管理、用车审批、人员安全培训、冬季设备充电使用、办公室用电用火、数据生产及使用情况等进行了清单式检查。

同时，娄底市资规局对在前期安全生产检查中发现存在安全生产隐患的测绘单位进行了一次“回头看”，重点检查其整改落实情况，并要求相关单位进一步加强安全生产主体责任，定期开展自查自纠，确保岁末年初及冬季雨雪冰冻灾害天气来临之际有效防范测绘行业安全生产事故发生。

故事二：严守测绘安全线，护航园区新发展

为全面加强库尔勒经济技术开发区测绘行业安全生产监管，2025 年 1 月，库尔勒经济技术开发区自然资源局联合自治州自然资源局、库尔勒市自然资源局，对园区内测绘单位进行了安全生产检查，旨在进一步压实安全生产责任，防范安全事故发生。

此次检查重点包括安全生产责任制落实、野外作业安全防护、数据安全管理等方面。在安全生产责任制落实方面，检查组详细查阅了测绘单位的安全生产制度文件，核实各岗位安全职责是否明确，以及日常安全生产工作的部署与执行记录是否完善。针对野外作业安全防护，检查组了解了外业作业人员的安全培训情况，检查了安全防护装备的配备情况，包括安全帽、安全绳、警示标识等，并查看了野外作业应急预案的制订与演练记录。在数据安全管理方面，检查组重点检查了测绘单位的数据存储、传输和使用环节，确保数据存储介质采取加密措施，数据传输过程安全可靠，数据使用遵循严格的审批流程。

针对检查中发现的问题，联合检查组现场下达了整改通知书，要求相关测绘单位在 15 个工作日内完成整改。此次联合检查不仅增强了测绘单位的安全生产意识，也进一步规范了行业安全生产秩序。

项目小结

本项目全面覆盖了安全生产管理、作业前准备、行车饮食住宿安全、外业与内业生产安全、应急知识及测绘生产仪器设备安全管理等关键环节。特别是在行车、饮食、住宿及外业、内业生产安全方面,深入讲解了潜在的安全隐患及应对措施,增强了自我保护能力。同时,应急知识的普及与设备安全管理的强化,为应对突发情况提供了有力保障。本项目不仅提升了测绘工作人员的安全生产技能,更树立了“安全第一”的核心理念,为测绘行业的安全发展奠定了坚实基础。

思考题

1.简述测绘作业前后进行安全检查的必要性,包括需要检查的具体内容(如设备状态、个人防护装备等),以及这些检查如何有助于预防事故的发生。

2.测绘作业中使用的化学试剂(如某些标记墨水、清洁剂等)可能带来的安全隐患有哪些?应如何正确存储、使用和处理这些化学物品,以确保作业环境的安全?

3.在野外测绘作业中,遇到恶劣天气(如雷雨、大风)时,测绘团队应立即采取哪些紧急应对措施?这些措施如何帮助减少自然灾害对人员和设备的威胁?

4.结合具体的测绘事故案例,分析事故发生的根本原因,并思考如何通过加强安全生产教育、完善操作规程等手段,有效避免类似事故的再次发生。

附录　相关测绘法规

附录一　《中华人民共和国测绘法》

[1992 年 12 月 28 日第七届全国人民代表大会常务委员会第二十九次会议通过；

2002 年 8 月 29 日第九届全国人民代表大会常务委员会第二十九次会议第一次修订；

2017 年 4 月 27 日第十二届全国人民代表大会常务委员会第二十七次会议第二次修订(见附图 1)]

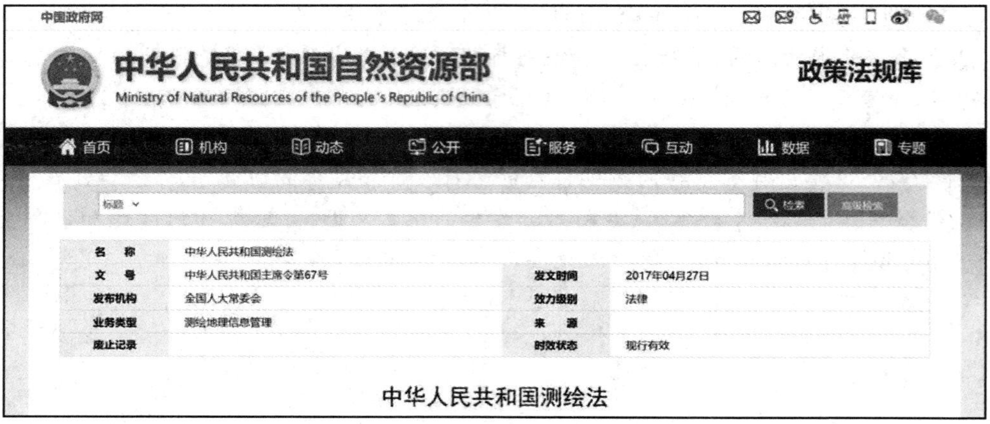

附图 1

第一章　总则

第一条　为了加强测绘管理，促进测绘事业发展，保障测绘事业为经济建设、国防建设、社会发展和生态保护服务，维护国家地理信息安全，制定本法。

第二条　在中华人民共和国领域和中华人民共和国管辖的其他海域从事测绘活动，应当遵守本法。

本法所称测绘，是指对自然地理要素或者地表人工设施的形状、大小、空间位置及其属性等进行测定、采集、表述，以及对获取的数据、信息、成果进行处理和提供的活动。

第三条　测绘事业是经济建设、国防建设、社会发展的基础性事业。各级人民政府应当加强对测绘工作的领导。

第四条　国务院测绘地理信息主管部门负责全国测绘工作的统一监督管理。国务院其他有关部门按照国务院规定的职责分工，负责本部门有关的测绘工作。

县级以上地方人民政府测绘地理信息主管部门负责本行政区域测绘工作的统一监督

管理。县级以上地方人民政府其他有关部门按照本级人民政府规定的职责分工,负责本部门有关的测绘工作。

军队测绘部门负责管理军事部门的测绘工作,并按照国务院、中央军事委员会规定的职责分工负责管理海洋基础测绘工作。

第五条　从事测绘活动,应当使用国家规定的测绘基准和测绘系统,执行国家规定的测绘技术规范和标准。

第六条　国家鼓励测绘科学技术的创新和进步,采用先进的技术和设备,提高测绘水平,推动军民融合,促进测绘成果的应用。国家加强测绘科学技术的国际交流与合作。

对在测绘科学技术的创新和进步中作出重要贡献的单位和个人,按照国家有关规定给予奖励。

第七条　各级人民政府和有关部门应当加强对国家版图意识的宣传教育,增强公民的国家版图意识。新闻媒体应当开展国家版图意识的宣传。教育行政部门、学校应当将国家版图意识教育纳入中小学教学内容,加强爱国主义教育。

第八条　外国的组织或者个人在中华人民共和国领域和中华人民共和国管辖的其他海域从事测绘活动,应当经国务院测绘地理信息主管部门会同军队测绘部门批准,并遵守中华人民共和国有关法律、行政法规的规定。

外国的组织或者个人在中华人民共和国领域从事测绘活动,应当与中华人民共和国有关部门或者单位合作进行,并不得涉及国家秘密和危害国家安全。

第二章　测绘基准和测绘系统

第九条　国家设立和采用全国统一的大地基准、高程基准、深度基准和重力基准,其数据由国务院测绘地理信息主管部门审核,并与国务院其他有关部门、军队测绘部门会商后,报国务院批准。

第十条　国家建立全国统一的大地坐标系统、平面坐标系统、高程系统、地心坐标系统和重力测量系统,确定国家大地测量等级和精度以及国家基本比例尺地图的系列和基本精度。具体规范和要求由国务院测绘地理信息主管部门会同国务院其他有关部门、军队测绘部门制定。

第十一条　因建设、城市规划和科学研究的需要,国家重大工程项目和国务院确定的大城市确需建立相对独立的平面坐标系统的,由国务院测绘地理信息主管部门批准;其他确需建立相对独立的平面坐标系统的,由省、自治区、直辖市人民政府测绘地理信息主管部门批准。

建立相对独立的平面坐标系统,应当与国家坐标系统相联系。

第十二条　国务院测绘地理信息主管部门和省、自治区、直辖市人民政府测绘地理信息主管部门应当会同本级人民政府其他有关部门,按照统筹建设、资源共享的原则,建立统一的卫星导航定位基准服务系统,提供导航定位基准信息公共服务。

第十三条　建设卫星导航定位基准站的,建设单位应当按照国家有关规定报国务院测绘地理信息主管部门或者省、自治区、直辖市人民政府测绘地理信息主管部门备案。国务院测绘地理信息主管部门应当汇总全国卫星导航定位基准站建设备案情况,并定期向军队测绘部门通报。

本法所称卫星导航定位基准站，是指对卫星导航信号进行长期连续观测，并通过通信设施将观测数据实时或者定时传送至数据中心的地面固定观测站。

第十四条　卫星导航定位基准站的建设和运行维护应当符合国家标准和要求，不得危害国家安全。

卫星导航定位基准站的建设和运行维护单位应当建立数据安全保障制度，并遵守保密法律、行政法规的规定。

县级以上人民政府测绘地理信息主管部门应当会同本级人民政府其他有关部门，加强对卫星导航定位基准站建设和运行维护的规范和指导。

第三章　基础测绘

第十五条　基础测绘是公益性事业。国家对基础测绘实行分级管理。

本法所称基础测绘，是指建立全国统一的测绘基准和测绘系统，进行基础航空摄影，获取基础地理信息的遥感资料，测制和更新国家基本比例尺地图、影像图和数字化产品，建立、更新基础地理信息系统。

第十六条　国务院测绘地理信息主管部门会同国务院其他有关部门、军队测绘部门组织编制全国基础测绘规划，报国务院批准后组织实施。

县级以上地方人民政府测绘地理信息主管部门会同本级人民政府其他有关部门，根据国家和上一级人民政府的基础测绘规划及本行政区域的实际情况，组织编制本行政区域的基础测绘规划，报本级人民政府批准后组织实施。

第十七条　军队测绘部门负责编制军事测绘规划，按照国务院、中央军事委员会规定的职责分工负责编制海洋基础测绘规划，并组织实施。

第十八条　县级以上人民政府应当将基础测绘纳入本级国民经济和社会发展年度计划，将基础测绘工作所需经费列入本级政府预算。

国务院发展改革部门会同国务院测绘地理信息主管部门，根据全国基础测绘规划编制全国基础测绘年度计划。

县级以上地方人民政府发展改革部门会同本级人民政府测绘地理信息主管部门，根据本行政区域的基础测绘规划编制本行政区域的基础测绘年度计划，并分别报上一级部门备案。

第十九条　基础测绘成果应当定期更新，经济建设、国防建设、社会发展和生态保护急需的基础测绘成果应当及时更新。

基础测绘成果的更新周期根据不同地区国民经济和社会发展的需要确定。

第四章　界线测绘和其他测绘

第二十条　中华人民共和国国界线的测绘，按照中华人民共和国与相邻国家缔结的边界条约或者协定执行，由外交部组织实施。中华人民共和国地图的国界线标准样图，由外交部和国务院测绘地理信息主管部门拟定，报国务院批准后公布。

第二十一条　行政区域界线的测绘，按照国务院有关规定执行。省、自治区、直辖市和自治州、县、自治县、市行政区域界线的标准画法图，由国务院民政部门和国务院测绘地理信息主管部门拟定，报国务院批准后公布。

第二十二条　县级以上人民政府测绘地理信息主管部门应当会同本级人民政府不动产登记主管部门，加强对不动产测绘的管理。

测量土地、建筑物、构筑物和地面其他附着物的权属界址线，应当按照县级以上人民政府确定的权属界线的界址点、界址线或者提供的有关登记资料和附图进行。权属界址线发生变化的，有关当事人应当及时进行变更测绘。

第二十三条　城乡建设领域的工程测量活动，与房屋产权、产籍相关的房屋面积的测量，应当执行由国务院住房城乡建设主管部门、国务院测绘地理信息主管部门组织编制的测量技术规范。

水利、能源、交通、通信、资源开发和其他领域的工程测量活动，应当执行国家有关的工程测量技术规范。

第二十四条　建立地理信息系统，应当采用符合国家标准的基础地理信息数据。

第二十五条　县级以上人民政府测绘地理信息主管部门应当根据突发事件应对工作需要，及时提供地图、基础地理信息数据等测绘成果，做好遥感监测、导航定位等应急测绘保障工作。

第二十六条　县级以上人民政府测绘地理信息主管部门应当会同本级人民政府其他有关部门依法开展地理国情监测，并按照国家有关规定严格管理、规范使用地理国情监测成果。

各级人民政府应当采取有效措施，发挥地理国情监测成果在政府决策、经济社会发展和社会公众服务中的作用。

第五章　测绘资质资格

第二十七条　国家对从事测绘活动的单位实行测绘资质管理制度。

从事测绘活动的单位应当具备下列条件，并依法取得相应等级的测绘资质证书，方可从事测绘活动：

（一）有法人资格；

（二）有与从事的测绘活动相适应的专业技术人员；

（三）有与从事的测绘活动相适应的技术装备和设施；

（四）有健全的技术和质量保证体系、安全保障措施、信息安全保密管理制度以及测绘成果和资料档案管理制度。

第二十八条　国务院测绘地理信息主管部门和省、自治区、直辖市人民政府测绘地理信息主管部门按照各自的职责负责测绘资质审查、发放测绘资质证书。具体办法由国务院测绘地理信息主管部门商国务院其他有关部门规定。

军队测绘部门负责军事测绘单位的测绘资质审查。

第二十九条　测绘单位不得超越资质等级许可的范围从事测绘活动，不得以其他测绘单位的名义从事测绘活动，不得允许其他单位以本单位的名义从事测绘活动。

测绘项目实行招标投标的，测绘项目的招标单位应当依法在招标公告或者投标邀请书中对测绘单位资质等级作出要求，不得让不具有相应测绘资质等级的单位中标，不得让测绘单位低于测绘成本中标。

中标的测绘单位不得向他人转让测绘项目。

第三十条 从事测绘活动的专业技术人员应当具备相应的执业资格条件。具体办法由国务院测绘地理信息主管部门会同国务院人力资源社会保障主管部门规定。

第三十一条 测绘人员进行测绘活动时，应当持有测绘作业证件。

任何单位和个人不得阻碍测绘人员依法进行测绘活动。

第三十二条 测绘单位的测绘资质证书、测绘专业技术人员的执业证书和测绘人员的测绘作业证件的式样，由国务院测绘地理信息主管部门统一规定。

第六章 测绘成果

第三十三条 国家实行测绘成果汇交制度。国家依法保护测绘成果的知识产权。

测绘项目完成后，测绘项目出资人或者承担国家投资的测绘项目的单位，应当向国务院测绘地理信息主管部门或者省、自治区、直辖市人民政府测绘地理信息主管部门汇交测绘成果资料。属于基础测绘项目的，应当汇交测绘成果副本；属于非基础测绘项目的，应当汇交测绘成果目录。负责接收测绘成果副本和目录的测绘地理信息主管部门应当出具测绘成果汇交凭证，并及时将测绘成果副本和目录移交给保管单位。测绘成果汇交的具体办法由国务院规定。

国务院测绘地理信息主管部门和省、自治区、直辖市人民政府测绘地理信息主管部门应当及时编制测绘成果目录，并向社会公布。

第三十四条 县级以上人民政府测绘地理信息主管部门应当积极推进公众版测绘成果的加工和编制工作，通过提供公众版测绘成果、保密技术处理等方式，促进测绘成果的社会化应用。

测绘成果保管单位应当采取措施保障测绘成果的完整和安全，并按照国家有关规定向社会公开和提供利用。

测绘成果属于国家秘密的，适用保密法律、行政法规的规定；需要对外提供的，按照国务院和中央军事委员会规定的审批程序执行。

测绘成果的秘密范围和秘密等级，应当依照保密法律、行政法规的规定，按照保障国家秘密安全、促进地理信息共享和应用的原则确定并及时调整、公布。

第三十五条 使用财政资金的测绘项目和涉及测绘的其他使用财政资金的项目，有关部门在批准立项前应当征求本级人民政府测绘地理信息主管部门的意见；有适宜测绘成果的，应当充分利用已有的测绘成果，避免重复测绘。

第三十六条 基础测绘成果和国家投资完成的其他测绘成果，用于政府决策、国防建设和公共服务的，应当无偿提供。

除前款规定情形外，测绘成果依法实行有偿使用制度。但是，各级人民政府及有关部门和军队因防灾减灾、应对突发事件、维护国家安全等公共利益的需要，可以无偿使用。

测绘成果使用的具体办法由国务院规定。

第三十七条 中华人民共和国领域和中华人民共和国管辖的其他海域的位置、高程、深度、面积、长度等重要地理信息数据,由国务院测绘地理信息主管部门审核,并与国务院其他有关部门、军队测绘部门会商后,报国务院批准,由国务院或者国务院授权的部门公布。

第三十八条 地图的编制、出版、展示、登载及更新应当遵守国家有关地图编制标准、地图内容表示、地图审核的规定。

互联网地图服务提供者应当使用经依法审核批准的地图,建立地图数据安全管理制度,采取安全保障措施,加强对互联网地图新增内容的核校,提高服务质量。

县级以上人民政府和测绘地理信息主管部门、网信部门等有关部门应当加强对地图编制、出版、展示、登载和互联网地图服务的监督管理,保证地图质量,维护国家主权、安全和利益。

地图管理的具体办法由国务院规定。

第三十九条 测绘单位应当对完成的测绘成果质量负责。县级以上人民政府测绘地理信息主管部门应当加强对测绘成果质量的监督管理。

第四十条 国家鼓励发展地理信息产业,推动地理信息产业结构调整和优化升级,支持开发各类地理信息产品,提高产品质量,推广使用安全可信的地理信息技术和设备。

县级以上人民政府应当建立健全政府部门间地理信息资源共建共享机制,引导和支持企业提供地理信息社会化服务,促进地理信息广泛应用。

县级以上人民政府测绘地理信息主管部门应当及时获取、处理、更新基础地理信息数据,通过地理信息公共服务平台向社会提供地理信息公共服务,实现地理信息数据开放共享。

第七章 测量标志保护

第四十一条 任何单位和个人不得损毁或者擅自移动永久性测量标志和正在使用中的临时性测量标志,不得侵占永久性测量标志用地,不得在永久性测量标志安全控制范围内从事危害测量标志安全和使用效能的活动。

本法所称永久性测量标志,是指各等级的三角点、基线点、导线点、军用控制点、重力点、天文点、水准点和卫星定位点的觇标和标石标志,以及用于地形测图、工程测量和形变测量的固定标志和海底大地点设施。

第四十二条 永久性测量标志的建设单位应当对永久性测量标志设立明显标记,并委托当地有关单位指派专人负责保管。

第四十三条 进行工程建设,应当避开永久性测量标志;确实无法避开,需要拆迁永久性测量标志或者使永久性测量标志失去使用效能的,应当经省、自治区、直辖市人民政府测绘地理信息主管部门批准;涉及军用控制点的,应当征得军队测绘部门的同意。所需迁建费用由工程建设单位承担。

第四十四条 测绘人员使用永久性测量标志,应当持有测绘作业证件,并保证测量标志的完好。

保管测量标志的人员应当查验测量标志使用后的完好状况。

第四十五条 县级以上人民政府应当采取有效措施加强测量标志的保护工作。

县级以上人民政府测绘地理信息主管部门应当按照规定检查、维护永久性测量标志。

乡级人民政府应当做好本行政区域内的测量标志保护工作。

第八章 监督管理

第四十六条 县级以上人民政府测绘地理信息主管部门应当会同本级人民政府其他有关部门建立地理信息安全管理制度和技术防控体系,并加强对地理信息安全的监督管理。

第四十七条 地理信息生产、保管、利用单位应当对属于国家秘密的地理信息的获取、持有、提供、利用情况进行登记并长期保存,实行可追溯管理。

从事测绘活动涉及获取、持有、提供、利用属于国家秘密的地理信息,应当遵守保密法律、行政法规和国家有关规定。

地理信息生产、利用单位和互联网地图服务提供者收集、使用用户个人信息的,应当遵守法律、行政法规关于个人信息保护的规定。

第四十八条 县级以上人民政府测绘地理信息主管部门应当对测绘单位实行信用管理,并依法将其信用信息予以公示。

第四十九条 县级以上人民政府测绘地理信息主管部门应当建立健全随机抽查机制,依法履行监督检查职责,发现涉嫌违反本法规定行为的,可以依法采取下列措施:

(一)查阅、复制有关合同、票据、账簿、登记台账以及其他有关文件、资料;

(二)查封、扣押与涉嫌违法测绘行为直接相关的设备、工具、原材料、测绘成果资料等。

被检查的单位和个人应当配合,如实提供有关文件、资料,不得隐瞒、拒绝和阻碍。

任何单位和个人对违反本法规定的行为,有权向县级以上人民政府测绘地理信息主管部门举报。接到举报的测绘地理信息主管部门应当及时依法处理。

第九章 法律责任

第五十条 违反本法规定,县级以上人民政府测绘地理信息主管部门或者其他有关部门工作人员利用职务上的便利收受他人财物、其他好处或者玩忽职守,对不符合法定条件的单位核发测绘资质证书,不依法履行监督管理职责,或者发现违法行为不予查处的,对负有责任的领导人员和直接责任人员,依法给予处分;构成犯罪的,依法追究刑事责任。

第五十一条 违反本法规定,外国的组织或者个人未经批准,或者未与中华人民共和国有关部门、单位合作,擅自从事测绘活动的,责令停止违法行为,没收违法所得、测绘成果和测绘工具,并处十万元以上五十万元以下的罚款;情节严重的,并处五十万元以上一百万元以下的罚款,限期出境或者驱逐出境;构成犯罪的,依法追究刑事责任。

第五十二条 违反本法规定,未经批准擅自建立相对独立的平面坐标系统,或者采用不符合国家标准的基础地理信息数据建立地理信息系统的，给予警告，责令改正，可以并处五十万元以下的罚款；对直接负责的主管人员和其他直接责任人员，依法给予处分。

第五十三条　违反本法规定，卫星导航定位基准站建设单位未报备案的，给予警告，责令限期改正；逾期不改正的，处十万元以上三十万元以下的罚款；对直接负责的主管人员和其他直接责任人员，依法给予处分。

第五十四条　违反本法规定，卫星导航定位基准站的建设和运行维护不符合国家标准、要求的，给予警告，责令限期改正，没收违法所得和测绘成果，并处三十万元以上五十万元以下的罚款；逾期不改正的，没收相关设备；对直接负责的主管人员和其他直接责任人员，依法给予处分；构成犯罪的，依法追究刑事责任。

第五十五条　违反本法规定，未取得测绘资质证书，擅自从事测绘活动的，责令停止违法行为，没收违法所得和测绘成果，并处测绘约定报酬一倍以上二倍以下的罚款；情节严重的，没收测绘工具。

以欺骗手段取得测绘资质证书从事测绘活动的，吊销测绘资质证书，没收违法所得和测绘成果，并处测绘约定报酬一倍以上二倍以下的罚款；情节严重的，没收测绘工具。

第五十六条　违反本法规定，测绘单位有下列行为之一的，责令停止违法行为，没收违法所得和测绘成果，处测绘约定报酬一倍以上二倍以下的罚款，并可以责令停业整顿或者降低测绘资质等级；情节严重的，吊销测绘资质证书：

（一）超越资质等级许可的范围从事测绘活动；

（二）以其他测绘单位的名义从事测绘活动；

（三）允许其他单位以本单位的名义从事测绘活动。

第五十七条　违反本法规定，测绘项目的招标单位让不具有相应资质等级的测绘单位中标，或者让测绘单位低于测绘成本中标的，责令改正，可以处测绘约定报酬二倍以下的罚款。招标单位的工作人员利用职务上的便利，索取他人财物，或者非法收受他人财物为他人谋取利益的，依法给予处分；构成犯罪的，依法追究刑事责任。

第五十八条　违反本法规定，中标的测绘单位向他人转让测绘项目的，责令改正，没收违法所得，处测绘约定报酬一倍以上二倍以下的罚款，并可以责令停业整顿或者降低测绘资质等级；情节严重的，吊销测绘资质证书。

第五十九条　违反本法规定，未取得测绘执业资格，擅自从事测绘活动的，责令停止违法行为，没收违法所得和测绘成果，对其所在单位可以处违法所得二倍以下的罚款；情节严重的，没收测绘工具；造成损失的，依法承担赔偿责任。

第六十条　违反本法规定，不汇交测绘成果资料的，责令限期汇交；测绘项目出资人逾期不汇交的，处重测所需费用一倍以上二倍以下的罚款；承担国家投资的测绘项目的单位逾期不汇交的，处五万元以上二十万元以下的罚款，并处暂扣测绘资质证书，自暂扣测绘资质证书之日起六个月内仍不汇交的，吊销测绘资质证书；对直接负责的主管人员和其他直接责任人员，依法给予处分。

第六十一条 违反本法规定,擅自发布中华人民共和国领域和中华人民共和国管辖的其他海域的重要地理信息数据的,给予警告,责令改正,可以并处五十万元以下的罚款;对直接负责的主管人员和其他直接责任人员,依法给予处分;构成犯罪的,依法追究刑事责任。

第六十二条 违反本法规定,编制、出版、展示、登载、更新的地图或者互联网地图服务不符合国家有关地图管理规定的,依法给予行政处罚、处分;构成犯罪的,依法追究刑事责任。

第六十三条 违反本法规定,测绘成果质量不合格的,责令测绘单位补测或者重测;情节严重的,责令停业整顿,并处降低测绘资质等级或者吊销测绘资质证书;造成损失的,依法承担赔偿责任。

第六十四条 违反本法规定,有下列行为之一的,给予警告,责令改正,可以并处二十万元以下的罚款;对直接负责的主管人员和其他直接责任人员,依法给予处分;造成损失的,依法承担赔偿责任;构成犯罪的,依法追究刑事责任:

(一)损毁、擅自移动永久性测量标志或者正在使用中的临时性测量标志;

(二)侵占永久性测量标志用地;

(三)在永久性测量标志安全控制范围内从事危害测量标志安全和使用效能的活动;

(四)擅自拆迁永久性测量标志或者使永久性测量标志失去使用效能,或者拒绝支付迁建费用;

(五)违反操作规程使用永久性测量标志,造成永久性测量标志毁损。

第六十五条 违反本法规定,地理信息生产、保管、利用单位未对属于国家秘密的地理信息的获取、持有、提供、利用情况进行登记、长期保存的,给予警告,责令改正,可以并处二十万元以下的罚款;泄露国家秘密的,责令停业整顿,并处降低测绘资质等级或者吊销测绘资质证书;构成犯罪的,依法追究刑事责任。

违反本法规定,获取、持有、提供、利用属于国家秘密的地理信息的,给予警告,责令停止违法行为,没收违法所得,可以并处违法所得二倍以下的罚款;对直接负责的主管人员和其他直接责任人员,依法给予处分;造成损失的,依法承担赔偿责任;构成犯罪的,依法追究刑事责任。

第六十六条 本法规定的降低测绘资质等级、暂扣测绘资质证书、吊销测绘资质证书的行政处罚,由颁发测绘资质证书的部门决定;其他行政处罚,由县级以上人民政府测绘地理信息主管部门决定。

本法第五十一条规定的限期出境和驱逐出境由公安机关依法决定并执行。

第十章　附则

第六十七条 军事测绘管理办法由中央军事委员会根据本法规定。

第六十八条 本法自 2017 年 7 月 1 日起施行。

附录二　《中华人民共和国测量标志保护条例》

［1996 年 9 月 6 日中华人民共和国国务院令第 203 号发布(见附图 2),自 1997 年 1 月 1 日起施行;根据 2011 年 1 月 8 日《国务院关于废止和修改部分行政法规的决定》修订］

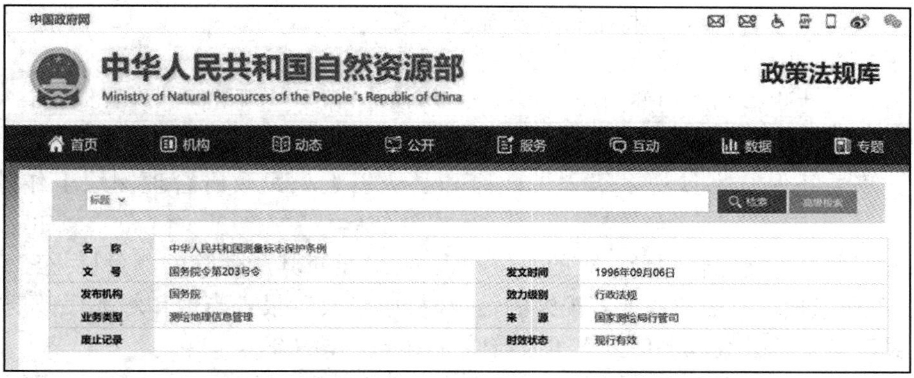

附图 2　中华人民共和国测量标志保护条例

第一条　为了加强测量标志的保护和管理,根据《中华人民共和国测绘法》,制定本条例。

第二条　本条例适用于在中华人民共和国领域内和中华人民共和国管辖的其他海域设置的测量标志。

第三条　测量标志属于国家所有,是国家经济建设和科学研究的基础设施。

第四条　本条例所称测量标志,是指:

(一)建设在地上、地下或者建筑物上的各种等级的三角点、基线点、导线点、军用控制点、重力点、天文点、水准点的木质觇标、钢质觇标和标石标志,全球卫星定位控制点,以及用于地形测图、工程测量和形变测量的固定标志和海底大地点设施等永久性测量标志;

(二)测量中正在使用的临时性测量标志。

第五条　国务院测绘行政主管部门主管全国的测量标志保护工作。国务院其他有关部门按照国务院规定的职责分工,负责管理本部门专用的测量标志保护工作。

县级以上地方人民政府管理测绘工作的部门负责本行政区域内的测量标志保护工作。

军队测绘主管部门负责管理军事部门测量标志保护工作,并按照国务院、中央军事委员会规定的职责分工负责管理海洋基础测量标志保护工作。

第六条　县级以上人民政府应当加强对测量标志保护工作的领导,增强公民依法保护测量标志的意识。

乡级人民政府应当做好本行政区域内的测量标志保护管理工作。

第七条　对在保护永久性测量标志工作中做出显著成绩的单位和个人,给予奖励。

第八条　建设永久性测量标志,应当符合下列要求:

(一)使用国家规定的测绘基准和测绘标准;

(二)选择有利于测量标志长期保护和管理的点位;

(三)符合法律、法规规定的其他要求。

第九条 设置永久性测量标志的,应当对永久性测量标志设立明显标记;设置基础性测量标志的,还应当设立由国务院测绘行政主管部门统一监制的专门标牌。

第十条 建设永久性测量标志需要占用土地的,地面标志占用土地的范围为 36 平方米—100 平方米,地下标志占用土地的范围为 16 平方米—36 平方米。

第十一条 设置永久性测量标志,需要依法使用土地或者在建筑物上建设永久性测量标志的,有关单位和个人不得干扰和阻挠。

第十二条 国家对测量标志实行义务保管制度。

设置永久性测量标志的部门应当将永久性测量标志委托测量标志设置地的有关单位或者人员负责保管,签订测量标志委托保管书,明确委托方和被委托方的权利和义务,并由委托方将委托保管书抄送乡级人民政府和县级以上人民政府管理测绘工作的部门备案。

第十三条 负责保管测量标志的单位和人员,应当对其所保管的测量标志经常进行检查;发现测量标志有被移动或者损毁的情况时,应当及时报告当地乡级人民政府,并由乡级人民政府报告县级以上地方人民政府管理测绘工作的部门。

第十四条 负责保管测量标志的单位和人员有权制止、检举和控告移动、损毁、盗窃测量标志的行为,任何单位或者个人不得阻止和打击报复。

第十五条 国家对测量标志实行有偿使用;但是,使用测量标志从事军事测绘任务的除外。测量标志有偿使用的收入应当用于测量标志的维护、维修,不得挪作他用。具体办法由国务院测绘行政主管部门会同国务院物价行政主管部门规定。

第十六条 测绘人员使用永久性测量标志,应当持有测绘工作证件,并接受县级以上人民政府管理测绘工作的部门的监督和负责保管测量标志的单位和人员的查询,确保测量标志完好。

第十七条 测量标志保护工作应当执行维修规划和计划。

全国测量标志维修规划,由国务院测绘行政主管部门会同国务院其他有关部门制定。

省、自治区、直辖市人民政府管理测绘工作的部门应当组织同级有关部门,根据全国测量标志维修规划,制定本行政区域内的测量标志维修计划,并组织协调有关部门和单位统一实施。

第十八条 设置永久性测量标志的部门应当按照国家有关的测量标志维修规程,对永久性测量标志定期组织维修,保证测量标志正常使用。

第十九条 进行工程建设,应当避开永久性测量标志;确实无法避开,需要拆迁永久性测量标志或者使永久性测量标志失去使用效能的,工程建设单位应当履行下列批准手续:

(一)拆迁基础性测量标志或者使基础性测量标志失去使用效能的,由国务院测绘行政主管部门或者省、自治区、直辖市人民政府管理测绘工作的部门批准;

(二)拆迁部门专用的永久性测量标志或者使部门专用的永久性测量标志失去使用效能的,应当经设置测量标志的部门同意,并经省、自治区、直辖市人民政府管理测绘工作的部门批准。

拆迁永久性测量标志，还应当通知负责保管测量标志的有关单位和人员。

第二十条 经批准拆迁基础性测量标志或者使基础性测量标志失去使用效能的，工程建设单位应当按照国家有关规定向省、自治区、直辖市人民政府管理测绘工作的部门支付迁建费用。

经批准拆迁部门专用的测量标志或者使部门专用的测量标志失去使用效能的，工程建设单位应当按照国家有关规定向设置测量标志的部门支付迁建费用；设置部门专用的测量标志的部门查找不到的，工程建设单位应当按照国家有关规定向省、自治区、直辖市人民政府管理测绘工作的部门支付迁建费用。

第二十一条 永久性测量标志的重建工作，由收取测量标志迁建费用的部门组织实施。

第二十二条 测量标志受国家保护，禁止下列有损测量标志安全和使测量标志失去使用效能的行为：

（一）损毁或者擅自移动地下或者地上的永久性测量标志以及使用中的临时性测量标志的；

（二）在测量标志占地范围内烧荒、耕作、取土、挖沙或者侵占永久性测量标志用地的；

（三）在距永久性测量标志 50 米范围内采石、爆破、射击、架设高压电线的；

（四）在测量标志的占地范围内，建设影响测量标志使用效能的建筑物的；

（五）在测量标志上架设通讯设施、设置观望台、搭帐篷、拴牲畜或者设置其他有可能损毁测量标志的附着物的；

（六）擅自拆除设有测量标志的建筑物或者拆除建筑物上的测量标志的；

（七）其他有损测量标志安全和使用效能的。

第二十三条 有本条例第二十二条禁止的行为之一，或者有下列行为之一的，由县级以上人民政府管理测绘工作的部门责令限期改正，给予警告，并可以根据情节处以 5 万元以下的罚款；对负有直接责任的主管人员和其他直接责任人员，依法给予行政处分；造成损失的，应当依法承担赔偿责任：

（一）干扰或者阻挠测量标志建设单位依法使用土地或者在建筑物上建设永久性测量标志的；

（二）工程建设单位未经批准擅自拆迁永久性测量标志或者使永久性测量标志失去使用效能的，或者拒绝按照国家有关规定支付迁建费用的；

（三）违反测绘操作规程进行测绘，使永久性测量标志受到损坏的；

（四）无证使用永久性测量标志并且拒绝县级以上人民政府管理测绘工作的部门监督和负责保管测量标志的单位和人员查询的。

第二十四条 管理测绘工作的部门的工作人员玩忽职守、滥用职权、徇私舞弊的，依法给予行政处分。

第二十五条 违反本条例规定，应当给予治安管理处罚的，依照治安管理处罚条例的有关规定给予处罚；构成犯罪的，依法追究刑事责任。

第二十六条 本条例自 1997 年 1 月 1 日起施行。1984 年 1 月 7 日国务院发布的《测量标志保护条例》同时废止。

附录三 自然资源部办公厅《关于〈加强测量标志保护工作〉的通知》

（自然资办发〔2020〕52 号，见附图 3）

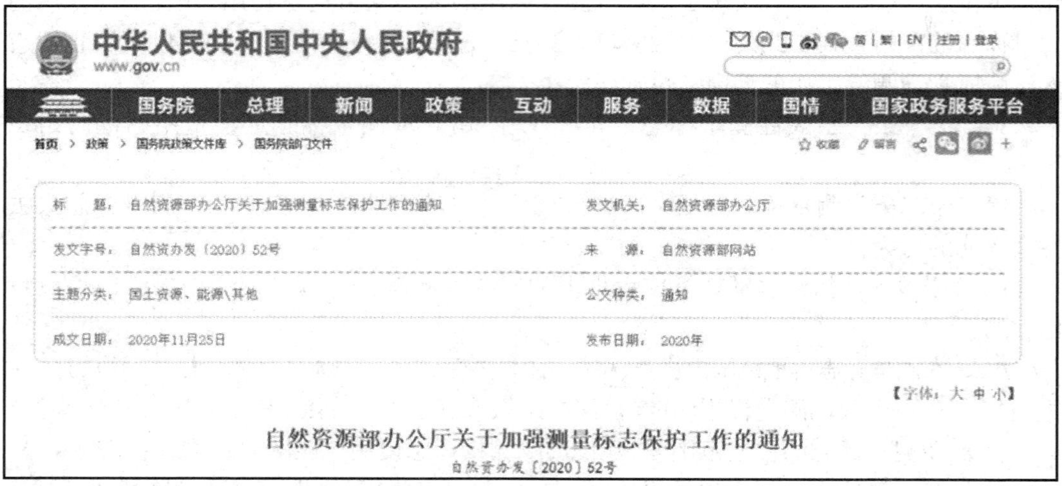

中华人民共和国中央人民政府
www.gov.cn

简 | 繁 | EN | 注册 | 登录

国务院 总理 新闻 政策 互动 服务 数据 国情 国家政务服务平台

首页 > 政策 > 国务院政策文件库 > 国务院部门文件

收藏 留言

标　题：	自然资源部办公厅关于加强测量标志保护工作的通知	发文机关：	自然资源部办公厅
发文字号：	自然资办发〔2020〕52号	来　源：	自然资源部网站
主题分类：	国土资源、能源\其他	公文种类：	通知
成文日期：	2020年11月25日	发布日期：	2020年

【字体：大 中 小】

自然资源部办公厅关于加强测量标志保护工作的通知

自然资办发〔2020〕52号

附图 3　自然资源部办公厅关于加强测量标志保护工作的通知

各省、自治区、直辖市自然资源主管部门，新疆生产建设兵团自然资源局，陕西、黑龙江、四川、海南测绘地理信息局：

为进一步加强和改进测量标志保护工作，现就有关事项通知如下：

一、高度重视测量标志保护工作

测量标志是国家重要的基础设施，在维护国家测绘基准安全，服务经济建设、国防建设、生态文明建设等方面发挥着重要作用。当前，由于对测量标志保护工作重视不够、投入不足、保护措施不到位，部分测量标志遭到损毁，严重影响了测绘活动的开展。各级自然资源主管部门要充分认识测量标志保护工作的重要性和紧迫性，切实履行《中华人民共和国测绘法》《中华人民共和国测量标志保护条例》赋予的重要职责，加强测量标志保护工作。

二、认真履行保护职责

各级自然资源主管部门要认真落实以属地化保护为主的分级管理制度，按照职责分工做好测量标志保护工作。自然资源部负责全国测量标志保护工作的政策制定、业务指导和统一监管，推动建立与国务院其他有关部门、军队测绘部门的工作联动机制。地方自然资源主管部门应按照省级自然资源主管部门确定的分工，负责本行政区域内各级各类测量标志保护工作，将测量标志保护工作纳入相关规划、计划，组织做好测量标志普查巡查、维护、委托保管、拆迁拆除、监督检查和宣传教育等工作。

三、实行分类保护制度

自然资源部制定国家级测量标志（指中央财政投资、自然资源部组织建设的测量标志）分类保护方案，推行重点保护与一般保护相结合的分类保护制度。地方各级自然资源主管部门应按照职责分工落实好国家级测量标志分类保护措施和要求，并组织实施好本行政区域内其他测量标志分类保护工作。

四、完善委托保管机制

国家级测量标志委托保管工作由省级自然资源主管部门统一管理，并可根据实际确定由下级自然资源主管部门具体承担。自然资源部于 2021 年 6 月底前向省级自然资源主管部门移交已建设完成的国家级测量标志的点之记等成果资料，地方自然资源主管部门应于 2023 年底前结合普查巡查工作对委托保管协议进行核查，仍有效的予以登记确认，手续不完备的应补充完善，已失效的应重新办理委托。今后设置新的国家级测量标志，建设单位应提前与设置地的县级自然资源主管部门沟通，并于埋设完成后 1 个月内向省级自然资源主管部门移交点之记等资料。地方自然资源主管部门应当帮助协调解决测量标志建设中遇到的问题，并按照分工办理委托保管事项，督促有关单位和人员落实好巡查维护等保管责任。

五、提升测量标志管理信息化水平

自然资源部将于 2021 年底前，编制测量标志管理数据规范，建成全国统一的、基于互联网的测量标志管理信息系统，逐步实现对全国测量标志的实时、动态管理。省级自然资源主管部门应于 2023 年底前，查清本行政区域内的测量标志现状，录入全国测量标志管理信息系统，并及时更新测量标志建设使用、委托保管、巡查维护、拆迁拆除等信息。

六、不断探索创新工作举措

自然资源部支持各地探索建立测量标志保管激励机制，开展测量标志用地保障研究，推进测量标志保护与空间规划、用地审批等业务工作的信息共享；建设项目用地应尽量避开测量标志，确实无法避开的，应提出拆迁方案。鼓励各地通过建设景观型测量标志、申报文物保护单位等方式，引导社会公众增强保护测量标志的意识。

自然资源部办公厅
2020 年 11 月 25 日

附录四 《国家级测量标志分类保护方案》

为实现对测量标志的有效保护，突出保护工作的高效性和经济性，实行测量标志分类保护措施，将国家级测量标志(指中央财政投资、自然资源部组织建设的测量标志)划分为重点保护、一般保护两类。

一、测量标志保护分类

对仍在使用的、涉及我国测绘基准安全的各类控制点，以及具备较高文化价值的测量标志实施重点保护；对未纳入重点保护类的测量标志实施一般保护。

(一)重点保护类

将下列测量标志纳入重点保护范围：

(1)国家大地原点、水准原点；

(2)仍在使用的国家一、二等水准点；

(3)国家级卫星导航定位基准站；

(4)仍在使用的国家B级卫星大地控制点；

(5)仍在使用的国家级重力点；

(6)仪器检定场专用测量标志；

(7)其他有重要使用价值或者纪念、科普等文化价值的测量标志。

国家级测量标志重点保护类型与数量见附表1。

附表1 国家级测量标志重点保护类型与数量

分类	等级	采用基准	覆盖范围	数量/座	建设时间
国家级卫星导航定位基准站	A级	2000国家大地坐标系	全国	410	2012—2016年
现代测绘基准工程卫星大地控制点	B级	2000国家大地坐标系	全国	4 500	2012—2016年
国家高程控制网点	一等	1985国家高程基准	全国	26 327	2012—2016年
国家二期二等水准网点	二等	1985国家高程基准	全国	33 638	1976—1991年
2000国家重力基本网点	基准点、基本点、引点	2000国家重力基准	全国	389	2000年
现代测绘基准工程重力基准点	基准点	2000国家重力基准	全国	50	2012—2016年
仪器检定场专用测量标志	专用标志			550	
中华人民共和国大地原点	大地原点	1980西安坐标系		1	1978年
中华人民共和国水准原点	水准原点	1985国家高程基准		1	1954年

注：本表中数据截至2019年。今后新建的各类国家级测量标志，由自然资源部提出分类保护要求并向省级自然资源主管部门移交点之记等资料。本表及时更新，并通过测量标志管理信息系统发布。

（二）一般保护类

其他未纳入重点保护范围的国家级测量标志为一般保护类。

二、保护措施

（一）重点保护措施

对重点保护类测量标志应采取以下保护措施：

（1）查清测量标志的现状，录入重点保护测量标志数据库；

（2）构筑必要的防护设施，设置规格统一、内容明确的警示标识；

（3）对需供电、通信保障的测量标志提供稳定的供电、通信保障，确保其安全可靠运行；

（4）对具有历史纪念意义和科普宣传等文化价值的测量标志，申报列入文物保护单位名录或改造成景观型测量标志加以保护；

（5）明确测量标志保护的责任单位和人员，每年至少开展一次巡查，及时掌握和上报测量标志状态；

（6）定期开展维护，对损坏的测量标志进行维修；

（7）严格测量标志拆迁审批，加强测量标志迁建审批事中、事后监管，确保迁建质量合格；

（8）将测量标志保护工作纳入日常监管，对测量标志保护情况进行监督检查；

（9）加强针对重点保护类测量标志周边相关单位和群众的宣传教育。

（二）一般保护措施

对一般保护类测量标志采取以下保护措施：

（1）录入一般保护测量标志数据库，并根据保管单位和人员、测量标志使用单位反馈的信息更新测量标志状态信息；

（2）对损毁的测量标志进行评估，不具使用价值的不再维修或重建，及时拆除存在安全隐患的测量标志；

（3）对申请拆迁的测量标志进行评估，不具使用价值的拆除后不再重建。

参 考 文 献

[1]《中国测绘史》编辑委员会.中国测绘史[M].北京:测绘出版社,2002.

[2] 宁津生.测绘学概论[M].3 版.武汉:武汉大学出版社,2016.

[3]中华人民共和国自然资源部.测绘地理信息技能人员职业分类和能力评价:CH/T 1048—2019[S].北京:测绘出版社,2021.

[4]宋超智.为实现中华民族伟大复兴的中国梦再攀新高[J].中国测绘,2024(7):44-45.

[5]易树柏.测绘法律与测绘管理基础[M].2 版.武汉:武汉大学出版社,2024.

[6]河北省地理信息局.测绘地理信息安全生产手册[M].北京:测绘出版社,2012.

[7]尚尔广.一千年来中国大地测量的成就与发展[J].测绘技术装备,2000(4):35-41.

[8]刘自健.民国测绘史略[J].测绘工程,1999,8(1):6.

[9]高鸿.大地英雄:国测一大队纪事[M].西安:西安地图出版社,2024.

[10]徐红.测绘文化:在变革中传承　在创新中发展——“测绘文化沙龙”之业界专家谈测绘文化发展.中国测绘,2021(10):6-11.

[11]郝亚东.测绘工程管理[M].2 版.北京:测绘出版社,2019.